特种设备检验检测技术与安全评定

李　忠　刘福涛　刘　刚　主编

图书在版编目（CIP）数据

特种设备检验检测技术与安全评定 / 李忠，刘福涛，刘刚主编. -- 哈尔滨 : 哈尔滨出版社，2023.1
ISBN 978-7-5484-6873-8

Ⅰ. ①特… Ⅱ. ①李… ②刘… ③刘… Ⅲ. ①设备－检验②设备安全－安全管理 Ⅳ. ①TB4 ②X93

中国版本图书馆 CIP 数据核字（2022）第 211983 号

书　　名：特种设备检验检测技术与安全评定
TEZHONG SHEBEI JIANYAN JIANCE JISHU YU ANQUAN PINGDING

作　　者：李　忠　刘福涛　刘　刚　主编
责任编辑：张艳鑫
封面设计：张　华

出版发行：哈尔滨出版社（Harbin Publishing House）
社　　址：哈尔滨市香坊区泰山路 82-9 号　邮编：150090
经　　销：全国新华书店
印　　刷：河北创联印刷有限公司
网　　址：www.hrbcbs.com
E - mail：hrbcbs@yeah.net
编辑版权热线：（0451）87900271　87900272

开　　本：787mm×1092mm　1/16　印张：13.5　字数：275 千字
版　　次：2023 年 1 月第 1 版
印　　次：2023 年 1 月第 1 次印刷
书　　号：ISBN 978-7-5484-6873-8
定　　价：68.00 元

编委会

主　编

李　忠　济南市特种设备检验研究院

刘福涛　临沂市特种设备检验研究院

刘　刚　济南市特种设备检验研究院

副主编

蒋云飞　北京市朝阳区特种设备检测所

连　锜　嘉兴市特种设备检验检测院

李秀锋　临沂经济技术开发区综合行政执法局

史恩姣　沈阳特种设备检测研究院

王　贺　北京市朝阳区特种设备检测所

王优亮　河南省特种设备安全检测研究院三门峡分院

薛　昊　北京市朝阳区特种设备检测所

颜　泰　滨州市特种设备检验研究院

编　委

宋晓春　辽宁省安全科学研究院

（以上副主编排序以姓氏首字母为序）

前　言

随着我国社会的日益发展，人们对安全生产的要求也越来越高，特种设备检验检测的标准也越来越高。特种设备作为在作业中具有特殊功能的设备，在检验检测的过程中查出设备中存在的问题，可以有效地提高安全生产率，进而有效地保证人们的生命财产安全。我们应当基于强化特种设备安全管理的要求提升检验检测水平。

特种设备指的是具有安全隐患的设备，按照危险程度分为压力容器（如氧气瓶、氢气瓶等）；锅炉及炉灶等带有压力类型的厨房设备（如蒸汽管道、暖气管道、水管等）、起重设备（如塔式起重机等各式起重机）、电梯（如高空客运索道等）。为了能够使这些特种设备可以正常运行和使用，避免危险事故发生，需要对这些特种设备的研发、生产、使用和质量检验检测进行严格的控制。检测人员要做到固定的循环检测并时刻进行跟踪管理和监督。

科学技术的不断发展使应用设备的研发使用数量急速增多，使得各类事故不断频发，我国对于特种设备的使用和监督也越来越重视。

特种设备检验检测安全部门对特种设备的安全管理与监督都存在一定的漏洞，同时，因为有些安全检验检测人员的安全意识不足，使他们在安全检测的时候不能按照规范与标准完成，这就导致了特种设备检验检测有效性无法达标的结果。

本书主要针对这一现象，对特种设备进行概述，并详细介绍了各种设备的相关知识以及相关要求，保证特种设备能在自己的领域内发挥其应有的价值。

目　录

第一章　电梯

电梯是机、电一体化的产品。其机械部分好比是人的躯体，电气部分相当于人的神经，微机控制部分相当于人的大脑。各部分密切协同，使电梯能可靠地运行。本章主要介绍几种常见的电梯设备。

第一节　曳引驱动电梯总体结构及零部件

一、电梯的基本要求

对电梯的要求可用安全、可靠、方便、舒适、准确、高效 12 个字来概括，其中安全、可靠、方便、舒适是基本要求。人们习惯于把安全可靠合并在一起论述，但安全与可靠应是不同的两个概念，安全是针对事故而言的，可靠是针对故障而言的。对安全的要求应是不可退让的，对可靠的要求则受其他条件的制约可合理让步，我们要求杜绝电梯事故却无法要求电梯不出故障。

电梯的安全性和可靠性是个系统工程，由设计、制造、安装、维护保养各个环节和元器件的可靠性等来保证。舒适主要是人的主观感觉，故一般称为舒适感，主要与电梯的速度变化和振动有关。

1. 电梯的速度曲线

电梯运行中的速度变化可以用速度曲线表示。其中心为起动加速段，12 为匀速运行段，13 为减速制停段。1 和 13 越长，则加速度越小，一般舒适感就好些，同时电梯的运行效率就低一些。但由实验得知，与人的舒适感觉关系最大的，不是加（减）速度，而是加（减）速度的变化率，即“加加速度”，也就是 1 和 13 两头的弧形部分的曲率。如果将加速度变化率限制在 1.3m/S^3 以下，即使最大加速度达到 2~2.5m/S^2，也不会使人感到过分的不适。

2. 电梯工作条件

电梯工作条件是一般电梯正常运行的环境条件。如果实际的工作环境与标准的工作条件不符，电梯不能正常运行，或故障率增加并缩短使用寿命。因此，特殊环境使用的电梯在订货时就应提出特殊的使用要求，制造厂将依据提出的特殊要求进行设计、制造。

对电梯工作条件规定如下：

（1）安装地点的海拔不超过 1000m。

（2）机房内空气温度应保持在 5℃ ~40℃。

（3）运行地点的空气相对湿度在最高温度为 40℃时不超过 50%，在较低温度下可有较高的相对湿度，最湿月的月平均最低温度不超过 25℃，该月的月平均最大相对湿度不应超过 90%。若可能在电器设备上产生凝露，则应采取相应措施。

（4）供电电压相对于额定电压的波动应在 ±7% 的范围内。

（5）环境空气中不应含有腐蚀性和易燃性气体，污染等级不应大于 3 级。

3. 整机性能指标

整机性能指标是所有投入运行的电梯均应达到的最基本的性能。

（1）运行速度：当电源为额定频率和额定电压时，载有 50% 额定载重量的轿厢向下运行至行程中段（除去加速和减速段）时的速度，不应大于额定速度的 105%，宜不小于额定速度的 92%。

（2）乘客电梯的加速度：乘客电梯起动加速度和制动减速度最大值不应大于 1.5m/s^2。当乘客电梯额定速度为 1.0m/s<v ≤ 2.0m/s 时，A95 加减速度不应小于 0.50m/s^2；当乘客电梯额定速度为 2.0m/s<u ≤ 6.0m/s 时，其 A95 加减速度不应小于 0.70m/s^2。

（3）乘客电梯的中分自动门和旁开自动门的开关门时间不应超过下面规定：

1）开门宽度 B ≤ 800mm 时，中分门≤ 3.2s，旁开门≤ 3.7s。

2）开门宽度 800mm<B ≤ 1000mm 时，中分门≤ 4.0s，旁开门≤ 4.3s。

3）开门宽度 1000mm<B ≤ 1100mm 时，中分门≤ 4.3s，旁开门≤ 4.9s。

4）开门宽度 1100mm<B ≤ 1300mm 时，中分门≤ 4.9s，旁开门≤ 5.9s。

（4）振动曲线要求：乘客电梯轿厢运行在恒加速度区域内的垂直（Z 轴）振动的最大峰值不应大于 0.30m/s^2，A95 峰值不应大于 0.20m/s^2。乘客电梯轿厢运行期间水平（X 轴和 Y 轴）振动的最大峰值不应大于 0.20m/s^2，A95 峰值不应大于 0.15m/s^2。

（5）平层精度：电梯轿厢的平层准确度宜在 ±10mm 范围内，平层保持精度宜在 ±20mm 范围内。

（6）噪声指标：电梯的各机构和电气设备在工作时不应有异常振动或撞击声响。乘客电梯的噪声值应符合：额定速度≤ 2.5m/s 时，额定速度运行时机房内的平均噪声值应不大于 80dB（A），运行中轿厢内最大值不大于 55dB（A）；额定速度 >2.5m/s 且≤ 6.0m/s 时，额定速度运行时机房内的平均噪声值应不大于 85dB（A），运行中轿厢内最大值不大于 60dB（A）；开关门过程中最大噪声值不大于 65dB（A）。无机房电梯的机房内平均噪声值是指距曳引机 1m 处所测得的平均值。

（7）平衡系数：曳引式电梯的平衡系数应在 0.4~0.5 的范围内。

（8）电梯应具有以下安全装置或保护功能，并应能正常工作：

1）供电系统断相、错相保护装置或保护功能。电梯运行与相序无关时，可不设置错相保护装置。

2）限速器 - 安全钳系统联动超速保护装置，检测限速器或安全钳动作的电气安全装置及检测限速器绳断裂或松弛的电气安全装置。

3）终端缓冲装置。

4）超越上下极限工作位置时的保护装置。

5）滑轮间、轿顶、底坑、检修控制装置、驱动主机和无机房电梯设置在井道外的紧急和测试操作装置上应设置双稳态的（红色）停止装置。如果距主机 1m 以内或距无机房电梯设置在井道外的紧急和测试操纵装置 1m 以内设有主开关或其他停止装置，则可不在驱动主机或紧急和测试操纵装置上设置停止装置。

6）动力操纵的自动门在关闭过程中，当人员通过入口被撞击或即将被撞击时，应有一个自动使门重新开启的保护装置。

7）轿厢上行超速保护装置。

8）不应设置 2 个以上的检修控制装置。若设置两个检修控制装置，则它们之间的互锁系统应保证；如果仅其中 1 个检修控制装置被置于“检修”位置，通过按压该检修控制装置上的按钮能使电梯运行；如果两个检修控制装置均被置于“检修”位置，在两者中任 1 个检修控制装置上操作均不能使电梯运行，或同时按压两个检修控制装置上的相同功能的按钮才能使电梯运行。

9）轿厢意外移动保护装置。在层门未被锁住且轿门未关闭的情况下，由于轿厢安全运行所依赖的驱动主机或驱动控制系统的任何单元件失效引起轿厢离开层站的意外移动，电梯应具有防止该移动或使移动停止的装置。

二、曳引驱动电梯的主要组成及结构

电梯是由其不同功能的 8 个系统组成的，分别是曳引系统、导向系统、轿厢、门系统、质量平衡系统、电力拖动系统、电气控制系统和安全保护系统等。

曳引驱动电梯主要有以下零部件：

控制柜：各种电子元器件和电器元件安装在一个有防护作用的柜形结构内的电器控制设备。

轿厢：运载乘客或其他载荷的轿体部件。

开门机：使轿门和层门开启或关闭的装置。

门锁装置：轿门与层门关闭后锁紧，同时接通控制回路，轿厢方可运行的机电连锁安全装置。

安全触板：在轿厢关闭过程中，当有乘客或障碍物触及时，轿门重新打开的机械门保护装置。

光幕：在轿门关闭过程中，当有乘客或物体通过轿门时，在轿门高度方向上的特定范围内可自动探测并发出信号使轿门重新打开的门保护装置。

曳引机：包括电动机、制动器和曳引轮在内的靠曳引绳和曳引轮槽摩擦力驱动和停止电梯的装置。

有齿轮曳引机：电动机通过减速器驱动曳引轮的曳引机。

无齿轮曳引机：电动机直接驱动曳引轮的曳引机。

曳引绳：连接轿厢和对重装置，并靠曳引轮槽的摩擦力驱动轿厢升降的专用钢丝绳。

导轨：供轿厢和对重运行的导向部件。

补偿装置：用来平衡由于电梯提升高度过高、曳引绳过长造成运行过程中偏重现象的部件。

轿顶检修装置：设置在轿顶上部，供检修人员检修时应用的装置。

操纵箱：用开关、按钮操纵轿厢运行的电气装置。

停止按钮（急停按钮）：能断开控制电路或发出控制信号给处理器，最终使轿厢停止运行的按钮。

极限开关：当轿厢运行超越端站停止装置时，在轿厢或对重装置未接触缓冲器之前，强迫切断主电源和控制电源的非自动复位的安全装置。

超载装置：当轿厢超过额定载重量时，能发出警告信号并使轿厢不能运行的安全装置。

限速器：当电梯的运行速度超过额定速度一定值时，其动作能导致安全钳动作的安全装置。

安全钳装置：当限速器动作时，使轿厢或对重停止运行而保持静止状态，并能夹紧在导轨上的一种机械安全装置。

盘车手轮：靠人力使曳引轮转动的专用手轮。

缓冲器：位于行程端部，用来吸收轿厢动能的一种弹性缓冲安全装置。

紧急开锁装置：为应急需要，在层门外借助层门上三角钥匙孔可将层门打开的装置。

护脚板：从层站地坎或轿厢地坎向下延伸并具有平滑垂直部分的安全挡板。

1. 曳引驱动

电梯的驱动有曳引驱动、强制驱动、液压驱动、卷筒驱动等，现在使用最广泛的是曳引驱动。

安装在机房的电动机、制动器等组成曳引机，是曳引驱动的动力。曳引钢丝绳通过曳引轮一端连接轿厢，另一端连接对重装置。轿厢与对重装置的重力使曳引钢丝绳压紧在曳引轮的绳槽内。电动机转动时由于曳引轮绳槽与曳引钢丝绳之间的摩擦力，带动钢丝绳使轿厢和对重做相对运动，轿厢在井道中沿导轨上下运行。

曳引驱动相对卷筒驱动有很大的优越性。首先是安全可靠。当运行失控发生冲顶、蹲底时，只要一边的钢丝绳松弛，另一边的轿厢或对重就不能继续向上提升，不会发生撞击井道顶板或拉断钢丝绳的事故。而且一般曳引钢丝绳都在 3 根以上，由断绳造成坠落的可能性大大减少。

其次是允许提升的高度大。卷筒驱动在提升时要将钢丝绳绕在卷筒上，在提升高度大的情况下，驱动设备变得十分庞大笨重。而曳引驱动钢丝绳长度不受限制，可以方便地实现大高度的提升，而且在提升高度改变时，驱动装置不需改变。

2. 电梯机房和井道

机房是装设曳引机及其附属设备的专用房间，一般机房都在井道的上面。当上部不能设置机房时也可设置在井道旁的底层，称为下置式机房。液压电梯的机房一般都在底层。目前为了解决建筑物顶部不能设置机房、而下置式机房传动又十分复杂的问题，一般选用无机房电梯；无机房电梯将曳引机械安装在井道上端或底坑。

井道是电梯轿厢和对重装置或液压缸柱塞运动的空间，由井道顶、井道壁和底坑底围成，井道应为电梯专用，不得装设与电梯无关的设备和电缆。井道的顶一般就是机房的地板，曳引机的承重梁一般支承在井道壁的上端。井道壁上还要安装导轨和层门，底坑底上要安装缓冲装置和支承导轨，所以井道结构应至少能承受运行时驱动主机和轿厢、对重施加的载荷和安全钳动作时通过导轨施加的载荷，以及缓冲器动作时施加的载荷。

（1）机房要求

电梯机房应是专用的房间，该房间应有实体的墙壁、房顶、门和（或）活板门。机房不应用于电梯以外的其他用途，也不应设置非电梯用的线槽、电缆或装置。

机房应用经久耐用、不易产生灰尘和非易燃材料建造，地面应用防滑材料或进行防滑处理，如抹平混凝土、波纹钢板等。机房顶和窗要保证不渗漏、不飘雨。

机房应有足够的尺寸，以允许人员安全和容易地对有关设备进行作业，尤其是对电气设备的作业。

1）在控制屏和控制柜前有一块净空面积，该面积深度从屏、柜的外表面测量时不小于 0.70m；宽度为 0.50m，或屏、柜的全宽，取两者中的大者。

2）为了对运动部件进行维修和检查，在必要的地点及需要人工紧急操作的地方，要有一块不小于 0.50m × 0.60m 的水平净空面积。

供活动的净高度不应小于 1.80m。电梯驱动主机旋转部件的上方应有不小于 0.30m 的垂直净空距离。机房地面高度不一且相差大于 0.50m 时，应设置楼梯或台阶，并设置护栏。机房地面有任何深度大于 0.50m、宽度小于 0.50m 的凹坑或任何槽坑时，均应盖住。

机房门的宽度不应小于 0.60m，高度不应小于 1.80m，且门不得向房内开启。供人员进出的检修活板门，其净通道尺寸不应小于 0.80m × 0.80m，且开门后能保持在开启位置。门应装有带钥匙的锁，它可以从机房内不用钥匙打开。

楼板和机房地板上的开孔尺寸，在满足使用前提下应减到最小。为了防止物体通过位于井道上方的开口，包括通过电缆用的开孔坠落的危险，必须采用圈框，此圈框应凸出楼板或完工地面至少 50mm。

通往机房的通道应设永久性电气照明装置，以获得适当的照明；任何情况均能完全安全、方便地使用，而不需经过私人房间。

在机房顶板或横梁的适当位置上，应装备一个或多个适用的具有安全工作载荷标识的金属支架或吊钩，以便起吊重载设备。

机房应有适当的通风，同时必须考虑到井道通过机房通风。从建筑物其他处抽出的陈腐空气不得直接排入机房内。应保护电动机、设备及电缆等，使它们尽可能地不受灰尘、有害气体和湿气的损害。机房的环境温度应保持在 5℃ ~40℃之间，否则采取降温或取暖措施。

机房应设有永久性的电气照明，地面上的照度不应小于 2001x。在机房内靠近入口（或多个入口）处的适当高度应设有 1 个开关，控制机房照明。机房内应至少设有 1 个电源插座。

（2）井道要求

井道应用坚固的、非易燃和不易产生灰尘的材料制造。为了承受各种载荷，井道应有足够的强度。

井道是个封闭的空间，应能防止火焰的蔓延，只允许有运行和功能必需的开口，如层门开口，通往井道的检修门、井道安全门及检修活板门的开口，如气体和烟雾的排气孔、通风孔，井道与机房或与滑轮之间必要的功能性开口，以及电梯之间隔板上的开孔。

电梯井道内表面与轿厢地坎、轿厢门框架或滑动门的最近门口边缘的水平距离不应大于 0.15m。每个层门地坎下的电梯井道壁应形成 1 个与层门地坎直接连接的垂直表面，它的高度不应小于 1/2 的开锁区域加上 50mm，宽度不应小于门入口的净宽度两边各加 25mm。这个表面应是连续的，由光滑而坚硬的材料构成。该井道壁任何凸出物均不应超过 5mm。超过 2mm 的凸出物应倒角，倒角与水平的夹角至少为 75° 。该井道壁应连接到下一个门的门楣；或采用坚硬光滑的斜面向下延伸，斜面与水平面的夹角至少为 60° ，斜面在水平面上的投影不应小于 20mm。

井道的总高度是由极限行程加上顶部间距和底坑安全距离构成。顶部间距是为了保障电梯的运行安全和保护在轿顶工作的维护人员，而在井道上部保留的 1 个安全空间。在电梯发生故障，轿厢运行失控到极限位置时，不会发生轿厢或对重与井道顶相撞或脱出导轨，且此时轿顶若有工作人员，也能有个藏身的空间。

底坑是井道位于最低层站地坎以下的部分。除缓冲器座、导轨座及排水装置外，底坑的底部应光滑平整，底坑不得作为积水坑使用。在导轨、缓冲器、栅栏等安装竣工后，底坑不得漏水或渗水。

3. 曳引机

电梯曳引机通常由电动机、制动器、减速器、机架、导向轮和盘车手轮等组成。导向轮一般装在机架或机架下的承重梁上。盘车手轮有的固定在电动机轴上，也有的平时挂在附近墙上，使用时再套在电动机轴上。

如果曳引机的电动机动力是通过减速器传动到曳引轮上的，则称为有齿轮曳引机，一般用于 2.5m/s 以下的低、中速电梯。若电动机的动力不通过减速器而直接传动到曳引轮上，则称为无齿轮曳引机，其已被广泛用于各种速度的电梯。

（1）电梯曳引用交流电动机

电梯的曳引电动机有交流电动机和直流电动机，电梯是典型的位能性负载。根据电梯的工作性质，电梯曳引用交流电动机应具有以下特点：

1）能频繁地起动和制动。

2）起动电流较小。

3）电动机运行噪声低。

4）对电动机的散热做周密考虑。

永磁材料特别是具有高磁能积、高矫顽力、低廉价格的钕铁硼水磁材料的发展，使人们研制出了价格低廉、体积小、性能高的永磁电动机。永磁同步电动机是以永磁体来代替直流励磁作为恒定励磁的一种电动机。在永磁同步电动机上外加了一个转子位置检测元件就是永磁同步伺服电动机，它由定子、转子和编码器三大部件组成。

永磁材料的使用给永磁同步电动机带来了许多优点，永磁同步电动机与有刷直流电动机相比，除了具有无机械换向器和电刷、结构简单、体积小、运行可靠、易实现高速、环境适应能力强等优点外，还具有如下优点：易实现正反转切换，定子绕组发/散热容易，快速响应能力好，可以采用较高的工作电压（工作电压只受功率开关器件的耐压限制），易实现大容量化。

水磁同步电动机与感应电动机相比，具有如下优点：转子没有损耗，具有更高的效率；电动机体积较小，由转子磁钢产生气隙磁密、功率因数较高，在同样输出功率下，所需整流器和逆变器的容量较小；且有较小的转动惯量、快速响应能力好；在感应电动机中，转子电流产生的磁通（对应于励磁磁通）的大小是不固定的，而且也不和定子产生的磁场正交，因为它是由励磁磁通感应而产生的。因此，感应电动机的矢量控制比较复杂，而永磁同步电动机的励磁磁通大小不变，且与电枢电流有着固定的相位关系，因而控制比较简单。目前，永磁同步电动机也广泛地应用于变频调速电梯。

（2）蜗杆减速器

为了使快速电动机与钢丝绳传动机构的旋转频率一致，有齿轮曳引机需要配套一只减速器。减速器按传动方式分为蜗杆减速器和齿轮减速器。蜗杆传动具有传动平稳、结构紧凑、运行噪声低和较好的抗冲击载荷特性等优点，目前广泛使用于速度不大于2.0m/s的电梯。

蜗杆位于蜗轮之上时称为上置式蜗杆减速器，位于蜗轮之下称为下置式蜗杆减速器。上置式的箱体容易密封，但蜗杆润滑比较差；下置式润滑好，但易漏油，密封要求高。

蜗轮蜗杆的传动比，也就是蜗杆轴的转速与蜗轮轴的转速之比，称为减速比i，减速比i也等于蜗轮的齿数与蜗杆的螺线数（头数）之比。

（3）机电式制动器

电梯必须设有制动系统，在出现下述情况时能自动动作：动力电源失电；控制电路电源失电。

制动系统应具有一个机—电式制动器（摩擦型）。此外，还可装设其他制动装置（如电气制动）。

机—电式制动器应具有以下特点：

1）当轿厢载有125%额定载荷并以额定速度向下运行时，操作制动器应能使曳引机停止运转。在上述情况下，轿厢的减速度不应超过安全钳动作或轿厢撞击缓冲器所产生的减速度。所有参与向制动轮或盘施加制动力的制动器机械部件应分两组装设。如果一组部件不起作用，应仍有足够的制动力使载有额定载荷以额定速度下行的轿厢减速下行。电磁线圈的铁心被视为机械部件。

2）被制动部件应以机械方式与曳引轮或卷筒、链轮直接刚性连接。

3）正常运行时，制动器应在持续通电下保持松开状态。切断制动器电流，至少应用两个独立的电气装置来实现，不论这些装置与用来切断电梯驱动主机电流的电气装置是否为一体。当电梯停止时，如果其中一个接触器的主触点未打开，最迟到下一次运行方向改变时，应防止电梯再运行。当电梯的电动机有可能起发电机作用时，应防止该电动机向操纵制动器的电气装置馈电。断开制动器的释放电路后，电梯应无附加延迟地被有效制动。

4）装有手动紧急操作装置的电梯驱动主机，应能用手松开制动器并需要以一持续力保持其松开状态。

5）制动闸瓦或衬垫的压力应用有导向的压缩弹簧或重锤施加。

6）禁止使用带式制动器。

7）制动衬应是不易燃的。

制动器一般安装在电动机与减速器之间，也有安装在电动机轴或蜗杆轴的尾端，但都是安装在高速轴上，这样所需的制动力矩小，制动器的结构尺寸可以减小。制动器在电动机与减速器之间时，制动轮大都也是电动机与减速器之间的联轴器，应注意制动轮必须在蜗杆一侧，以保证联轴器破断时，电梯仍能被制停。

（4）曳引轮

曳引轮是直接传动钢丝绳的部件，要承受轿厢、负载、对重等运动装置的全部动、静载荷。故要求强度大、韧性好、耐磨损、耐冲击。

曳引轮一般由两部分构成，中间为轮筒（鼓），外面为轮圈，绳槽加工在轮圈上，轮圈与轮筒套装并用螺栓连接成一个整体。曳引轮与减速器的蜗轮同一根轴。

曳引轮从绳槽内钢丝绳横截面的中心量出的直径叫作节圆直径。标准要求节圆直径不小于钢丝绳直径的40倍，以减少钢丝绳的弯曲应力，延长钢丝绳的寿命。一般曳引轮的节圆直径都取钢丝绳直径的45~55倍，也有达60倍。

曳引轮的绳槽数由曳引绳数决定，一般单绕的等于绳数或略大于绳数，复绕的为绳数的两倍。绳槽的形状直接关系着曳引力的大小。绳槽的尺寸与钢丝绳是匹配的，一般半圆槽或半圆切口槽中，槽的深度（不含切口）比钢丝绳的半径大1~2mm，槽底圆弧的半径比钢丝绳半径大0.25~0.3mm。

曳引轮的支承方式有两种，一种是曳引轮悬臂安装，另一种是曳引轮的两侧都有轴承支承。前者必须装设挡绳装置，如挡绳杆，以防钢丝绳脱出。

电梯在运行中，钢丝绳与绳槽相互作用引起绳槽的磨损是正常的，但若磨损过快，尤其是各绳槽不均匀磨损时，不但影响曳引轮的寿命，也会造成电梯运行的不平稳。造成磨损的因素有很多，在曳引轮方面主要有材质及其物理性能，尤其是轮槽材质的均匀性、槽面硬度的差异及节圆半径不一和轮槽形状偏差。在载荷方面主要是载荷过大造成钢丝绳张力过大、曳引轮两侧钢丝绳的张力差过大和各钢丝绳之间的张力偏差等。

（5）手动紧急操作装置

当电梯停电或发生故障需要对困在轿厢内的人进行教授时，就需要手动紧急操作，一般称为“人工盘车”。紧急操作包括人工开闸和盘车两个互相配合的操作，所以操作装置也包括人工开闸的装置和手动盘车的装置。

手动盘车装置是在电动机轴上的 1 个手轮，一般在电动机尾端，也有在电动机和减速器之间，在交流双速和交流调压调速电梯，盘车的手轮与飞轮是合二为一的，固定在电动机轴上。而在调频电梯正常运转时，手轮一般不在电动机轴上，而挂在曳引机附近，需盘车时能立即套上使用，盘车手轮应漆成黄色，而且应是边缘光滑的圆盘，不能用摇把式或杆式的装置。手动紧急操作必须由两人共同操作，1 人开闸 1 人盘车，点动操作，即松一下停一下。有意外情况时，开闸的人立即松手，电梯随即制动。

4. 曳引钢丝绳

钢丝绳是机械中常用的柔性传力构件，是由若干钢丝先捻成股，再由若干股捻成绳。一般中心还有用纤维或金属制成的绳芯，以保持钢丝绳的断面形状和贮存润滑剂。一般钢丝绳都是圆形股钢丝绳，而且按绳中钢丝接触的状态分为点接触钢丝绳、线接触钢丝绳和面接触钢丝绳。

点接触钢丝绳即是普通钢丝绳，是由相同直径的钢丝捻制而成，由于制造简单价格便宜，所以在升降机械和拖绞机械中使用十分广泛，但挠性差，使用寿命短。

线接触钢丝绳由不同直径的钢丝捻制而成，内部钢丝之间的接触成线状，钢丝间的挤压应力比点接触钢丝绳小得多。线接触钢丝绳由于挠性好，使用寿命长，现已在起重机械尤其是电梯中广泛使用。

面接触钢丝绳是由不同截面的异形钢丝组成，使内部钢丝呈面接触，一般用于特种用途。捻制钢丝绳的钢丝要有较高的强度和韧性，一般用优质碳素结构钢冷拉而成，钢中的磷、硫等杂质应控制在 0.035%（质量分数）以下。钢丝绳可由单一强度的钢丝组成，也可内外层由不同强度的钢丝组成，称为双强度钢丝绳。

钢丝绳根据绳和股的捻制方向分为交互捻和同向捻两种。交互捻由于绳和股的扭转趋势相反，使用中不易松散和扭转，所以常用于悬挂的场合。

5. 电梯的轿厢

轿厢是电梯用以承载和运送人员和物资的箱形空间，由轿厢体、轿厢架及有关构件和装置组成。

轿厢架是轿厢的承载结构，轿厢的负荷（自重和载重）由它传递到曳引钢丝绳。当安全钳动作或蹲底撞击缓冲器时，还要承受由此产生的反作用力，因此轿厢架要有足够的强度。轿厢体是形成轿厢空间的封闭围壁，除必要的出入口和通风孔外不得有其他开口。轿厢体由不易燃和不产生有害气体和烟雾的材料制成。

（1）轿厢护脚板

每一轿厢地坎上均须装设护脚板，其宽度应等于相应层站入口的整个净宽度。护脚板的垂直部分以下应成斜面向下延伸，斜面与水平面的夹角应大于60°，该斜面在水平面上的投影深度不得小于20mm。

（2）轿厢的有效空间

为了乘员的安全和舒适，轿厢入口和内部的净高度不得小于2m。为防止乘员过多而引起超载，轿厢的有效面积必须予以限制。

对货梯、病床梯和非商用汽车梯由于装载需要，面积超过规定值时，要求对载重量进行有效控制，病床梯必须有专人操作。

在乘客电梯中为了保证不会过分拥挤，标准还规定了轿厢的最小有效面积。

（3）称重保护装置

称量装置一般设在轿底，也有设在轿顶的上梁、曳引钢丝绳绳头、钢丝绳上的。基本结构是在底梁上安装若干个微动开关（触点）或质量传感器，当置于弹性胶垫上的活动轿厢由于载荷增加向下位移时，触动微动开关发出信号，或由传感器发出与载荷相对应的连续信号。

利用微动开关的称量装置，最基本的是一个开关，在超载（超过额定载荷的10%，并至少为75kg）时动作，使电梯门不能关闭，电梯也不能起动，同时发出声响和灯光信号。所以也称超载开关。在较简单的调速电梯上还加装一个50%额定载荷的开关，以判断电梯是重荷运行还是轻荷运行。在重荷运行起动时给电动机输入一个预负载电流，以避免起动时发生轿厢瞬间下滑或上滑的现象。目前根据需要也有设多个开关的，以发出轻载、半载、满载、超载等多个检出信号，供拖动控制和其他需要。

随着控制精度要求的提高，尤其群控电梯还需要有轿厢内负荷的实时信息用于调度，现在较高档的电梯都使用了随负载变化发出连续信号的质量传感装置。传感器发出的信号经放大调零后，经比较器可输出各种载荷信号供控制系统使用。

在差动变压器一次侧输入经稳压后的交流电压，二次侧则输出感应电压，而且电压随铁心插入深度的增加而增高。由于铁心的插入是由轿底的下沉所推动的，故插入深度与轿厢的负载成正比，因此差动变压器就能发出连续的实时的轿厢负载信息。

除上述的称重装置外，目前还使用机械式称重装置。其结构与杠杆式磅秤相似，轿底绞支在悬臂I和II上，悬臂在轿底中心用连接块连接，连接块压在秤杆的一端。当轿底载重时，悬臂下压秤杆，达到由秤砣调整的质量时，触动开关发出超载信号，使电梯不能起动。

（4）轿厢内装置

操纵箱是轿内的操纵装置。一般在集选控制电梯的操纵箱面板上有各层站的选层按钮和供检修运行时开关门及自动运行时提前关门的开关门按钮。面板上还有电梯运行方向的指示和超载指示供乘客了解运行的情况。有一个画有钟形的黄色按钮是警铃或报警装置的按钮，供紧急情况时使用。同时一般在面板上还标有电梯的额定载重量及乘客数，还有电梯制造厂名和其识别标志。

在操纵箱下部有个带锁的控制盒，根据用户对电梯乘用需要，控制盒内可能有检修和有 / 无专人操纵等转换开关，还有检修运行的上下方向按钮，有时还有直驶按钮和照明通风控制开关。该控制盒是专供操作人员和检修人员使用的，平时必须锁好。

轿厢内应有适当的通风和照明，要保证操纵箱处的照度不小于 50lx，并应有停电应急照明，在停电或照明电源故障时，能自动投入以减轻乘客的心理压力，并使乘客能看清报警和通信装置的使用说明，及时报警和与外界联系。

6. 电梯门

电梯门包括轿门和层门，轿门安装在轿厢入口，层门安装在井道的层站开口处，是人员和货物进出电梯的开口，也是轿厢和井道的封闭结构。在门关闭时，除规定的运动间隙外，轿厢和井道的入口应完全封闭，以避免发生剪切和坠落事故。所有层门及其门锁应有这样的机械强度：

用 300N 的静力垂直作用于门扇或门框的任何一个面上的任何位置，且均匀地分布在 $5cm^2$ 的圆形或方形面积上时，永久变形应不大于 1mm，弹性变形应不大于 15mm。试验后，门的安全功能不受影响。

用 1000N 的静力从层站方向垂直作用于门扇或门框上的任何位置，且均匀地分布在 $100cm^2$ 的圆形或方形面积上时，应没有影响功能和安全的明显的永久变形。

（1）门的形式与结构

电梯门一般有滑动和旋转门，滑动门又有水平滑动门和垂直滑动门。旋转门在小型公寓用得较多，垂直滑动门则用于汽车电梯和部分货梯，目前使用最普遍的是水平滑动门。水平滑动门按门扇开启的方向可分为中分门和旁开式门（也叫作侧开门）。中分门是门扇中间分开向两旁开启，一般用于客梯；旁开式门是全部门扇向一侧开启，一般多用于货梯和病床梯。

门的启闭现在一般是自动的，即根据指令由开门机构带动门扇运动，也有少数小型住宅梯和货梯是由人工手动启闭的。

门一般由门扇、门滑轮、门导轮架（俗称“上坎”）和门地坎等部件组成。门扇由门滑轮悬挂在导轨上，下部滑块插在门地坎内，使门只能水平左右滑动，而不能在前后方向移动。

（2）门的启闭与传动机构

门的启闭除少数是手动外，大部分是由开门机构完成的。开门机构安装在轿顶的门口处，由电动机通过减速机构，再通过传动机构带动轿门。到层站时轿门上的门刀卡入层门门锁的锁轮，在轿门开启时打开门锁并带动层门同步水平运动。

电梯开门和关门过程门扇的运动并不是匀速的，一般开门时速度是先慢后快再慢，而关门时是先快后慢再慢，所以门机必须有调速装置。门机的电动机常用直流电动机，利用安装在传动机构或门头上的几个微动开关在门扇处于一定位置时发出信号，改变门电动机电枢的电压就可达到变速的目的。

现代的电梯讲究工作效率，门都具有启闭迅速的特点。但为了避免在起端与终端发生冲击，要求自动门机应具有自动调速的功能。为了达到启闭迅速，而又能使停止端不发生冲击，电梯的门在启闭时应具有合理的速度变化。

（3）门锁和电气安全触点

为防止发生坠落和剪切事故，层门由门锁锁住，使人在层站外不用开锁装置无法将层门打开，所以门锁是一个十分重要的安全部件。

门锁由底座、锁钩、钩挡、施力元件、滚轮、开锁门轮和电气安全触点组成，是目前使用较多的门锁结构示意图。门锁要求十分牢固，在开门方向施加 1000N 的力应无永久变形，所以锁紧元件（锁钩、锁挡）应耐冲击，由金属制造或加固。

锁钩的啮合深度（钩住的尺寸）是十分关键的，标准要求在啮合深度达到和超过 7mm 时，电气触点才能接通，电梯才能起动运行。锁钩锁紧的力是由施力元件（压紧弹簧）和锁钩的重力供给的。

门锁的电气触点是验证锁紧状态的重要安全装置，要求与机械锁紧元件（锁钩）之间的连接是直接的和不会误动作的，而且当触头粘连时，也能可靠断开。现在一般使用的是簧片式或插头式电气安全触点，普通的行程开关和微动开关是不允许用的。

除了锁紧状态要有电气安全触点来验证外，轿门和层门的关闭状态也应有电气安全触点来验证。当门关到位后，电气安全触点才能接通，电梯才能运行。验证门关闭的电气触点也是重要的安全装置，应符合规定的安全触点要求，不能使用一般的行程开关和微动开关。

层门门扇之间若是用钢丝绳、传动带、链条等传动，称为间接机械传动，应在每个门扇上安装安全触点。由于门锁的安全触点可兼任验证门关闭的任务，所以有门锁的门扇可以不再另装安全触点。

当门扇之间的联动是由刚性连杆传动的称为直接机械传动，则电气安全触点可只装在被锁紧的门扇上。

轿门的各门扇若与开门机构是由刚性结构直接机械连接传动，则电气安全触点可安装在开门机构的驱动元件上；若门扇之间是直接机械连接的，则可只装在一个门扇上；若门扇之间是间接机械连接即由钢丝绳、传动带、链条等连接传动的，而开门机构与门扇之间是刚性结构直接机械连接的，则允许只在被动门扇（不是开门机直接驱动的门扇）安装电气安全触点。如果开门机构与门扇之间也不是由刚性结构直接机械连接的，则每个门扇均要有电气安全触点。

（4）人工紧急开锁和强迫关门装置

为了在必要时（如救援）能从层站外打开层门，标准规定每个层门都应有人工紧急开锁装置。在无开锁动作时，开锁装置应自动复位，不能仍保持开锁状态。当轿厢不在层站时，层门无论什么原因开启时，必须有强迫关门装置使该层门自动关闭。

（5）门的安全装置

电梯门的安全装置有光电式、电子式和机械式之分，均安装在轿门上，以防止乘客或物品被门夹住为目的，当正在关闭中的门受到阻碍时，门能立即自动重开。

光电式是将光电装置安装在门上，使光线水平地通过门口，当乘客或物品遮断光线时，应能使门重新打开。电子式是将检测电容量的装置设在门上，当人体位于感应区域时，电容量的变化，使门机接受反转指令重新打开。

机械式也是常用的，亦称为安全触板装置。它主要由触板、上下控制杆（开关凸轮）和微动开关所组成。平时，安全触板在自重的作用下，凸出门扇 30~35mm，当在关闭中一碰到人或物品时，触板被推入，控制杆转动，上控制杆端部的开关凸轮压下微动开关触头，使门电动机迅速反转，门重新打开。限位螺钉的作用是控制触板的凸出量和活动量。一般为触板推进入 8mm 左右，微动开关立即动作。安全触板必须在碰到人或物品时才能动作，因此必须使其动作灵敏、轻巧，我国规定触板动作的碰撞力不大于 5N。安全触板有单侧安装（旁开门）和双侧安装两种（对中分门）。双侧安装能使门的闭合面双侧均有触觉，安全可靠性高。

光电式和电子式门安全装置，由于不需要碰撞人体，提高了安全性。但为了提高使用的可靠性，往往还与安全触板联用。在有的电梯上，为了提高电梯的使用效率，将电子式装置与安全触板的作用加以分工。当关闭中的门被感应重开时，门将只重开一部分，让乘客通过，只有当安全触板继而被碰撞时，门才进而全开。

近来，光幕式防夹装置已广泛用于电梯上，该装置对每个通过红外线光幕的物体进行瞬时电子分析，在电梯入口处的整个区域形成一个密集的光幕。一旦有任何物体挡住光幕，电梯门会自动起动并再次打开（无须撞击或身体接触），从而确保了乘客或物品的安全。

（6）轿门锁与开门限制装置

1）设置的条件不同：轿门锁是由面对轿厢入口的井道壁尺寸超标引出的，目的是防止从轿厢内扒开轿门坠入井道；轿门开门限制装置目的是防止乘客在开锁区城外从轿厢内扒开轿门自救而导致坠落。

2）电气安全装置验证的不同：轿门锁应设置锁紧电气安全装置的验证；轿门开门限制装置可以不设锁紧电气验证，但是动作后，轿门关门到位开关应动作。

3）型式试验的不同：轿门锁需要进行型式试验；轿门开门限制装置没有规定。

4）设计的要求不同：轿门锁装置的设计和操作应采用与层门门锁装置相类似的结构，锁紧啮合尺寸 7mm，材料、保持锁紧动作的产生方式、门锁防护等方面的要求，与层门锁完全一致；轿门开门限制装置没有规定。在该装置上施加 1000N 的力，轿门的开启不能超过 50mm。

5）互替问题：轿门锁可以当作轿门开门限制装置使用，反之则不行。按标准要求来看，轿门锁不是电梯系统必须要装配的，只有大于 150mm 时，又没有采取其他措施的情况下才设置安装。而轿门开门限制装置是每台电梯必须要安装的，每个轿厢必备。

6）安全保护范围问题：轿门锁限制的范围很大，是在整个井道高度内的，因为事故风险大，所以要求高；开门限制装置满足井道内表面与轿厢地坎、轿厢门框架或轿厢滑动门的最近门口边缘的水平距离不应大于 0.15m 的要求；对于事故风险较小要求的电梯，没有轿门锁高要求。

7）直接机械连接的旁开式门（多折门）轿门锁安装位置有规定：只锁住一个门扇，则应采用钩住重叠式门的其他闭合门扇的方法，使如此单一门扇的锁紧能防止其他门扇的打开；开门限制装置则没有这方面的规定。

7. 电梯的导向装置

电梯导向系统由导轨和导靴组成，其作用主要是为轿厢和对重垂直运动导向，同时限制其在水平方向的位移，并防止轿厢因偏载面产生的倾斜。在安全钳动作时，导轨作为支承件吸收轿厢或对重的动能，支承轿厢或对重。

（1）导轨

电梯常用的导轨有 T 形导轨、空心导轨和热轧型钢导轨。其中空心导轨只能用于没有安全钳的对重导向，热轧型钢导轨只能用于速度不大于 0.4m/s 的电梯，而 T 形导轨能广泛使用于各种电梯。

（2）导靴

轿厢导靴安装在轿厢上梁和下梁安全钳下面，对重导靴安装在对重架上部和底部，分别与各自导轨接触。

常用的导靴有固定滑动导靴、弹性滑动导靴和滚动导靴三种。

靴座为铸件或钢板焊接件，靴衬由摩擦因数低、滑动性能好、耐磨的尼龙制成。为增加润滑性能有时在靴衬的材料中加入适量二硫化钼。固定滑动导靴的靴头是固定的，在安装时要与导轨间留一定的滑动间隙。故在电梯运行中，尤其是靴衬磨损较大时会产生一定的晃动。固定滑动导靴只用于对重和速度低于 0.63m/s 的货梯。

由于靴衬和导轨间是滑动摩擦，故需在摩擦面上进行润滑，一般是在上导靴上安装一个油盒内注润滑油，通过纤维油芯的毛细作用，对导轨进行不间断的润滑。弹性滑动导靴广泛使用于中高速电梯。

滚轮外缘一般由橡胶或聚氨酯材料制作，在使用中不需要润滑，在开始使用时还要将新导轨表面的防锈涂层清洗掉。当滚轮表面有剥落时，轿厢运行的水平振动明显增大，必须及时更换滚轮。

第二节　曳引驱动电梯的安全保护装置

电梯是载人的垂直交通工具，必须将安全运行放在首位。电梯的安全，首先是对人员的保护，同时也要对电梯本身和所载物资以及安装电梯的建筑物进行保护。

电梯可能发生的危险一般有人员被挤压、撞击和发生坠落、剪切；人员被电击、轿厢超越极限行程发生撞击；轿厢超速或因断绳造成坠落；由于材料失效、强度丧失而造成结构破坏等。所以电梯和零部件从设计、制造、安装等各个环节都要考虑防止危险的发生。同时维护保养和使用也应十分注意，很多事故就是由于维护保养不当使电梯状态不良和不正确地使用造成的。

电梯的安全性除了在结构的合理性、可靠性，电气控制和拖动的可靠性方面充分考虑外，还针对各种可能发生的危险，设置专门的安全装置。

一、防超越行程的保护

为防止电梯由于控制方面的故障，轿厢超越顶层或底层端站继续运行，必须设置保护装置以防止发生严重的后果和结构损坏。

防止越程的保护装置一般是由设在井道内上下端站附近的强迫换速开关、限位开关和极限开关组成的。这些开关或碰轮都安装在固定于导轨的支架上，由安装在轿厢上的打板（撞杆）触动而动作。

强迫换速开关是防止越程的第 1 道关，一般设在端站正常换速开关之后。当开关撞动时，轿厢立即强制转为低速运行。在速度比较高的电梯中，可设几个强迫换速开关，分别用于短行程和长行程的强迫换速。

限位开关是防越程的第 2 道关。当轿厢在端站没有停层而触动限位开关时，立即切断方向控制电路使电梯停止运行。但此时仅仅是防止向危险方向的运行，电梯仍能向安全方向运行。

极限开关是防越程的第 3 道保护。当限位开关动作后电梯仍不能停止运行，则触动极限开关切断电路，使驱动主机和制动器失电，电梯停止运转。对交流调压调速电梯和变频调速电梯极限开关动作后，应能使驱动主机迅速停止运转，对单速或双速电梯应切断主电路或主接触器线圈电路，极限开关动作应能防止电梯在 2 个方向的运行，而且不经过称职的人员调整，电梯不能自动恢复运行。

极限开关安装的位置应尽量接近端站，但必须确保与限位开关不联动，而且必须在对重（或轿厢）接触缓冲器之前动作，并在缓冲器被压缩期间保持极限开关的保护作用。限位开关和极限开关必须符合电气安全触点要求，不能使用普通的行程开关和磁开关、干簧管开关等传感装置。

防越程保护开关都是由安装在轿厢上的打板（撞杆）触动的，打板必须保证有足够的长度，在轿厢整个越程的范围内都能压住开关，而且开关的控制电路要保证开关被压住（断开）时，电路始终不能接通。

防越程保护装置只能防止在运行中控制故障造成的越程，若是由于曳引绳打滑制动器失效或制动力不足造成轿厢越程，上述保护装置是无能为力的。

二、防电梯超速和断绳的保护

电梯由于控制失灵、曳引力不足、制动器失灵或制动力不足及超载拖动绳断裂等原因都会造成轿厢超速和坠落，因此，必须要有可靠的保护措施。

防超速和断绳的保护装置是安全钳、限速器系统、上行超速保护系统。

安全钳是一种使轿厢（或对重）停止向下或向上运动的机械装置。凡是由钢丝绳或链条悬挂的电梯轿厢均应设置安全钳、当底坑下有人能进入的空间时，对重也可设安全钳。

安全钳一般都安装在轿架的底梁上，成对地同时作用在导轨上。限速器是限制电梯运行速度的装置，一般安装在机房，当轿厢上行或下行超速时，通过电气触点使电梯停止运行。当下行超速，电气触点动作仍不能使电梯停止，速度达到一定值后，限速器机械动作，拉动安全钳夹住导轨将轿厢制停；当断绳造成轿厢（或对重）坠落时，也由限速的机械动作拉动安全钳，使轿厢制停在导轨上。

限速器和安全钳动作后，必须将轿厢（或对重）提起，并经称职人员调整后方能恢复使用。轿厢上行超速保护装置是安装在曳引驱动电梯上，在电梯上行超速到一定程度时用来使轿厢制停或有效减速的一种安全保护装置。它一般由速度监控装置和减速装置两部分组成，通常采用双向限速器作为速度监控装置检测轿厢速度是否失控。减速装置则包括安全钳、夹绳器和安全制动器，分别作用于轿厢或对重、钢丝绳系统（悬挂绳或补偿绳）和曳引轮。安全制动器作为上行超速保护装置必须直接作用在曳引轮或作用于最靠近曳引轮的曳引轮轴上，目前在无机房电梯永磁同步电动机上通常就是利用直接作用在曳引轮上的制动器作为上行超速保护。这种制动器机械结构设计符合安全制动器的要求，不必考虑其失效。同时由于它直接作用在曳引轮上，曳引机主轴、轴承等机械部件损坏不会影响其有效抱闸制停。

1. 限速器

限速器按其动作原理可以分为摆锤式和离心式两种。摆锤摆动的频率与绳轮的转速有关，当轿厢速度超过额定速度预定值时，摆锤振动，使超速开关动作，从而切断电梯的控制回路，使制动器失电抱闸。如轿厢速度进一步增大，摆锤的振动幅度增大，使摆锤的棘爪进入绳轮的止停爪内，从而使限速器停止运转。

离心式结构的限速器又可分为垂直轴转动型和水平轴转动型两种。目前常用的为水平轴转动型。其主要特点是结构简单、可靠性高、安装所需要的空间小。它的动作原理是，两个绕各自枢轴转动的甩块由连杆连接在一起，以保证同步运动，甩块由螺旋弹簧固定。限速器绳轮在垂直平面内转动，当轿厢速度超过额定速度预定值时，甩块因离心力的作用向外甩开，使超速开关动作，从而切断电梯的控制回路，使制动器失电抱闸。如轿厢速度进一步增大，甩块进一步向外甩开，并撞击锁栓，松开摆动钳块。正常情况下，摆动钳块由锁栓固定，与限速器绳间保持一定的间隙。当摆动钳块松开后，钳块下落，使限速器绳夹持在固定钳块上。固定钳块由压紧弹簧压紧，压紧弹簧可利用调节螺栓进行调节。此时，绳钳夹紧了限速器绳，从而使安全钳动作。当钳块夹紧限速器绳使安全钳动作时，限速器绳不应有明显的损坏或变形。

不论是哪种类型的限速器，其主要性能要求是类同的，因此在设计或选用时，应该注意以下几个方面的问题。

1）限速器动作速度。限速器的动作速度是限速器的主要技术参数，它与轿厢（对重）的额定速度及联动安全钳形式有关。

对于额定速度大于 1m/s 的电梯，在轿厢下行的速度达到限速器动作速度之前（约是限速器动作速度的 90%~95%，具体视额定速度而定），限速器或其他装置应借助一个电气安全开关（又称超速开关）迫使电梯曳引机停止运转。对于速度不大于 1m/s 的电梯，这种电气安全开关最迟在限速器达到动作速度时起作用；如果电梯在可变电压或连续调速的情况下运行，则最迟当轿厢速度达到额定速度的 115% 时，此电气安全装置应动作。

2）限速器绳的预张紧力。限速器绳轮转动是靠与轿厢连接的钢丝绳的摩擦力带动的，为了足以使钢丝绳无滑动地带动绳轮转动，限速器绳的每一分支中的张力应不小于 150N。预张紧力是靠张紧装置来实现的。悬挂式张紧装置与悬臂式张紧装置都能补偿限速器钢丝绳在工作中的伸长，张紧装置的最底部与底坑有一定的高度。为了防止绳的破断或过于伸长而失效，张紧位置上均设有断绳电气安全开关。

限速器绳在绳轮中的附着力或限速器动作时的张紧力应足以提起安全钳连杆系统，使安全钳动作。其值至少是 300N，或安全钳起作用所需力的两倍，两者取大者。为了确保限速器动作后，钢丝绳没有明显的损坏或变形，夹绳钳应调整到使限速器绳通过夹绳钳的最大拉力不大于限速器绳破断拉力的 1/5，限速器绳的公称直径应至少为 6mm。

3）限速器动作的响应时间应尽量短

响应时间包括限速器动作速度之前的响应时间和达到动作速度后提起楔块与导轨接触的响应时间。它反映了限速器安全钳联动的灵敏性。不论是瞬时式安全钳还是渐进式安全钳，其响应时间控制在 0.5s 之内。一般无夹绳装置比有夹绳装置的限速器响应时间稍长些。

2. 安全钳

（1）瞬时式安全钳

瞬时式安全钳作用的特点是：制停距离短，轿厢能承受较大冲击。在制停过程中，楔块或其他形式的卡块可迅速地卡住导轨表面，从而使轿厢停止。不可脱落滚柱式瞬时式安全钳的制停时间在 0.1s 左右，而双楔瞬时式的瞬时制停力最大时的脉冲宽幅只有 0.01s 左右。整个制停距离也只有几十毫米，乃至几毫米。轿厢的最大制停减速度在（5~10）g 左右，甚至更大。因此，我国标准规定，瞬时式安全钳只能适用于额定速度不超过 0.63m/s 的电梯。

瞬时式安全钳一般有以下两种类型：

1）楔块型瞬时式安全钳。钳体一般由铸钢制成，安装在轿厢架的下梁上，每根导轨分别由 2 个楔形钳块夹持（双楔形），也有只有 1 个楔块动作的（单楔形）。一旦楔块与导轨接触，由于楔块斜面的作用导轨会被越夹越紧。此时安全钳的动作就与操纵机构无关。

为了增加楔块与导轨之间的摩擦因数，常将钳块与导轨相贴的一面加工成花纹状，并减少楔块表面的油污。为了减少楔块与钳体之间的摩擦，一般可在它们之间设置表面经硬化的镀铬滚柱。当安全钳动作时，楔块在滚柱上相对钳体运动。

2）偏心块型瞬时式安全钳。偏心块型安全钳由 2 个硬化钢制成的带有半齿的偏心块组成。它有 2 根联动的偏心块连接轴，轴的两端用键与偏心块相连。当安全钳动作时，2 个偏心块连接轴相对转动，并通过连杆使 4 个偏心块保持同步动作。偏心块的复位由弹簧来实现，通常在偏心块上装有 1 根提拉杆。

应用这种类型的安全钳，偏心块卡紧导轨的面积很小，接触面的压力很大，动作时往往使齿或导轨表面受到破坏。

（2）渐进式安全钳

渐进式安全钳与瞬时式安全钳结构上的主要区别在于钳体是弹性夹持型。安全钳动作时，轿厢有相当的制停距离，这样轿厢的制停减速度小。要求轿厢在制停过程中的平均减速度在 0.2~1.0g 之间。常用的渐进式安全钳有以下几种结构。

1）夹持件为 2 个楔形钳块，楔块背面有滚柱组，滚柱可在钳体的钢槽内滚动。当提拉杆将楔形钳块向上提起，楔块背面滚柱组随动，楔块与导轨面接触后，楔块继续上滑一直到限位板停止，此时楔块夹紧力达到预定的最大值，形成一个不变的制动力。

使轿厢以较低的减速度平滑制动，最大夹持力可由钳臂尾部的弹簧（螺旋式或碟形弹簧）预定的行程确定。

2）其钳座是由钢板焊接而成的。钳体是由 U 形板簧制成，楔块被提起夹持导轨后，钳体张开，直至楔块行程的极限位置，其夹持力的大小由 U 形板簧的变形量确定。

3）钳体的斜面由两个扁平弹簧代替，形成一个滚道，供表面已被淬硬的钢质滚花滚柱在上滚动，提拉杆直接激发滚柱的动作。提拉杆提起滚柱后，滚柱与导轨接触，并揳入导轨与弹簧之间，施加到导轨上的压力可由弹簧控制。由于滚柱与导轨的接触面积小，接触应力较大，因而要求弹簧的刚度不应过高，以避免过大的接触应力导致导轨的损坏。

三、防人员剪切和坠落的保护

在电梯事故中人员被运动的轿厢剪切或坠入井道的事故占的比例较大，而且这些事故后果都十分严重，所以防止人员剪切和坠落的保护十分重要。

防止人员坠落和剪切的保护主要由门、门锁和门的电气安全触点联合承担，其标准要求：当轿门和层门中任一门扇未关好和门锁未啮合 7mm 以上时，电梯不能起动；当电梯运行时轿门和层门中任一门扇被打开，电梯应立即停止运行；当轿厢不在层站时，在层站外不能将层门打开；紧急开锁的钥匙只能交给一个负责人员，只有紧急情况时才能由称职人员使用。

轿门、层门必须按规定装设验证门紧闭状态的电气安全触点并保持有效，门关闭后门扇之间、门与周边结构之间的缝隙不得大于规定值。尤其层门滑轮下的挡轮要经常调整，以防中分门下部的缝隙过大。

门锁必须符合安全规范要求，并经型式试验合格，且锁紧元件的强度和啮合深度必须保证。

电气安全触点必须符合安全规范要求，不能使用普通电气开关。接线和安装必须可靠，而且要防止由于电气干扰而误动作。

在电梯操作中严禁开门“应急”运行。在一些电梯中为了方便检修常设有开门运行的“应急”运行功能，有的是设专门的应急运行开关，有的是在检修状态下按着开门按钮来实现开门运行。装有停电应急装置和故障应急装置的电梯，在轿门层门未关好或被开启的情况下，应不能自动投入应急运行移动轿厢。

由于制动力不足发生的溜车和驱动控制系统失效发生的开门走梯导致的剪切事故也偶有发生，在 CB7588 中针对这种情况有要求，即轿厢意外移动保护装置。

该装置保证了在层门未锁住且轿门未关闭的情况下，电梯的驱动主机或驱动控制系统的任何单一部件失效引起的轿厢离开层站的意外移动，电梯应具有防止该移动或者使移动停止的装置，并且该装置应在下列距离内制停轿厢：

1. 与检测到轿厢意外移动的层站的距离不大于 1.2m。

2. 层门地坎与轿厢护脚板最低部分之间的垂直距离不大于 0.2m。

3. 部分封闭的井道，轿厢地坎与面对轿厢入口的井道壁最低部分之间的距离不大于 0.2m。

4. 轿厢地坎与层门门楣之间或层门地坎与轿厢门楣之间的垂直距离不小于 1m。轿厢载有不超过 100% 额定载重量的任何载荷，在平层位置从静止开始移动的情况下，均应满足上述值。

四、缓冲装置

电梯由于控制失灵、曳引力不足或制动失灵等发生轿厢或对重蹲底时，缓冲器将吸收轿厢或对重的动能，提供最后的保护，以保证人员和电梯结构的安全。缓冲器分蓄能型缓冲器和耗能型缓冲器。前者主要以弹簧和聚氨酯材料等为缓冲元件，后者主要是油压缓冲器。蓄能型级冲器只能用于额定速度不超过 1m/s 的电梯，耗能型缓冲器能适用于任何额定速度的电梯。

1. 弹簧缓冲器（蓄能型缓冲器）

（1）弹簧缓冲器的结构及其形式：弹簧缓冲器一般由缓冲橡胶、缓冲座、弹簧、弹簧座等组成，用地脚螺栓固定在底坑基座上。为了适应大吨位轿厢，压缩弹簧可由组合弹簧叠合而成。行程高度较大的弹簧缓冲器，是为了增强弹簧的稳定性。

（2）工作原理和特点

弹簧缓冲器是一种蓄能型缓冲器，因为弹簧缓冲器在受到冲击后，它将轿厢或对重的动能和势能转化为弹簧的弹性变形能（弹性势能）。弹簧的反力作用，使轿厢或对重得到缓冲、减速。但当弹簧压缩到极限位置后，弹簧要释放缓冲过程中的弹性变形使轿厢反弹上升，撞击速度越高，反弹速度越大，并反复进行，直至弹力消失、能量耗尽，电梯才完全静止。

因此弹簧缓冲器的特点是缓冲后存在回弹现象，存在着缓冲不平稳的缺点，所以弹簧缓冲器仅适用于低速电梯。

2. 油压缓冲器

它的基本构件是缸体、柱塞、缓冲橡胶垫和复位弹簧等，缸体内注有缓冲液。其工作原理是：当油压缓冲器受到轿厢和对重的冲击时，柱塞向下运动，压缩缸体内的油，油通过环形节流孔喷向柱塞腔。当油通过环形节流孔时，由于流动截面积突然减小，就会形成涡流，使液体内的质点相互撞击、摩擦，将动能转化为热量散发掉，从而消耗了电梯的动能，使轿厢或对重逐渐停下来。

因此油压缓冲器是一种耗能型缓冲器，它是利用液体流动的阻尼作用，缓冲轿厢或对重的冲击。当轿厢或对重离开缓冲器时，柱塞在复位弹簧的作用下，向上复位，油重新流回液压缸，恢复正常状态。

由于油压缓冲器是以消耗能量的方式实行缓冲的，因此无回弹作用。同时，由于变量棒的作用，柱塞在下压时，环形节流孔的截面积逐步变小，能使电梯的缓冲接近匀减速运动，因而，油压缓冲器具有缓冲平稳的优点。在使用条件相同的情况下，油压缓冲器所需的行程可以比弹簧缓冲器减少一半，所以油压缓冲器适用于各种速度电梯。

复位弹簧在柱塞全伸长位置时应具有一定的预压缩力，在全压缩时，反力不大于 1500N，并应保证缓冲器受压缩后柱塞完全复位的时间不大于 120s。为了验证柱塞完全复位的状态，耗能型缓冲器上必须有电气安全开关。安全开关在柱塞开始向下运动时即被触动切断电梯的安全电路，直到柱塞向上完全复位时开关才接通。缓冲器油的黏度与缓冲器能承受的工作载荷有直接关系，一般要求采用有较低的凝固点和较高黏度指标的高速机械油。在实际应用中不同载重量的电梯可以使用相同的油压缓冲器，而采用不同的缓冲器油，黏度较大的油用于载重量较大的电梯。

五、报警和救援装置

电梯发生人员被困在轿厢内时，通过报警或通信装置应能将情况及时通知管理人员并通过救援装置将人员安全救出轿厢。

1. 报警装置

电梯必须安装应急照明和报警装置，并由应急电源供电。低层站的电梯一般是安设警铃，警铃安装在轿顶或井道内，操作警铃的按钮应设在轿厢内操纵箱的醒目处，上有黄色的标志。警铃的声音要急促响亮，不会与其他声响混淆。

2. 救援装置

电梯困人的救援以往主要采用自救的方法，即轿厢内的操纵人员从上部安全窗爬上轿厢将层门打开。随着电梯的发展无人员操纵的电梯广泛使用，再采用自救的方法不但十分危险而且几乎不可能。因为作为公共交通工具的电梯，乘员十分复杂，电梯故障时乘员不可能从安全窗爬出，就是爬上了轿顶也打不开层门，反而会发生其他的事故。因此现在电梯从设计上就决定了救援必须从外部进行。

救援装置包括曳引机的紧急手动操作装置和层门的人工开锁装置。在有层站不设门时，可在轿顶设安全窗，当两层站地坎距离超过 11m 时还应设井道安全门；若同一井道相邻电梯轿厢间的水平距离不大于 0.75m 时，也可设轿厢安全门。

机房内的紧急手工操作装置，应放在拿取方便的地方，盘车手轮应漆成黄色，开闸扳手应漆成红色。为使操作时知道轿厢的位置，机房内必须有层站指示。最简单的方法就是在曳引绳上用油漆做上标记，同时将标记对应的层站写在机房操作地点的附近。

若轿顶设有安全窗，安全窗的尺寸应不小于 0.35m × 0.5m，强度应不低于轿壁的强度。窗应向外开启，但开启后不得超过轿厢的边缘。窗应有锁，在轿内要用三角钥匙才能开启，在轿外则不用钥匙也能打开。窗开启后不用钥匙也能将其关闭和锁住，窗上应设验证锁紧状态的电气安全触点，当窗打开或未锁紧时，触点断开切断安全电路，使电梯停止运行或不能启动。

井道安全门的位置应保证至上下层站地坎的距离不大于 11m。要求门的高度不小于 1.8m，宽度不小于 0.35m，门的强度不低于轿壁的强度。门不得向井道内开启，井道安全门应装设用钥匙开启的锁。当上述门开启后，不用钥匙亦能将其关闭和锁住。井道安全门即使在锁住的情况下，也应能不用钥匙从井道内部将门打开。

只有井道安全门处于关闭位置时，电梯才能运行。为此，应采用符合规定的电气安全装置证实上述门的关闭状态。

在有相邻轿厢的情况下，如果轿厢之间的水平距离不大于0.75m，可使用轿厢安全门。安全门的高度不应小于1.80m，宽度不应小于0.35m，应设有手动上锁装置，门应能不用钥匙从轿厢外开启，并应能用三角钥匙从轿厢内开启，不应向轿厢外开启，并通过电气安全装置来验证门的锁紧。轿厢安全门不应设置在对重（或平衡重）运行的路径上，或设置在妨碍乘客从一个轿厢通往另一个轿厢的固定障碍物（分隔轿厢的横梁除外）的前面。

现在一些电梯安装了电动的停电（故障）应急装置，在停电或电梯故障时自动接入。装置动作时用蓄电池为电源向电动机送入低频交流电（一般为5Hz），并通电使制动器释放。在判断负载力矩后按力矩小的方向慢速将轿厢移动至最近的层站，自动开门将人放出。应急装置在停电、中途停梯、冲顶蹲底和限速器安全钳动作时均能自动接入，但若是门未关或门的安全电路发生故障则不能自动接入移动轿厢。

六、停止开关和检修运行装置

1. 停止开关

停止开关一般称急停开关，按要求在轿顶、底坑和滑轮间必须装设停止开关。停止开关应符合电气安全触点的要求，应是双稳态非自动复位的、误动作不能使其释放。停止开关要求是红色的，并标有“停止”和“运行”的位置。

轿顶的停止开关应面向轿门，离轿门距离不大于1m。底坑的停止开关应安装在进入底坑可立即触及的地方。当底坑较深时可以在下底坑的梯子旁和底坑下部各设一个串联的停止开关，最好是能联动操作的开关。在开始下底坑时即可将上部开关打在停止的位置，到底坑后也可用操作装置消除停止状态或重新将开关处于停止位置。轿厢装有无孔门时，轿内严禁装设停止开关。

2. 检修运行

检修运行是为便于检修和维护而设置的运行状态，由安装在轿顶或其他地方的检修运行装置进行控制。该装置应有一个能满足电气安全要求的检修运行开关。该开关应是双稳态的，并设有无意操作防护。

同时应满足下列条件：

（1）一经进入检修运行，应取消正常运行，包括任何自动门的操作、紧急状态下的电动运行（如备用电源供电）、对接装卸运行。只有再一次操作检修开关，才能使电梯重新恢复正常工作。

（2）上、下行只能点动操作，为防止意外操作，应标明运行方向。

（3）轿厢检修速度应不超过0.63m/s。

（4）电梯运行应仍依靠安全装置，运行不能超过正常的行程范围。

检修运行装置包括一个运行状态转换开关、操纵运行的方向按钮和停止开关。该装置也可以与能防止误动作的特殊开关一起从轿顶控制门机构的动作。

七、消防功能

发生火灾时井道往往是烟气和火焰蔓延的通道，而且一般层门在 70℃以上时也不能正常工作。为了乘员的安全，在火灾发生时必须使所有电梯停止应答召唤信号，直接返回撤离层站，即具有火灾自动返基站功能。

自动返基站的控制，可以是在基站处设消防开关，火灾时将其接通，或由集中监控室发出指令，也可由火灾检测装置在测到层门外温度超过 70℃时自动向电梯发出指令。消防员用电梯或有消防员操作功能的电梯（一般称消防电梯），除具备火灾自动返基站功能外，还要供消防员灭火和抢救人员使用。

消防电梯的布置应能在火灾时避免暴露于高温的火焰下，还能避免消防水流入井道。一般电梯层站宜与楼梯平台相邻并包含楼梯平台，层站外有防火门将层站隔离，层站内还有防火门将楼梯平台隔离，这样在电梯不能使用时，消防员还可利用楼梯通道返回。消防电梯额定载重量不应小于 800kg，人口宽度不得小于 0.8m，运行速度应按全程运行时间不大于 60s 来决定。电梯应是单独井道，并能停靠所有层站。

消防员操作功能应取消所有的自动运行和自动门的功能。消防员操作时外呼全部失效，轿内选层一次只能选一个层站，门的开关由持续按压关门按钮进行。有的电梯在开门时只要停止按压按钮，门立即关闭。在关门时停止按压按钮门会重新开启，这种控制方式是更为合理的。

八、防机械伤害的防护

电梯很多运动部分在人接近时可能会产生撞击、挤压、绞碾等危险，在工作场地由于地面的高低差也可能会产生摔跌等危险，所以必须采取防护。

人在操作、维护中可以接近的旋转部件，尤其是传动轴上突出的锁销和螺钉，钢带、钢条、传动带，齿轮、链轮，电动机的外伸轴及甩球式限速器等必须有安全网罩或栅栏，以防无意中触及。曳引轮、盘车手轮、飞轮等光滑圆形部件可不加防护，但应部分或全部涂成黄色以示提醒。

轿顶和对重的反绳轮，必须安装防护罩。防护要能防止人员的肢体或衣服被绞入，要能防止异物落入和钢丝绳脱出。

在底坑中对重运行的区域和装有多台电梯的井道中不同电梯的运动部件之间均应设隔障。机房地面高差大于 0.5m 时，在高处应设栏杆并安设梯子。

在轿顶边缘与井道壁水平距离超过 0.3m 时，应在轿顶设护栏，护栏的安设应不影响人员安全和方便地通过入口进入轿顶。

九、电气安全保护

对电梯的电气装置和线路必须采取安全保护措施，以防止发生人员触电和设备损毁事故，电梯应采取以下电气安全保护措施：

1. 直接触电的防护

绝缘是防止发生直接触电和电气短路的基本措施。要求导体之间和导体对地之间的绝缘电阻必须大于 1000Ω/V，并且动力电路和安全电路不得小于 0.5MΩ；其他照明、控制、信号等电路不得小于 0.25MΩ。

在机房、滑轮间、底坑和轿顶各种电气设备必须有罩壳，所有电线的绝缘外皮必须伸入罩壳不得有带电金属裸露在外。罩壳的外壳防护等级应不低于 IP2X，可防止直径大于 12.5mm 的固体异物进入，也就是手指不能伸入。

控制电路和安全电路导体之间和导体对地的电压等级应不大于 250V。机房、滑轮间、轿顶、底坑应有安全电压的插座，由不受主开关控制的安全变压器供电，其电源与线路均应与电梯其他供电系统和大地隔绝。

2. 间接触电的防护

间接触电是指人接触正常时不带电而故障时带电的电气设备外露可导电部分，如金属外壳、金属线管、线槽等发生的触电。在电源中性点直接接地的供电系统中，防止间接触电最常用的防护措施是将故障时可能带电的电气设备外露可导电部分与供电变压器的中性点进行电气连接。在电气设备发生绝缘损坏和导体搭壳等故障时，通过与变压器中性点之间的电气连接和相线形成故障回路，在故障电流达到一定值时，使串接在回路中的保护装置动作切断故障电源，达到防止发生间接触电的保护目的。

在采用 TN-S 或 TN-C-S 系统时，为了增加保护的可靠性，还应进行重复接地。也就是将接地线与 PE 线的总接线柱连接，而且要求接地线的接地电阻不大于 100。在采用 TN-C-S 系统时，还必须确认在机房以外的 PEN 线上没有装设可能断开 PEN 线的电气装置。

PE 线只是在电气设备发生绝缘损坏、搭壳等故障时，提供一个阻抗较小的故障回路，要切断故障电源还必须靠自动切断装置。一般是利用电路的短路保护装置，即熔断器或自动空气断路器（空断开关），在故障电流的作用下切断故障电源。为防止间接触电和避免触电者发生严重的伤害。IEC 标准要求固定电气设备发生故障应在 5s 内切断故障电流，而移动电器或手持电器则要求在 0.05s 内切断故障电流。因此，必须使空断开关和熔断器的瞬时动作电流不大于故障电流。若做不到这一点就要采取其他措施，如加装漏电保护装置以保证保护系统的可靠性。

3. 电气安全装置

（1）失电压、欠电压保护

当电梯在行驶中，突然出现无电压或电压过于降低现象，因立即切断电源使轿厢停止运行，在电压恢复时电动机不会自行起动，必须在专职人员重新操作电梯时才会开始继续运行，这种失电压、欠电压保护，在电梯控制电路中采用继电器、接触器进行保护。

（2）短路保护

在电梯各电路中发生电路短接或带电导体与金属外壳短路会自动切断电路，以防止电气事故发生，确保人身安全。电梯中的短路保护主要采用熔断器，总电源有熔断器，各分支电路也都装有熔断器。在直流曳引电动机也常用瞬时动作过电流继电器进行保护。

在熔断器选择时，不宜太大也不能太小。太大起不了保护作用，太小使电流一超过就熔断，影响电梯正常工作。一般取熔丝额定电流等于 1.5 倍电路额定电流。

（3）过载保护

电梯过载运行到一定时间，能把电源切断，防止电动机因长期过载而损坏。电梯上常采用手动复位的热继电器过载保护，当电梯过载运行后，热继电器中元件因电流增加而温度上升使其中双金属片弯曲，过载运行一段时间，热元件温度越来越高，双金属片弯曲到推动联杆将电梯热继电器中常闭触头打开，控制电源被切断。电梯就因失电而停止运行，电动机得到了保护，要恢复使用，必须待热继电器降温后用手动方法将热继电器常闭触头复位，电梯即可重新起动。

（4）相序和断相保护

当供给电梯的三相电源出现相位颠倒或有一相断开时，能把电梯控制电源切断，电梯就无法起动。电梯常用相序继电器进行相序和断相保护。当发生相位颠倒或断相时，相序继电器能将控制电源切断，同时点亮红色指示灯。

（5）层门、轿门电锁

在电梯轿厢门及每层站层门上部都装有电气联锁，只有在轿门及所有层门全部关闭，电气联锁全部接通时，才能起动电梯，防止因层门未关或未关好而起动离开层站，从而导致乘客误入发生人体坠落事故。

（6）端站减速开关

当电梯行驶到接近上下端站时，端站减速开关动作使电梯由快速转为慢速，防止快速越程。

（7）端站限位开关

端站限位开关安装在端站井道处适当位置，当电梯运行超越端站未能停站时，即打脱限位开关将电梯控制电路切断，电梯即可停站，有的电梯每一端站装有两套限位开关装置。

（8）越程安全保护

当电梯行驶超越端站，撞击限位开关也不能使轿厢停止时，用极限开关进行越程安全保护。极限开关装置由限位开关元件、链轮、绳轮、钢丝绳以及撞弓和杠杆组成。

（9）超速、继绳保护安全开关

当限速器动作时首先将装于轿顶上的安全开关打开，切断控制电源。在井道下方限速器钢丝绳张紧装置上也有一安全保护开关，一般限速器钢丝绳断裂或松弛时，可将安全保护开关打开，使控制电源切断，电梯被迫停驶。

（10）急停按钮

在电梯操作箱、轿顶、底坑都应装安全急停按钮。当按动按钮时，即可将控制电源切断，电梯停止运行或电梯无法起动。急停按钮装置应为双稳态的，无意动作不能使电梯恢复服务。

（11）超载保护

在乘客电梯中一般都装有传感式或杠杆式称量装置（活络轿底）。若轿厢内负载超过规定的额定值时，轿底弹簧压缩触动开关切断控制电源，使电梯无法起动，同时发出信号，提示轿厢超载。当轿厢内负载减少到等于或小于额定负载时，超载信号消失，电梯即可起动运行。

（12）轿厢自动门防夹保护

电梯在自动关门过程中，有人出入轿门，触及装在轿门两侧的安全触板（或光电），触板带动开关动作，使关门即刻停止，并随即将门开启，防止电梯门将人或物夹住。

（13）安全窗和安全门的安全开关

当电梯因故使用安全窗或安全门时，只要将窗和门打开，其安全开关动作切断控制电路，防止在安全窗、安全门开启时电梯突然起动。

第三节　电气拖动和电气控制系统

一、电梯的电力拖动

电梯的电力拖动系统对电梯的起动加速、稳速运行、制动减速起着控制作用。拖动系统的优劣直接影响着电梯的起动和制动加速度、平层精度、乘坐舒适性等指标。在19世纪中叶以前直流拖动是电梯的唯一拖动方式，到20世纪初交流电力拖动才开始在电梯上得到应用。

目前用于电梯的电力拖动系统主要有如下几类。

1. 直流拖动系统

直流电动机具有调速平滑、调速范围大的特点，因此直流电梯具有速度快、舒适感好、平层准确度高的优点。但它的缺点也不少，机组体积大、耗能高、维护工作量大、造价高、故障较多，随着变频变压调速的发展，目前直流拖动已很少选用。

2. 交流变极调速系统

变极调速就是改变交流感应电动机定子绕组的磁场极数，以改变磁场同步转速来达到调速的目的。

变极调速是一种有级调速，调速范围不大，三相交流感应电动机定子内具有 2 个不同极对数的绕组（分别为 6 极和 24 极）。快速绕组（6 极）作为起动和稳速之用，而慢速绕组作为制动减速和慢速平层停车用。为了限制起动电流，以减小对电网电压波动的影响，在起动时一般按时间原则，串电阻、电抗一级加速或二级加速；减速制动是在低速绕组中按时间原则进行二级或三级再生发电制动减速，以慢速绕组（24 极）进行低速稳定运行直至平层停车。

该系统大多采用开环方式控制，线路比较简单，造价较低，因此被广泛用在电梯上，但由于乘坐舒适感较差，此种系统一般只应用于额定速度不大于 1m/s 的货梯。

3. 交流调压调速系统

由于大规模集成电路和计算机技术的发展，使交流调压调速拖动系统在电梯中得到广泛应用。该系统采用晶闸管闭路调速，其制动减速可采用涡流制动、能耗制动、反接制动等方式，使得所控制的电梯乘坐舒适感好，平层准确度高，明显优于交流双速拖动系统，多用于速度 2.0m/s 以下的电梯。但随着调速技术和大功率器件的发展，已被变频变压调速系统淘汰。

4. 变频变压调速系统

变频调速是通过改变异步电动机供电电源的频率而调节电动机的同步转速，也就是改变施加于电动机进线端的电压和电源频率来调节电动机转速。目前交流可变电压可变频率（VWVF）控制技术得到迅速发展，利用矢量变换控制的变频变压系统的电梯速度可达 12.5m/s，其调速性能已达到直流电动机的水平，且具有节能、效率高、驱动控制设备体积小、质量轻和乘坐舒适感好等优点，目前已完全取代了直流拖动和交流调压调速拖动。

对该图部分器件解释如下：

（1）HCTA/HCTB：输出电流检测线圈，一般采用霍尔元件构成，其原理是利用霍尔效应，检测电路中逆变后输出的电流值，得到的电压值输入相关控制电路，由进行转矩电流控制的微处理器（一般现代采用 DSP 数字信号发生器，一种专用的、高速的电脑）进行处理，从而控制逆变电路中大功率晶体管的导通角，改变输出电流，这样就组成了该电路中电流闭环负反馈系统。霍尔元件相比于普通磁互感器，具有结构牢固、体积小、质量轻、寿命长、安装方便、功耗小、频率高（可达 1MHz）、耐振动，不怕灰尘、油污、水汽及盐雾等的污染或腐蚀，精度高、线性度好、工作温度范围宽等特点。

（2）电抗器，当逆变器器件采用 GTR 等开关频率比较低的器件（一般 5KHz 以下）时，电抗器的作用就是消除由此产生的高次谐波引起的噪声和振动。在大功率器件发展到开关频率高达 15kHz 的 IGBT、IPM 后，电抗器已经不需要了。

（3）旋转编码器 RE，又称为脉冲发生器 PG，在电梯主电路中起着相当于人体中神经系统的作用，典型的旋转编码器由码盘（Disk）、检测光栅（Mask）、光电转换电路（包括光源、光敏器件、信号转换电路）、机械部件等组成，一般按照安装方式分空心圆筒式和实心圆筒式等外形，按照产生脉冲的方式不同电梯中使用的有增量式和绝对值式两种，以前者为多，后者在技术上有一定优势，但由于成本等原因应用不广。旋转编码器和微处理器等也组成了电梯的速度闭环负反馈系统。

永磁同步无齿轮曳引机与有齿驱动曳引机（蜗杆式、行星齿轮式、斜齿轮式）相比，具有以下优势。

1）体积小：质量轻（主要是减少了齿轮减速器这一环节），这样使机房小，占地少，并降低了制造成本。

2）能耗低：由于没有减速器，理论上传动效率可达到 100%，与同功率异步电动机驱动的电梯相比，效率有一定程度的提高。

3）噪声小：由于该电动机转速极低，约 100~200r/min，相对异步电动机的每分钟千转以上，噪声小；另外，无齿轮传动，无接触式，也使噪声相对有齿传动要低 10dB 左右。

4）维护工作量低：由于无须更换或添加减速器润滑油，也无须防止润滑油外溢、外漏，维护工作量极低。

5）绿色环保：由于没有齿轮箱油的污染，故具有绿色环保特性。

6）体积小型化：适用于无机房电梯上的应用，这是无机房电梯普遍采用的原因之一。

由于同步电动机能在低速度时输出大转矩，非常适合电梯的负荷特点。目前，电梯电力拖动以交流双速变极调速和变频变压调速为主，前者多用于货梯，后者多用于客梯。杂物电梯大多数情况速度小于 0.4m/s，常用调速交流电动机拖动。从总的情况而言，不仅是客梯，货梯和杂物电梯也越来越多用变频变压拖动。

二、电梯的控制方式和操纵装置

1. 控制方式

电梯的电气控制主要是对各种指令信号、位置信号、速度信号和安全信号进行管理，对拖动装置和开门机构发出方向、起动、加速、减速、停车和开门、关门的信号，使电梯正常运行或处于保护状态，发出各种显示信号。

为实现电梯的电气控制，过去曾采用继电器逻辑线路，一般称继电器控制。这种硬布线的逻辑控制方式具有原理简单、直观等特点。但通用性差，对于不同层站和不同控制方式，其原理图、接线图等必须更改并重新绘制；而且逻辑系统由许多触点组成，接线复杂、故障率高、设备庞大。因此这类系统国家相关部门已规定淘汰，由先进的、可靠性高的微型计算机或可编程控制器代替。

由微机实现继电器的逻辑功能，比继电器控制有更大的灵活性，不同的控制方式可用相同的硬件，只是软件不同而已。只要把按钮、限位开关、光电开关、无触点行程开关等发出的信号作为输入信号，把控制制动器、门机和驱动主机的继电器或接触器接在输出端，就完成了接线任务，其余的就由微机的软件来处理了。当电梯的功能、层站不同时，一般无须增减元件和较多的线路。而继电器线路显示的电梯各种控制的逻辑关系基本上不变。

在分析各种控制和给可编程控制器编程时基本上还是以继电器逻辑线路为基础。

电梯的控制方式在第一章中进行了比较和简单介绍。目前按钮控制只用于杂物梯和少数低层站的货梯，信号控制一般只用在货梯，大部分的客梯都是集选控制，下集选也使用较少。2 台集选电梯并联控制，3 台以上集选电梯群控也已十分普遍。由于微机的发展和应用，梯群人工智能控制也在高档梯中得到广泛的应用。

集选控制应至少能实现下述功能：

（1）按轿内外召唤指令信号，自动定向，自动停层并保持最远召唤层站的方向和自动换向。

（2）延时自动关门或按压按钮自动关门，到站自动平层开门。

（3）实现顺向截车和最远层站的反向截车。

（4）自动起动加速、制动减速及自动停车。

（5）超载时门不能关，电梯不能起动。

（6）关门受阻能自动重新开门。

2. 电气控制和操纵装置

主要有安装在机房的控制柜，安装在轿厢内的操纵箱、层站的召唤盒和指示灯，轿顶的检修开关箱及作为位置传感器的各种开关和触点、检测速度的旋转编码器等。

控制柜内装设电梯控制的主机和电力拖动的电源装置。有控制驱动主机的主接触器、用以控制主接触器的中间继电器、主要控制器件 PLC 或微机及调速器件如变频器等。

操纵箱一般安装在轿厢内右侧，轿厢较大时也有两侧都安装的，安装高度应以操作方便性为准。操纵箱面板上必须有各层站的选层按钮，在信号控制时应有层外召唤的指示，开关门按钮、报警或对讲按钮和超载指示。检修开关、停止开关、有无专人操作转换开关、直驶开关等必须设在下部有锁的盒内。

层站召唤盒是供乘员在层站外召唤电梯的装置。单台集选控制时，除上、下端站只有向下或向上的召唤按钮外，其他层站均有上、下方向的按钮。在下集选时除基站外，各层站只有下方向的按钮。在并联和群控时可以几台电梯共用一对或几对同时动作的按钮。有些召唤盒上还有电梯运行方向的显示。

层站显示（指层灯）是给电梯操作人和轿内外乘员提供电梯运行方向和所到层站位置信息的装置。轿内一般安装在操纵箱上或轿门入口的壁上，层站一般安装在层门上的建筑上或召唤盒上。层站指示一般用数码管，方向指示为有上下箭头标志的指示灯，也有用发光二极管组成活动指示箭头，液晶显示器的应用也越来越多，显示的内容可以很多，如天气、温度、公告等。

检修开关箱安装在轿顶，供检修操作用。一般设有停止开关、检修转换开关、检修用上 / 下行按钮。有的还有电动机电源开关和开关门按钮。轿顶的照明灯和插座常安装在箱上。位置传感器在中低速电梯中，以干簧管传感器使用为多；在中高速电梯中广泛使用光电开关。旋转编码器与微处理器等结合，实现了按距离原则的零速停靠。

三、控制环节

1. 自动门开关控制

自动门机安装于轿厢顶上，它在带动轿门启闭时，还需通过机械联动机构带动层门与轿门同步启闭。为使电梯门在启闭过程中达到快、稳的要求，必须对自动门机系统进行速度调节。当用小型直流伺服电动机时，可用电阻的串、并联方法。采用小型交流转矩电动机时，常用加涡流制动器的调速方法。直流电动机调速方法简单，低速时发热较少，交流门机在低速时电动机发热厉害，对三相电动机的堵转性能及绝缘要求均较高。

变频门电动机已在门机中推广使用，其变速不再依靠切除电阻改变电枢分压的方法，而是通过位置传感装置或光码盘。有的是由微处理器的软件控制发出变速信号，由变频装置改变输出频率使电动机变速。所以变速平滑，运行十分平稳。

2. 轿内指令和层站召唤

轿内操纵箱上对应每一层站设一个带灯的指令按钮，也称选层按钮。乘客进入轿厢后按下要去层站的按钮，该按钮的灯也亮，此指令便被登记。到达目的层站后，指令被消除，灯也熄灭。

电梯的层站召唤信号是通过各个楼层门口旁的按钮实现的。信号控制或集选控制的电梯，除顶层只有下呼按钮，底层只有上呼按钮外，其余每层都有上、下召唤按钮。

对集选控制的电梯，电梯上行时响应层站的上呼叫信号，下行时响应下呼叫信号。在上行时应保留层站的下呼信号，在下行时应保留层站的上呼信号。

3. 定向、选层控制

电梯的方向控制就是根据电梯轿厢内乘客的目的层站指令和各层楼召唤信号与电梯所处楼层的位置信号进行比较，凡是在电梯位置信号上方的轿内指令和层站召唤信号，令电梯定上行，反之定下行。

方向控制环节必须注意到以下几点：

（1）轿内召唤指令优先于各层楼召唤指令而定向。轿厢到达某层后，该层乘客进入轿内，即可指令电梯上行或下行。若在乘客进入轿厢而尚未按轿内指令前，出现其他层站召唤指令时，乘客再按轿内指令，且有别于层站召唤信号的方向，则电梯的运行方向由轿内乘客指令而定，不是根据其他层站信号而定。这就是所谓“轿内优先于层站”原则。

只有当电梯门延时关闭后，而轿内又无指令定向的情况下，才能按各层站召唤信号的要求而定向运行。一旦电梯已定方向后，再有其他层站外召唤，就不能改变其运行方向了。

（2）电梯要保持最远层楼召唤信号的方向运行。为保证最高层站（或最低层站）乘客的用梯要求。在电梯完成最远层楼乘客要求后，才能改变电梯运行方向。

（3）在专人操纵电梯时，当电梯尚未起动运行的情况下，应让操作人有强行改变电梯运行方向的可能性。这种“强迫换向”的功能给操作人带来操作上的灵活性。

（4）在检修状态下，电梯的方向控制由检修人员直接持续按轿内操纵箱上或轿厢上的方向按钮，电梯才能运行，而当松开方向按钮，电梯即停止。

3. 楼层显示

乘客电梯轿厢内必定有楼层显示器，而层站上的楼层显示器则由电梯生产厂商视情况而定。过去的电梯每层都有显示，随着电梯速度的提高，群控调度系统的完善，现在很多电梯取消了层站楼层显示器，或者只保留基站楼层显示器，到达召唤层站时采用声光预报，如电梯将要到达，报站钟发出声音，方向灯闪动或指示电梯的运行方向，有的采用轿内语言报站提醒乘客。

4. 检修运行

为了便于检修和维护，应在轿顶安装一个易于接近的控制装置。该装置应有一个能满足电气安全要求的检修运行开关。

该开关应是双稳态的，并设有无意操作防护。同时应满足下列条件。

（1）一经进入检修运行，应取消：正常运行，包括任何自动门的操作；紧急状态下的电动运行（如备用电源供电）；对接装卸运行。只有再一次操作检修开关，才能使电梯重新恢复正常工作。

（2）上、下行只能点动操作，为防止意外操作，应标明运行方向。

（3）轿厢检修速度应不超过 0.63m/s。

（4）电梯运行应仍依靠安全装置，运行不能超过正常的行程范围。

在检修运行时通过检修继电器切断内指令、层站上下召唤回路、平层回路、减速回路、快速运行回路，有的电梯还切断层外指层回路。

如果轿内、机房中也设置以检修速度点动运行电梯的操作装置时，则检修电气线路上必须保证“轿顶优先操作”的原则。

第四节　液压电梯

液压驱动是较早出现的一种驱动方式。早期的液压电梯的传动介质是水，利用公用管极高的水压推动缸体内的柱塞顶升轿厢，下降靠泄流。但由于水压波动及管路生锈问题难以解决，以后就用油为媒介驱动柱塞做直线运动。液压电梯对于大的载重量特别是 5t 以上的荷载，可以提供较高的机械效率而能耗又较低，因此对于短行程、重载荷的场合，使用优点尤为明显。另外，液压电梯不必在楼顶设置机房，因此也减小了井道竖向尺寸，有效地利用了建筑物空间。所以液压电梯在特定的场所应用有其优越性和不可替代性。目前，液压电梯广泛用于停车场、工厂及低层建筑中。对于负载大、速度慢及行程短等场合，选用液压电梯比曳引电梯更经济实用。

一、液压电梯基本原理

液压电梯的主要构造结构有：液压泵站、液压缸、柱塞、滑轮组及钢丝绳、轿厢、导轨、各类阀组及控制系统等。

液压电梯的工作原理是利用液压传动的原理和特征，改变液压泵向液压缸输出的油量来控制电梯的运行速度。当电梯上行时，由液压泵提供电梯上行所需的动力压差，由液压泵上的阀组控制液压油的流量，液压油推动液压缸中柱塞来提升轿厢，从而实现电梯的上行运动；电梯下行时，打开阀组，利用轿厢自重（客、货的重力）造成的压力差，使液压油回流液压油箱中，实现电梯的下行运动，电梯下行的速度由控制系统通过阀组调节液压油的流量进行控制。

二、液压电梯的特点及结构

1. 液压电梯的特点

（1）在建筑结构方面有突出的优势。液压电梯不需要在井道上方设立机房，一般在井道下方的侧面设立下置式机房，这种机房建筑结构没有上置机房要求高，也不影响建筑物外形。

（2）在技术性能上有很多优点。液压电梯安全性好、可靠性高、结构简单，电梯运行速度失控、冲顶、蹲底和困人等故障比曳引驱动式电梯少。

（3）节约能耗。液压电梯下行是靠轿厢的质量驱动，而液压系统仅起阻尼和调控作用，这些特点在大载重量的货梯中优势尤为明显。

因此，液压电梯特别适合在低层建筑、上部不能设机房的场合和大载重量的场合使用。

2. 液压电梯的基本结构与形式

液压电梯是集机、电、电子、液压一体化的产品，由以下相对独立但又相互联系配合的系统组成。

（1）泵站系统由电动机、液压泵、油箱及附属元件组成。

（2）液压系统由集成阀块（组）、单向阀、限速切断阀和液压缸等组成。

集成阀块（组）由流量控制阀、单向阀、安全阀、溢流阀等组成；单向阀为球阀，也是油路的总阀，用于停机后锁定系统；限速切断阀安装在液压缸上，在油管破裂时，迅速切断油路，防止柱塞和载荷下落，故也称“破裂阀”；液压缸是将液压系统输出的压力能转化为机械能，推动柱塞带动轿厢运动的执行机件。

（3）导向系统与曳引电梯的作用一样，它能限制轿厢活动的自由度，承受偏载和安全钳动作的载荷，以及间接顶升的液压电梯，带滑轮的柱塞顶部也应有导轨导向。

（4）轿厢的结构和作用与曳引电梯相同，但侧面顶升的液压电梯的轿厢架结构由于受力情况不同而有所不同。

（5）门系统与曳引电梯相同。

液压电梯按顶升的方式分类，可分为直接顶升式和间接顶升式两种。直接顶升式液压电梯的结构特征是柱塞直接与轿厢相连接，柱塞的运动速度与轿厢运行速度相同，柱塞与轿厢的连接可以在轿厢底部中间，也可以在侧面。

间接顶升式液压电梯的结构特征是柱塞通过滑轮和钢丝绳拖动轿厢，这样可以利用液压顶升力大的优势，将其传动速比设计为 1∶2，即柱塞上升 1m，轿厢将上升 2m，提高了电梯运行速度，也缩短了液压缸的行程。间接顶升式液压电梯的提升钢丝绳不少于两根，一端固定在液压缸或其他固定结构上，一端绕过柱塞顶部的滑轮，固定在轿架底部。柱塞顶部的滑轮由导轨导向。

三、液压电梯驱动系统主要部件

液压电梯的液压系统总是由以下 5 个部分组成的，即动力元件、执行元件、控制元件、辅助元件和传动介质组成。

1. 动力元件

液压电梯液压泵站是液压电梯的动力元件，它将电动机的机械能转换成液体的压力能，推动电梯上下运行。液压电梯液压泵站由潜油电动机、控制阀组、螺杆泵、消声器、油箱等组成。

（1）潜油电动机

液压电梯液压泵站通常用三相笼型浸油电动机，电动机直接与螺杆泵连接，浸没在液压液里，其结构简单体积小，质量轻，性能可靠，绝缘等级 F。

（2）控制阀组

控制阀组由截止阀、单向阀、方向阀（上行方向阀和下行方向阀）、溢流阀、手动泵、手动操作应急下降阀、压力表、最大压力限制开关、最小压力限制开关等组成。通过电子反馈的方式实行对各阀的调控，即通过油温、油压、电子传感器及控制回路控制调节油阀的工作状态，使电梯运行的平层距离和总运行时间在油温和压力发生变化时得到有效控制。手动操作应急下降阀即使在失电的情况下，允许使用该阀使轿厢向下运行至平层位置，疏散乘客。手动泵是在紧急情况下，用人力驱动方式使轿厢能够向上移动。

（3）螺杆泵

螺杆泵是目前国内液压电梯常用的液压泵，它依靠旋转的螺杆输送液体，是一种轴向流动的容积元件。液压系统常用的螺杆泵为三螺杆泵，在壳体中有 3 根轴线平行的螺杆，在凸螺杆两边各有一根凹螺杆与之啮合，啮合线把螺旋槽分成若干密封容腔。当主动螺杆（凸螺杆）带动从动螺杆（凹螺杆）转动时，被密封的容积带动液体沿轴向移动。

（4）消声器

消声器起吸收压力脉动及减小压力冲击的作用，它是螺杆泵与控制阀的连接件。

（5）油箱

油箱用以贮存油液，以保证供给液压系统充分的工作油液，同时还具有散热、使渗入油液中的空气逸出及使油液中的污物沉淀等作用。

2. 控制元件

在液压系统中用液压控制阀（简称液压阀）对液流的方向、压力的高低及流量的大小进行控制，它是直接控制工作过程和工作特性的重要器件。液压阀的控制是靠改变阀内通道的关系或改变阀口过流面积来实现控制的。液压阀按功能分可分为压力控制阀、流量控制阀和方向控制阀。压力控制阀包括溢流阀、减压阀、顺序阀；流量控制阀包括节流阀、调速阀、分流阀；方向控制阀包括单向阀、换向阀、截止阀等。按控制方式可分为开关控制阀、比例控制阀、伺服控制阀等。

（1）溢流阀。溢流阀是液压电梯中使用较多的压力控制阀，它是根据阀芯受力平衡的原理，利用液流和弹簧对阀芯作用力的平衡条件，来调节开口量以改变液阻的大小，达到控制液流压力的目的。溢流阀一般安装在泵站和单向阀之间，具有保持液压系统压力恒定的功能。当压力超过一定值时，使油回流到油槽内。溢流阀也可做安全阀使用，在系统压力意外升到较高的过载压力时，阀口开启将压力油排入油箱，起到安全保护作用。

（2）调速阀。调速阀是一种进行了压力补偿的节流阀，其作用是调节节流口的过流面积，使节流口压差恒定，流速稳定不随负载而变化。

（3）管道破裂阀。管道破裂阀也称作限速切断阀，是液压系统中重要的安全装置，在油管破裂或其他情况下使负载由于自身质量而超速下落时自动切断油路，使液压缸的油不外泄而制止负载下落。

4. 辅助元件

液压电梯的辅助元件包括油管及管接头、油箱、过滤器等器件，管路是液压系统中液压元件之间传送的各种油管的总称，管接头用于油管与油管之间的连接及油管与元件的连接。为保证液压系统工作可靠，管路及接头应有足够的强度、良好的密封性，其压力损失要小，拆装要方便。油管及管接头、油箱、过滤器虽然是辅助元件，但在系统中往往是必不可少的。

5. 传动介质

传动介质即液体。显然缺了它就不成其为液压传动了，其重要性不言自明。液压传动所采用的油液有石油型液压油、水基液压和合成液压液 3 大类。石油型液压油是石油经炼制并增加适当的添加剂而成，其润滑性和化学稳定性（不易变质）好，是迄今液压传动中最广泛采用的介质，简称液压油。

四、液压电梯的工作条件和技术要求

永久安装的液压电梯的制造与安装应遵守的安全准则，适用于轿厢由液压缸支承或由钢丝绳或链条悬挂并与垂直面倾斜度不大于 150° 的导轨间动行，用于运送乘客或货物至指定层站，额定速度不大于 1m/s。

液压电梯的驱动形式上有其特殊性，但其他的组成部分如门系统、轿厢等还是遵循垂直曳引式电梯的安全性能的设计要求，在本章节中，将重点阐述液压电梯的特性部分。

1. 液压电梯的工作条件

除应符合垂直曳引式电梯工作条件的规定外，液压电梯每小时起动运行次数不大于 60 次，液压系统的液压油温度应控制在 5~70℃。液压电梯没有要求有上行超速保护，但增加了液压油温升保护装置的要求。

2. 电梯井道

液压电梯平衡重应与轿厢在同一井道内，液压缸应与轿厢在同一井道内，可以延伸至地下或其他挖空间。井道顶最低部件与向上运行的柱塞头组件的最高部件之间的垂直距离应不小于 0.1m。底坑底或安装在底坑的设备的顶部与一个倒装液压缸向下运行的柱塞头组件最低部件间自由垂直距离不应小于 0.5m，底坑底与直接顶升式液压电梯轿厢下液压缸最低导向架之间的自由垂直距离不应小于 0.5m。

3. 防止沉降的措施

（1）由轿厢下行运动时安全钳产生附加动作。在 1 次正常停车后，附加到安全钳上的 1 根绳（如限速器绳）应被 1 个 300N 的力所卡阻。或在 1 次正常停车后，附加到安全钳上的 1 根连杆应伸进位于每一停靠层站上固定停止的位置上。

（2）由轿厢下行运动触发夹紧动作。在 1 次正常停车后，附加到夹紧装置上的 1 根绳（如限速器绳）应被 1 个 300N 的力所卡阻。或在 1 次正常停车后，附加到夹紧装置上的 1 根连杆应伸进位于每一停靠层站上的固定停止位置上。

（3）棘爪装置应仅在下行时动作，使轿厢停止并在固定挡块上保持静止状态。

（4）电气防沉降系统。当轿厢位于平层位置下最大 0.12m 至开锁区下端位置这一区间时，无论层门和轿门处于任何位置，液压电梯的驱动主机都应驱动轿厢上行。

4. 防止坠落或超速下降的预防措施

（1）由限速器触发的安全钳。

（2）破裂阀。当预定的液流方向上流量增加而引起阀进出口的压力差超过设定值时，能自动关闭的阀。

（3）节流阀。通过内部一个节流通道将出入口连接起来的阀。

（4）由悬挂机构失效或安全绳触发的安全钳动作。

5. 极限开关

在轿厢上极限的柱塞位置处设一极限开关。

（1）直接利用柱塞，或间接利用一个与柱塞连接的装置，如钢丝绳、传动带或链条，该连接装置一旦断裂或松弛，应借助一个电气安全装置使液压电梯驱动主机停止运转。

（2）极限开关动作后，即使轿厢因沉降离开动作区域，仅靠轿内和层站呼梯信号不可能使轿厢移动。液压电梯应不能自动恢复运行。

6. 对于液压电梯驱动系统的要求

（1）液压缸

1）压力的计算。缸筒和柱塞的设计应满足以下条件：由满载压力的 2.3 倍形成的力的作用下，应保证安全系数在材料屈服强度为 RP0.2 时不低于 1.7。对于多级式液压驱动缸的柱塞计算，不使用满载压力，用因液压同步的作用在各柱塞中产生的最大压力代替。计算时应考虑到液压同步机构安装期间，由于调整不当而产生的反常的过高压力这一因素。在进行壁厚计算时，对于缸筒壁和缸筒基座，计算值应增加 1.0mm；对于单个液压驱动缸或多级式液压驱动缸的空心柱塞壁，计算值应增加 0.5mm。

2）稳定性计算。液压驱动缸在承受压缩载荷作用时应满足以下要求：设计时应考虑到当液压驱动缸全部伸出且承受由满载压力 1.4 倍形成的力作用时，其稳定性安全系数不低于 2。

3）拉伸应力计算。液压驱动缸在拉伸载荷作用下的设计应满足以下条件：在由满载压力 1.4 倍形成的力作用下，应保证对于材料屈服强度 RP0.2 的安全系数低于 2。

（2）轿厢与柱塞（缸筒）的连接

对于直接顶升式家用液压电梯，轿厢与柱塞（缸筒）之间应为挠性连接。

对于间接顶升式家用液压电梯，柱塞（缸筒）的端部应具有导向装置，对于拉伸作用的液压驱动缸，不要求其端部导向，只要拉伸装置可防止柱塞承受弯曲力的作用。

（3）柱塞行程的限制

应采取措施使柱塞在其最高极限位置缓冲制停，该位置应满足井道顶层空间的要求。

7. 缓冲停止

缓冲停止装置是液压驱动缸的一部分，或由位于轿厢凸出部分以外的液压驱动缸的一个或多个外部设备组成，其合力应施加在液压驱动缸的中心线上。

8. 多级式液压驱动缸

对于多级式液压驱动缸，应附加下述要求：在相继的多级式柱塞缸节之间应装有限位停止装置，防止柱塞脱离其相应的缸筒。对于液压驱动缸位于直接顶升式家用液压电梯轿厢下部的情况，当轿厢位于最低平层位置时，相继的导向架之间以及最高的导向架与轿厢最低部件之间的净空距离至少应为 0.3m。

不具备外部导向的多级式液压驱动缸每一节段的支承长度至少应是相应柱塞直径的两倍。

9. 管路配置

管路和附件的装配应便于检查和维修。管路（不论硬管或软管）穿过墙或地面，应使用套管保护，套管的尺寸大小应能在必要时拆卸管路，以便进行检修。套管内不应有管路的接头。在选用油缸与单向阀或下降阀之间的软管时，其相关于满载压力和破裂压力的安全系数应至少为 8。

10. 液压控制及安全装置

（1）截止阀。液压系统应设置截止阀，并应安装在将液压缸连接到单向阀和下行方向阀的油路上。

（2）单向阀。单向阀应安装于液压泵与截止阀之间的油路上。当供油系统压力降低到最低工作压力以下时，单向阀应能够将载有额定载重量的轿厢房保持在井道路内的任一位置上。单向阀的闭合应由来自液压驱动缸的液体压力的作用，以及至少一个导向压缩弹簧和 / 或重力的作用来实现。

（3）溢流阀。液压系统应设置溢流阀，并连接到液压泵和单向阀之间的回路上，溢流阀溢出的油应回到油箱。溢流阀应调节到限制系统压力为满载压力的 140%。由于管路较高的内部损耗（如管拉头损耗、摩擦损耗），必要时溢流阀可调节到较高的压力值，但不应超过满载压力的 170%。此时，对于液压设备（包括液压驱动缸）的计算，应采用一个虚拟的满载压力值，该值为所选择的压力设置值除以 1.4。在进行稳定性计算时，过压系数 1.4 应由相应溢流阀调高的压力设置的系数代替。

（4）方向阀。下行控制阀应由电控保持开启，其关闭应由来自液压驱动缸的液体压力作用及至少每阀一个导向压缩弹簧来实现。上行控制阀应由电气装置关闭，其打开应由来自液压驱动缸的液体压力作用及至少每阀一个导向压缩弹簧来实现。

（5）管路破裂阀。管路破裂阀用作防止轿厢坠落、超速下降及沉降的预防，应满足下述的条件：管路破裂阀应能将下行轿厢制停并保持其停止状态，管路破裂阀最迟当轿厢下行速度达到额定速度 0+0.3m/s 时动作。管路破裂阀应满足以下要求之一：与液压缸成为一个整体；直接与液压缸法兰刚性连接；放置在液压缸附近，用一根短硬管与液压缸相连，用焊接、法兰连接或螺纹连接均可。用螺纹直接连接到液压缸上。

机房内应有一种手动操作方法，在轿厢不超载的情况下，使管路破裂阀达到动作流量。这种方法应防止失误操作，且不应使靠近液压缸的安全装置失效。

（6）节流阀、单向节流阀。节流阀、单向节流阀用作防止轿厢坠落、超速下降及沉降的预防应装设节流阀或单向节流阀，并满足以下条件：在液压系统泄漏的情况下，节流阀应防止载有额定载重量的轿厢下行时的速度超过其下行额定速度的 150%。节流阀的安装位置应易于接近，便于检修。

节流阀应为以下形式之一：与液压缸成为一个整体；直接与液压缸法兰刚性连接；放置在液压缸附近，用 1 根短硬管与液压缸相连，用焊接、法兰连接或螺纹连接均可。用螺纹直接连接到液压缸上。节流阀端部应加工成螺纹并有台阶，台阶应紧靠液压缸端面。液压缸和节流阀之间使用其他的连接形式，如压入连接或锥形连接都是不允许的。

机房内应有一种手动操作方法，在轿厢不超载的情况下，使节流阀达到动作流量。这种方法应防止误操作，且不应使靠近液压缸的安全装置失效。

（7）过滤器。油箱和液压泵之间的回路中及截止阀与下行控制阀之间的回路中应安装过滤器或类似装置。截止阀与下行控制阀之间的过滤器或类似装置应是可接近的，以便进行检修和保养。手动紧急下降阀的回路中可不设过滤器。

（8）液压系统压力检查：应装设压力表。压力表应连接到单向阀可下行控制阀与藏止阀之间的回路上。在主回路和压力表接头之间应安装压力表关闭阀。

（9）油箱的设计和制造应易于检查油箱中的液面高度，易于注油和排油。

（10）紧急操作：

1）向下移动轿厢：电梯机房内应具有手动操作紧急下降阀。即使在失电的情况下，允许使用该阀使轿厢向下运行至平层位置，疏散乘客。此时轿厢的下行速度应不超过 0.3m/s。该阀的操作应防止产生误动作。对于有可能发生松绳或松链的间接顶升式家用液压电梯，手动操作该阀应不能使柱塞产生的下降引起松链。

2）向上移动轿厢：对于轿厢上装有安全钳或夹紧装置的家用液压电梯，应永久性地安装一手动泵，使轿厢能够向上移动。手动泵应连接单向阀或下行控制阀与截止阀之间的油路。手动泵应装备溢流阀，以限制系统压力至满载压力的 2.3 倍。

（11）间接顶升式家用液压电梯的松绳（或松链）安全装置。如果存在松绳（或松链）的危险，应设置一个符合标准要求的电气安全装置。当松绳或松链已发生时，该电气装置应使驱动主机停止运行。

（12）液压系统液压油的过热保护：应具有温度监测装置，当温度超过其设计温度，液压电梯不应再继续运行，此时轿厢应停靠层站，以便乘客能离开轿厢。液压电梯应在充分冷却后才能自动恢复上行运行。

第五节　自动扶梯与自动人行道

自动扶梯是带有循环动行梯级，用于向上或向下倾斜运输乘客的固定电力设备，自动人行道是带有循环运行（板式或带式）走道，用于水平或倾斜角不大于 12° 运输乘客的固定电力设备。自动扶梯和自动人行道都是机器，即使在非运行状态下，也不能当作固定通道使用。

自动扶梯（或自动人行道）由桁架、驱动减速机、驱动装置、张紧装置、导轨系统、梯级（或踏板）、梯级链或齿条扶栏、扶手带及各种安全装置等所组成。一系列的梯级（或踏板）与两根牵引链条在一起，在固定线路布置的导轨上运行，牵引链条绕过上牵引链轮、下张紧装置并通过上下分支的若干直线、曲线区段构成闭合环路，上牵引轮（主轴）通过减速器等与电动机相连，两边装有与梯路同步运行的扶手装置，以供乘客扶手之用。

自动扶梯及自动人行道是连续输送的机械设备，它与间歇运输的垂直电梯相比，具有输送能力大、能连续运送人员、不需井道、建筑上不需附加构筑等优点，但也有运行速度慢、设备造价高等缺点。

自动扶梯和自动人行道按驱动方式分有链条式和齿条式，其中链条式较为常见。衡量自动扶梯及自动人行道的主参数有名义速度（n）、倾斜角（a）、提升高度（H）、名义宽度、最大输送能力等。所谓名义速度，是由制造商设计确定的自动扶梯或自动人行道的梯级、踏板或传送带在空载（例如：无人）情况下的运行速度，而额定速度是自动扶梯和自动人行道在额定载荷时的运行速度。

一、机房与驱动装置

1. 机房及转向站

自动扶梯及自动人行道的机房和转向站一般由金属结构围合而成，机房一般设在上端站，转向站设在下端站，机房和转向站的顶面用防护钢板覆盖，用作扶梯的出入口。机房内安装驱动主机、减速器、制动器、驱动链轮、扶手带驱动等装置，转向站内安装梯级回转链轮、张紧装置及安全保护等装置。

2. 驱动装置

（1）组成

端部驱动装置是常用的一种驱动装置，驱动机组通过传动链条带动驱动主轴，主轴上装有两个牵引链轮、两个扶手驱动轮、传动链轮及紧急制动器等。梯级链条（也叫作驱动链或牵引链）上面装有一系列梯级，由主轴上的牵引链轮带动。主轴上的扶手驱动轮通过扶手传动链条使扶手驱动轮驱动扶手胶带。另有扶手带压紧装置，以增加扶手带与扶手驱动轮间的摩擦力，防止打滑。一台驱动主机不应驱动一台以上的自动扶梯。

（2）驱动方式及原理

端部驱动装置常使用蜗杆减速器，常用的驱动机组是采用立式蜗杆减速器和直筒型制动器的结构。蜗杆减速器具有运转平稳、噪声小及体积小等优点。但蜗杆减速器的效率较低，会增加能量损耗。

（3）链条连接

由于链条在链轮旋转过程中不断地与链轮啮合和脱开，于是其间产生摩擦，结果出现能量损耗、链条磨损，致使链轮的齿距增加，链条也将伸长。于是出现链条不在理想的节圆直径上，而在比节圆直径大的直径上进行运动。这样就会出现链条在链轮上“爬高”的现象。在极端情况下，传动链条在链轮的顶圆直径上运动，链条会在轮齿上跳跃。

（4）手动盘车装置

1）如提供手动盘车装置，该装置应操作方便、安全可靠、易取用。

2）如果手动盘车装置设在机房、驱动站和转向站外面，则不应让无关人员容易接近。

3）对于可拆卸的手动盘车装置，一个符合规定的电气安全装置应在手动盘车装置装上驱动主机之前或装上时动作。

4）不允许采用曲柄或多孔手轮。

（5）电源

驱动主机的电源应由两个独立的接触器来控制，接触器触头因串联在供电电路中，如果停止运动时，接触器任一主触头未断开，则不能再启动。工作制动器与梯级、踏板的驱动装置之间的连接应优先采用轴、齿轮、多排链、2 根或 2 根以上的单根链条等非摩擦传动元件。

3. 制动系统

自动扶梯的制动系统包括工作制动器和附加制动器。

（1）工作制动器

工作制动器一般装在电动机高速轴上，在动力电源或控制电源失电时，能使自动扶梯经过一个几乎是匀减速的制停过程后停止运行，并保持停止状态。工作制动器应使用机—电式制动器或其他制动器完成，能用手释放的制动器，应由手的持续力使制动器保持松开状态。

机—电式制动器应持续通电来保持正常释放。在制动电路断开后，制动器应立即制动。制动力必须用带导向的一个压缩弹簧（或多个压缩弹簧）或一个重锤（或多个重锤）来产生。制动器释放装置自激应是不可能的。工作制动器供电的中断至少应有 2 套独立的电气装置来实现，这些装置可以中断驱动主机的电源。如自动扶梯或自动人行道停运以后，这些电气装置中的任一个还没有断开，则重新起动应是不可能的。

（2）附加制动器

当自动扶梯的工作制动器和梯级、踏板或传送带驱动轮之间不是用非摩擦元件（如轴、齿轮、多排链条、2 根及 2 根以上的单根链条）传动时，或工作制动器不是标准规定的机—电式制动器，或自动扶梯提升高度超过 6m 及公共交通型的自动扶梯时，都必须设置附加制动器。

1）附加制动器应为机械式的并利用摩擦原理，使具有制动载荷的自动扶梯或自动人行道有效地减速停止下来，并使其保持静止状态。附加制动器应在自动扶梯速度超过额定速度 1.4 倍之前和在梯级、踏板或传送带改变其规定运行方向时动作。

2）附加制动器的动作模式：传动链轮带动驱动主轴，呈不对称扇形的制动块装在圆盘上。压簧和挡块也装在圆盘上，压簧将制动块压紧在传动链轮的内侧，使圆盘在传动链轮转动时也一起转动。当传动链断裂或自动扶梯运行速度接近额定速度的 1.4 倍时，通过传感装置使电磁铁动作。电磁铁拉动拉杆而带动止动块转动一定角度，使其挡住挡块，使圆盘停止转动，通过扇形制动块的摩擦作用也使传动链轮和驱动主轴紧急制动。与此同时拉杆上的角形件与开关相撞切断主机电源，使主机停止转动。速度传感的任务可由速度监控装置来担任，断链则应另有断链开关。

（3）超速保护和非操纵逆转保护

1）自动扶梯和自动人行道应配备速度限制装置，使其在速度超过名义速度 1.2 倍之前自动停止运动。为此，所用的速度限制装置在速度超过名义速度 1.2 倍之前，能切断自动扶梯或自动人行道的电源。

2）自动扶梯和 $a \geqslant 6°$ 的倾斜式自动人行道应设置 1 个装置，使其在梯级、踏板或胶带改变规定运行方向时自动停止运行。

3）如果交流电动机与梯级、踏板或胶带间的驱动是非摩擦性的连接，并且转差率不超过 10%，由此可以防止超速的话，那么，允许不考虑上述要求。

二、扶手装置

扶手装置是供自动扶梯乘客扶手用的，同时也构成自动扶梯载客部分的护壁。扶手装置由护壁板、围裙板、内盖板、外盖板、扶手带等组成。

1. 扶手装置的尺寸

（1）扶手带顶面距梯级前缘或踏板面或胶带面之间的垂直距离不应小于 0.90m，且不大于 1.10m。

（2）扶手装置应没有任何部位可供人员正常站立，应采取措施阻止人们翻越扶手装置，以防止跌落。为确保这一点，自动扶梯和自动人行道的外盖板上应装设防爬装置。

2. 护壁板

护壁板分成透明和不透明两种，透明的护壁板一般用 >6mm 的钢化玻璃制成，适用于小高度自动扶梯；不透明的护壁板一般用 1~2mm 的不锈钢材料制成，适用于大、中高度自动扶梯。

3. 围裙板，内、外盖板

（1）它们是自动扶梯运行的梯级与固定部分的隔离板，保护乘客的乘梯安全。

（2）围裙板一般采用 1~2mm 的不锈钢材料制成，它与梯级的单位间隙小于 4mm，两边间隙之和小于 7mm。

（3）内、外盖板一般采用不锈钢制成。在上、下水平段与直线段的拐角处，有的采用圆弧过渡，有的采用折角过渡。

（4）对于自动扶梯，应降低梯级和围裙板之间滞阻的可能性。

4. 扶手转向端

（1）位于出、入口处扶手装置的两端，扶手带在此改变运动方向。

（2）包括扶手带在内的扶手转向端，距梳齿与踏面相交线的纵向水平距离不应小于 0.6m。

（3）扶手带超出梳齿板的延伸段，对于倾斜式自动人行道，若出入口不设水平段，其扶手带延伸段的倾斜角允许与自动人行道的倾斜角相同。

5. 扶手带

它是边缘向内弯曲的封闭型橡胶带制品，外层是丁腈橡胶层，中间层是多股钢丝或薄钢带，里层是帆布或棉纶丝织品。这种扶手带既有一定的抗拉强度，又能承受上万次的弯曲。目前，国产扶手带为了适应多家合资企业的需要，已有多品种、多规格、多种颜色的可供选择。

在正常运行条件下，扶手带的运行速度相对于梯级、踏板或胶带实际速度的允差为0~2%。扶手带与梯级为同一驱动装置驱动，通过驱动主轴上的双排驱动链轮将动力传递给扶手带驱动轴上。扶手带驱动方式，目前有 2 种：一种为直线压带式；另一种为大包轮圆弧压带式。圆弧压带式还分压带力作用于扶手带外表面和内表面两种。圆弧压带式的压带为多楔形的环形橡胶带。

6. 扶手支架

在护壁板上方支持扶手带的金属支架称为扶手支架。它是由铝合金挤压件或不锈钢滚压而成的。大型铝合金扶手支架型材适用于中、大提升高度；不锈钢扶手支架型材适用于小提升高度，在铝合金型材的扶手支架内可配置扶手照明。

三、梯级与梯级驱动

梯级是供乘客站立的特殊结构的 4 轮小车各提及的主轮轮轴与梯级链活套在一起，这样可以做到梯级在上分支保持水平，在下分支进行翻转。

由于梯级数量多，又是运动部件，因此自动扶梯的性能和质量很大程度上取决于梯级的质量和性能。

梯级有整体式和组装式两种。整体式由铝合金整体压铸而成，其精度高、自重轻、加工速度高，正在逐渐取代组装式梯级。组装式梯级由踏板、踢板、撑架等部分拼装而成，质量大（踏板下衬钢板）、精度差，是压铸能力较小时的产物，将逐渐被整体式梯级取代。

梯级的几何尺寸包括梯级宽度、梯级深度，也就是踏板深度、主轮与辅轮基距、轨距，也就是踏板深度、主轮间距与梯级间距。

梯级或踏板偏离其导向系统的侧向位移，在任何一侧不应大于 4mm，在两侧测得的总和不应大于 7mm。对于垂直位移，梯级和踏板不应大于 4mm，胶带不应大于 6mm。上述要求仅适用于梯级、踏板或胶带的工作区段。

在工作区内的任何位置，从踏面测得的 2 个相邻梯级或 2 个相邻踏板之间的间隙不应超过 6mm。

在出入口处，应提供突显梯级后缘的定界线（如梯级踏面上的槽）。

在自动人行道过渡曲线区段，踏板的前缘和相邻踏板的后缘啮合，其间隙允许增至8mm。自动扶梯和自动人行道应能通过装设在驱动站和转向站的装置检测梯级或踏板的缺失，并应在缺口（由梯级或踏板缺失而导致的）从梳齿板位置出现之前停止。

四、梯级导轨与金属结构

1. 梯路导轨

（1）概念

自动扶梯的梯级沿着金属结构内按一定要求设置的多根导轨运行，以形成阶梯、平面和进行转向。

（2）组成

自动扶梯梯路导轨系统包括主轮和辅轮的全部导轨、反轨、反板、导轨支架及转向臂等。导轨系统的作用在于支承由梯级主轮、辅轮传递过来的梯路载荷，保证梯级按一定的规律运动及防止梯级跑偏等。因此要求导轨既要满足梯路设计要求，还应有光滑平整、耐磨的工作表面，并保证一定的尺寸精度。

梯路是个封闭的循环系统，分成上分支和下分支。上分支用于运输乘客，是工作分支；下分支是返程分支，非工作分支。

（3）转向臂

在曲线区段内，各导轨、反轨之间几何关系比较复杂。为了准确控制尺寸，通常在各区段的结构内装一附加板，将同侧的导轨固定在板上，形成一个组件。

当梯级链条通过驱动端驱动链轮和张紧端张紧链轮转向时，梯级主轮已不需导轨及反轨，该处将是导轨及反轨的终端。该导轨的终端不允许超过链轮的中心线，同时，应制成喇叭口。但是辅轮经过驱动端与张紧时仍然需要转向导轨。这种辅轮终端转向导轨做成整体式的，即为转向臂。转向臂将与上分支辅轮导轨和下分支辅轮导轨相连接。

2. 金属结构

（1）作用

自动扶梯金属结构的作用在于安装和支承自动扶梯的各个部件、承受各种载荷及将建筑物两个不同层高的地面连接起来。端部驱动及中间驱动自动扶梯的梯路、驱动装置、张紧装置、导轨系统及扶手装置等安装在金属结构的里面和上面。

（2）倾斜角

自动扶梯的倾斜角 a 不应超过 30° ，当提升高度不超过 6m，名义速度不超过 0.50m/s 时，倾斜角 a 允许增至 35° ，自动人行道的倾斜角不应超过 120° 。

（3）组成

对于中、大提升高度的自动扶梯，其驱动装置应单独设立机房。金属骨架常采用多段结合式结构，而且在下弦杆处有一系列支承，形成多支承结构。对于小提升高度的自动扶梯金属骨架，只要运输、安装条件许可，一般把驱动段、中间段、张紧段 3 段骨架在场内拼装在一起或焊成一体。两端利用承载角钢支承在建筑物的大梁上，形成两端支承结构。

自动扶梯的金属骨架是个桁架结构，按节点载荷进行设计计算，要求结构紧凑，留有装配和维护空间。

（4）拼装及变形

自动扶梯的金属骨架都采用焊接方法进行拼装，其焊接的变形量和焊缝质量至关重要。控制和消除变形，常规做法采用自然时效，但时间很长，且占地多。目前，国内有些厂家采用振动时效方法消除焊接后的残余应力，效果相当不错。

五、电气与控制系统

1. 电气设备与安装

（1）总则

1）一般要求：自动扶梯或自动人行道电气设备的设计和制造应保证在使用中能防止电气设备本身引起的危险，或能防止外界对电气设备影响所可能引起的危险。电气装置应维修方便。

2）应用范围。标准对有关电气设备及主要组成部件的要求适用于：自动扶梯或自动人行道动力电路的主开关和附属电路；照明电路的开关和附属电路。自动扶梯或自动人行道应如同 1 台内装仪器设备一样，并作为整体来考虑。

3）导体之间和导体对地之间的绝缘电阻应大于 1000Ω/V，并且其值不得小于动力电路和电气安全装置电路 0.5MQ。

4）对于控制电路和安全电路，导体之间或导体对地之间的直流电压平均值或交流电压的有效值不应超过 250V。

5）零线和地线应始终分开。

（2）接触器、继电接触器、安全电路元件

1）接触器和接触器式继电器。

①为使驱动机组停止运转，主接触器应属于 GB14048.4 中规定的下列类别：AC-3，用于交流电动机的接触器；DC-3，用于直流机组的接触器。

②继电接触器应属于 GB14048.5 中规定的下列类别：AC-15 用于交流控制电路的接触器；DC-13 用于直流控制电路的接触器。

③无论是主接触器还是继电接触器，在为满足要求所采取的措施中，都可假设：如果动断触点（常闭触点）中 1 个闭合，则全部动合触点断开；如果动合触点（常开触点）中 1 个闭合，则全部动断触点断开。

2）电气安全电路元件。

①如果使用的继电器动断和动合触点，不论衔铁处于任何位置均不能同时闭合，那么衔铁不完全吸合的可能性可不考虑。

②连接在电气安全装置之后的装置符合关于爬电距离和电气间隙的要求（不考虑分断距离）。

（3）电动机的保护

1）直接与电源连接的电动机应进行短路保护。

2）直接与电源连接的电动机应采用手动复位的自动开关进行过载保护，该开关应切断电动机的所有供电。

3）当过载检测取决于电动机绕组温升时，则断路器可在绕组充分冷却后自动地闭合，但只是在特定的条件下才可能再起动自动扶梯或自动人行道。

4）当自动扶梯或自动人行道的驱动电动机是由电动机驱动的直流发电机供电时，发电机的驱动电动机应设过载保护。

（4）主开关

1）在驱动主机附近，转向站中或控制装置旁，应装设能切断电动机、制动器释放装置和控制电路电源的主开关。该开关应不能切断电源插座或检修和维修所必需的照明电路的电源。当辅助设备如暖气装置、扶手照明和梳齿板照明是单独供电时，则应能单独地切断它们。各相应开关应位于主开关近旁并要有明显的标志。

2）采用挂锁或其他等效方式将由主开关锁住或使它处于“隔离”位置，以保证不产生由于其他因素造成的故意动作。主开关的控制机构应在打开门或活板门后能迅速而容易地操纵。

3）主开关应能切断自动扶梯或自动人行道在正常使用情况下最大电源的能力。它应相当于 GB14048.4 中所规定的 AC-3 类别的断开能力。

4）若几台自动扶梯或自动人行道的各主开关设置在 1 个机房内，则各台自动扶梯或自动人行道主开关应易于识别。

（5）电气配线

1）通则

①电线和电缆应根据国家标准选用，其质量应符合 GB5013.2、GB5023.2、GB5023.3 的要求。

②符合 GB5023.2 和 GB5023.3 要求的导线，只允许置于导管、线槽或具有等效保护作用的类似装置中。当与 GB5023.2 及 GB5023.3 要求有差别时，导线的名义截面积不应小于 $0.75mm^2$，

③符合 GB5023.3 要求的固定敷设用电缆，允许明敷设于墙和金属结构架上或置于导管、线槽或类似装置中。

④符合 GB5013.2 和 GB5023.3 要求的普通软电缆，只允许置于导管、线槽或具有等效防护作用的类似装置中或桁架中不易受到意外破坏的位置。

⑤对于符合 GB5013.2 要求的带有双层护套的软电缆，允许规定条件下固定安装，也可用于连接移动设备及易受振动的场合。

⑥控制柜中或控制屏上的控制或配电装置的配线，对于电气设备中不同器件间的配线，或这些器件与连接端子间的配线，应符合 GB/T7251 的要求。

2）导线截面积。电气安全电路的导线，其名义截面积不应小于 0.75mm^2。

3）安装方法。

①应随电气设施提供必要的、易于理解的说明。

②电线接头、连接端子及连接器应设置在柜和盒内或在为此目的而设置的屏上。

③如果自动扶梯或自动人行道的主开关或其他开关断开后，一些连接端子仍然带电，则它们应与不带电端子明显地隔开；并且当带电端电压超过 50V 时，应注上适当标记。

④为确保机械防护的连续性，电缆防护护套应引入开关和设备的壳体内。或在电缆端部应有适当的密封套。

⑤如果同一导管中的导线或电缆中各芯线接入不同电压的电路，则所有的电缆应具有其最高电压下的绝缘性能。

4）连接器件。设置在安全电路中的、不用工具即可拔出的连接器件和插装式装置应设计成在重新插入时，绝不会插错。

（6）连接端子

连接端子偶然短接可能导致自动扶梯或自动人行道产生危险故障，则应清楚地予以分离开。

（7）静电防护

应采取适当措施来释放静电（如静电刷）。

2. 控制系统

（1）总括

自动扶梯或自动人行道的起动（或当起动是自动的时候，由某个使用者经过某点时使之自动起动投入有效运行），应只能由指定人员才能操作 1 个或数个开关来实现（如开关可采用钥匙操作式开关、拆卸式手柄开关、护盖可锁式开关）。这种开关不应同时用作主开关，操纵开关的人员在操作之前应能看到整个自动扶梯或自动人行道，或者应有保证措施在操作之前没有人正在使用自动扶梯或自动人行道。运行方向在开关的指示上应能被明显识别。

（2）控制系统分类

按运行方式来分可分为标准运行和变频运行；按节能方式来分可分为标准、标准自起动、变频低速和变频自起动。变频控制模式又可分为旁路变频和全变频模式。

（3）自动扶梯或自动人行道的起动和投入使用

1）自动扶梯或自动人行道的起动或投入自动运行状态（即由使用者经过某点的自动起动），应只能由被授权人员通过操作 1 个或数个开关（如钥匙操作式开关、拆卸式手柄开关、护盖可锁式开关、远程起动装置）来实现，这些开关应能从梳齿和踏面相交线外部区域操作。这种开关不应同时用作主开关，操纵开关的人员在操作之前应能看到整个自动扶梯或自动人行道，或者应有措施确保在操作之前没有人员正在使用自动扶梯或自动人行道。在开关的指示上应能明显识别运行方向。

2）所列的任何一个自动扶梯或自动人行道的电气设备故障。起动开关应位于可触及停止开关的范围内。对于远程起动也应符合上述要求。

（5）运行方向的转换

只有当自动扶梯或自动人行道处于停车状态，并符合规定时，才能进行转换运行方向的操作。

（6）自动扶梯或自动人行道的再起动

1）使用开关进行再起动。每次停止运行之后，只有规定的开关或通过规定的检修控制装置才可能重新起动。

在手动复位前，应查明停止的原因，检查停止装置并在必要时采取纠正措施。即使电源失电或电源恢复，故障锁定应始终保持有效状态。

2）自动再起动的重复使用。根据要求，在由紧急停止装置有效停止运行的场合，自动扶梯或自动人行道在下述情况下，可不使用自起动的开关而重复使用自动再起动。

①在两端梳齿交叉线，包括它的外边 0.3m 的附加距离之间，应对梯级、踏板或胶带进行监控，且只有当这个区域内没有人和物时，自动再起动的重复使用才是有效的。

为了试验，用一个不透明的直立圆柱，其直径为 0.3m、高为 0.3m，放在这个区域内，均应能被监控装置检测到。如应用传感器作为监控装置，则这些传感器在倾斜直线区段和水平区段每相隔 0.3m 的距离内置放，而对于曲线区段，则在最大间隔为 0.2m 的距离内置放。

②使用者经过时将使自动扶梯或自动人行道起动。当至少是 10s 时间，监控装置在规定的区段内没有检测到人或物时，起动才是有效的。

③控制自动再起动的重复使用的应是符合要求的电气安全装置，自控传感元件允许设计在单通道中。

（7）检修控制

1）自动扶梯或自动人行道应设置检修控制装置，便于在维修、保养、检验时能使用便携式手动操作的控制装置。

2）为此目的，各出入口，如金属结构内的驱动站和转向站至少应提供一个用于便携式控制装置柔性电缆连接的检修插座。电缆长度至少应为 3m。检修插座的设置应能使检修控制装置到达自动扶梯或自动人行道的任何位置。

3）控制装置的操作元件应能防止意外动作发生。自动扶梯或自动人行道的运行应依靠手动持续按压操作元件。开关上应有明显且易识别的运行方向指示标记。检修控制装置应配置一个停止开关。

停止开关应：手动操作；有清晰、永久的开关转换位置标记；符合规定的安全触点；手动复位。当插上检修控制装置时，操作停止开关应能断开驱动主机的电源并使工作制动器动作。

4）当使用检修控制装置时，其他所有起动开关都应不起作用。所有检修插座应这样设置，即当连接一个以上的检修控制装置时，或者都不起作用，或者需要同时都起动才能起作用。安全开关和安全电路应仍起有效作用。

第二章　压力管道基础知识

压力管道，是指利用一定的压力，用于输送气体或者液体的管状设备。本章主要介绍压力管道的概述、分类、用途、结构以及基本的建造要求，对压力管道展开详细的介绍。

第一节　压力管道术语与定义

1. 压力管道

压力管道受监察范围为最高工作压力大于或者等于 0.1MPa（表压）的气体、液化气体、蒸汽介质或者可燃、易爆、有毒、有腐蚀性、最高工作温度高于或者等于标准沸点的液体介质，公称直径大于或者等于 50mm 的管道。

公称直径小于 150mm，且最高工作压力小于 1.6MPa，且输送无毒、不可燃、无腐蚀性气体管道及设备本体所属管道除外。

2. 工业管道

工业管道是指企业、事业单位所属的用于输送工艺介质的管道、公用工程管道及其他辅助管道。

工艺管道：输送原料、中间物料、成品、催化剂、添加剂等工艺介质的管道。公用工程管道：工艺管道以外的辅助性管道，包括水、蒸汽、压缩空气、惰性气体等的管道。

3. 公用管道

公用管道是指城市或乡镇范围内用于公用事业或民用的燃气管道和热力管道。

4. 长输（油气）管道

长输（油气）管道是指产地、储存库、使用单位间用于输送商品介质的管道。

5. 动力管道

动力管道是指火力发电厂用于输送蒸汽、汽水两相介质的管道。

6. 石油化工管道

石油化工生产装置及辅助设施中用于输送工艺和公用介质的管道。

7. 管道

由管道组成件、管道支吊架等组成，用以输送、分配、混合、分离、排放、计量流体或控制流体流动的管状设备。

8. 管道组成件

用以连接或装配成管道的元件，包括管子和管路附件。

9. 管子

用以输送流体或传递流体压力的密封中空连续体。

10. 管路附件

管道组成件的一个类别，包括阀门、管件、法兰、密封件、紧固件以及管道特殊件等。

11. 管道特殊件

非普通标准的管道组成件，系按工程设计条件特殊制造的管道组成件，包括膨胀节、补偿器、疏水器、管路中的节流装置（如孔板）和分离器、安全保护装置、过滤器、挠性接头及耐压软管等。

注：安全保护装置包括安全阀、爆破片装置、阻火器、紧急切断阀等。

12. 管件

管道组成件的一部分，是管道系统中用于连接、分支、改变方向与直径、端部封闭等直接与管子相连的零部件，包括弯头、弯管、三通、四通、异径管、管箍、螺纹接头和短节、活接头、软管接头、翻边短节、支管座（台）、堵头、管帽（管封头）等。

13. 管道支承件

将管道的自重、输送流体的重量、由于操作压力和温差所造成的荷载以及振动、风力、地震、雪载、冲击和位移应变引起的荷载等传递到管架结构上去的管道元件。包括吊杆、弹簧支吊架、恒力支吊架、斜拉杆、平衡锤、松紧螺栓、支撑杆、链条、导轨、锚固件、鞍座、垫板、滚柱、托座、滑动支座、管吊、吊耳、卡环、管夹、U 形夹和夹板等。

14. 预制口

可以转动工件进行焊接作业的焊口。

15. 固定口

无法转动工件进行焊接作业的焊口。

16. 设计压力

在相应的设计温度下，用以确定管道计算壁厚及其他元件尺寸的压力值。该压力为管道的内部压力时称设计内压力，为外部压力时称设计外压力。

17. 设计温度

管道在正常工作过程中，在相应设计压力下，管壁或元件金属可能达到的最高或最低温度。

18. 管输气体温度

气体在管道内输送时的流动温度。

19. 操作压力

在稳定操作条件下，一个系统内介质的压力。

20. 最大操作压力

在正常操作条件下，管线系统中的最大实际操作压力。

21. 最大允许操作压力

管线系统遵循产品设计标准的规定，所能连续操作的最大压力等于或小于设计压力。

第二节　压力管道的特点与用途

在管道输送工艺参数、材质与管型、管道功能等方面对三类压力管道进行了比较。压力管道具有如下特点：

1. 管道系统有调峰功能。在不同时刻不同季节用户的用气量是有区别的，有高峰也有低峰，但天然气的生产过程是相对稳定的，因此，管道输送长期处于一种不稳定状态。当用户用气处于低峰时，需要管道或其他储气设施储存多余的气体；而当用户用气处于高峰时，需要管道或其他储气设施释放储存的气体。

3. 距离长、压力高、输量大。从生产基地到用户之间距离决定了管输距离一般较长，如西气东输一线从新疆到上海输距达 4000km，而西气东输三线从新疆到福建就更长了，距离达 7378km。由于在高压下输送可以增加输量、减少运费，同时管道、设备生产水平和管理水平的提高保证了管道在高压下的运行，因此，管道输送压力一般都较高。由于管道连续输送，与压缩天然气、液化天然气的车船等其他输送方式相比，输量大得多。

4. 密闭安全。管道一般都埋在地下，无噪声、泄漏少，对环境污染小。

5. 能耗与运费随管长、压力、输量变化。与输油管道相比，天然气管道运费要高一些。超过 4000km 以上，液化天然气海运可能比陆上压力管道便宜。压力在 10~15MPa 的陆上天然气管道被称为高压天然气管道。据研究，年输量在 100 × 108m^3 时，采用高压输送可以节省成本。当运输距离为 5000km、年输量在 150 × 108~300 × 108m^3 之间时，采用高压输送比传统输送可节约运输成本 20%~35%。

6. 压力管道的特点

（1）压力管道是一种危险性较大的承压特种设备。

（2）管道体系庞大，管道的空间变化大。由多个组成件、支承件组成，安装复杂且隐蔽工程多，实施检验难度大，如对于高空和埋地管道的检验始终是难点。

（3）压力管道施工面大，施工周期长，范围大，环境复杂，条件差，影响工程质量的因素多。

（4）压力管道输送独具的隐蔽、连续、密闭、营运成本低等特点。

（5）失效的模式多样，任一环节出现问题都会造成整条管线的失效。

（6）腐蚀机理与材料损伤的复杂性。易受周围介质或设施的影响，容易受诸如腐蚀介质、杂散电流影响，而且容易遭受意外伤害。

（7）安装方式多样，有的架空安装，有的埋地敷设。

（8）载荷的多样性，除介质的压力外，还有重力载荷以及位移载荷等。

（9）材质的多样性，可能一条管道上需要用几种材质。

（10）长输管道一般具有以下特点：输送距离长；常穿越多个行政区划，甚至国界；一般设有中间加压泵站；可能有跨（穿）越工程；绝大部分埋地敷设。

7. 压力管道的用途

压力管道的作用是输送、分配、混合、分离、排放、计量、控制或制止流体流动。压力管道广泛用于石油、化工、冶金、电力、医药、机械、铁路、公路、水运、航运等行业以及城市供热和燃气等生产装置中，压力管道是完成物料连续、密闭输送的不可缺少的设施。

第三节　压力管道的分类

城市燃气是由多种气体组成的混合气体，含有可燃气体和不可燃气体。其中，可燃气体有碳氢化合物（如甲烷、乙烯、丙烷、丙烯、丁烷、丁烯等烃类）、氢气和一氧化碳等；不可燃气体有二氧化碳、氮气及其他惰性气体；部分燃气还含有氧气、水及少量杂质。城市燃气根据燃气的来源或生产方式可以归纳为天然气、人工燃气和液化石油气三大类。其中，天然气是自然生成的，人工燃气或是由其他能源转化而成或是生产工艺的副产品，液化石油气主要来自石油加工过程中的副产气。

一、天然气

天然气主要存在于油田气、气田气、煤层气、泥火山气和生物生成气中，也有少量处于煤层。天然气又可分为伴生气和非伴生气两种。伴随原油共生，与原油同时被采出的油田气叫伴生气；非伴生气包括纯气田天然气和凝析气田天然气两种，在地层中都以气态存在。凝析气田天然气从地层流出井口后，随着压力和温度的下降，分离为气液两相，气相是凝析气田天然气，液相是凝析液，又叫凝析油。

与煤炭石油等能源相比，天然气在燃烧过程中产生的影响人类呼吸系统健康的物质（氮化物、一氧化碳、可吸入悬浮微粒）极少，产生的二氧化碳为煤的 40% 左右，产生的二氧化硫也少于其他化石燃料。天然气燃烧后无废渣、废水产生，具有使用安全、热值高、洁净等优势。

一般来说，天然气包括常规天然气和非常规天然气两类：其中常规天然气主要指气田气（或称纯天然气）、石油伴生气、凝析气田气；非常规天然气主要包括煤层气、页岩气、天然气水合物等。需要注意的是，常规天然气和非常规天然气资源的区分边界甚难界定，主要取决于地质条件的系列。

1. 气田气、石油伴生气、凝析气田气

常规天然气主要指气田气（或称纯天然气）、石油伴生气、凝析气田气。

（1）气田气

气田气是指由气田开采出来的纯天然气，组分以甲烷（CH_4）为主，还含有少量的乙烷（C_2H_6）、丙烷（C_3H_8）等烃类及二氧化碳（CO_2）、硫化氢（H_2S）、氮（N_2）和微量的氦（He）、氖（Ne）、氩（Ar）等气体。我国四川开采的天然气中甲烷含量一般不少于90%，热值为34.75~36.00MJ/m^3。

（2）石油伴生气

石油伴生气是地层中溶解在石油或呈气态与原油共存、伴随着原油被同时开采的天然气。石油伴生气又分为气顶气和溶解气两类。气顶气是不溶于石油的气体，为保持石油开采过程中必要的井压，这种气体一般不随便采出。溶解气是指溶解在石油中，伴随着石油开采得到的气体。石油伴生气中甲烷含量一般占65%~80%，此外还有相当数量的乙烷（C_2H_6）、丙烷（C_3H_8）、丁烷（C_2H_{10}）、戊烷（C_5H_{12}）和重烷等。其低热值一般为41.5~43.9MJ/m^3。我国大庆、胜利等油田产的天然气中大部分是石油伴生气。

（3）凝析气田气

凝析气田气是指含有少量石油轻质馏分（如汽油、煤油成分）的天然气。当凝析气田气从气田采出来后，经减压降温，凝结出一些液体烃类。例如，我国新疆柯克亚的天然气就属于凝析气田气，华北油田向北京输送的天然气中，除前面提到的伴生气外，还有相当一部分是经过净化处理的凝析气田气。凝析气田气的组成大致和石油伴生气相似，但是它的戊烷（C_5H_{12}）、乙烷（C_6H_{14}）等重烃含量比伴生气要多，一般经分离后可以得到天然汽油甚至轻柴油。凝析气田气甲烷的含量约为75%，低热值为46.1~48.5MJ/m^3。

2. 压缩天然气、液化天然气

根据存在的状态，常规天然气还可以分为压缩天然气、液化天然气。

（1）压缩天然气

压缩天然气（CNG）是天然气加压并以气态储存在容器中。压缩天然气除了可以用油田及天然气田里的天然气外，还可以人工制造生物沼气（主要成分是甲烷）。压缩天然气与压力管道天然气的组分相同，主要成分为甲烷（CH_4）。压缩天然气是一种最理想的车用替代能源，其应用技术已日趋成熟。它具有成本低、效益高、无污染、使用安全便捷等特点，正日益显示出强大的发展潜力。天然气每立方燃烧热值为8000~8500kcal(大卡)，压缩天然气的比重为2.5kg/m^3，每千克天然气燃烧热值为20000kcal。

（2）液化天然气

液化天然气（LNG），主要成分是甲烷（CH_4），无色、无味、无毒且无腐蚀性。其体积约为同量气态天然气体积的1/600，质量仅为同体积水的45%左右。其制造过程是先将气田生产的天然气净化处理（脱水、脱烃、脱酸性气体），经一连串超低温处理（-160℃液化后），利用液化天然气船或LNG罐车运送，使用时重新气化。

1）LNG 的组成：LNG 是以甲烷为主要组分的烃类混合物，其中含有通常存在于天然气中少量的乙烷、丙烷、氮等其他组分。

2）LNG 的密度：LNG 的密度取决于其组分，通常为 430~470kg/m³，但是在某些情况下可高达 520kg/m³。其密度还是液体温度的函数，其变化梯度约为 1.35kg/m³。其密度可以直接测量，但通常是用经过气相色谱法分析得到的组分通过计算求得（推荐使用 ISO6578 中确定的计算方法）。

3）LNG 的温度：LNG 的沸腾温度取决于其组分，在大气压力下通常为 –166~–157℃。沸腾温度随蒸气压力的变化梯度约为 1.25×10^{-4}℃ /Pa。LNG 的温度通常用 ISO831 中确定的铜 / 铜镍热电偶或铂电阻温度计测量。

4）LNG 的蒸发：LNG 作为一种沸腾液体大量地储存于绝热储罐中。任何传导至储罐中的热量都会导致一些液体蒸发为气体，这种气体被称为蒸发气，其组分与液体的组分有关。一般情况下，蒸发气包括 20% 的氮，80% 的甲烷和微量乙烷。其含氮量是液体 LNG 中含氮量的 20 倍。当 LNG 蒸发时，氮和甲烷首先从液体中汽化，剩余的液体中较高相对分子质量的烃类组分增大。

对于蒸发气体，不论是温度低于 -1139℃的纯甲烷，还是温度低于–85℃含 20% 氮的甲烷，它们都比周围的空气重。在标准条件下，这些蒸发气体的密度大约是空气密度的 0.6 倍。

5）LNG 的闪蒸（Flash）：如同任何一种液体，当 LNG 已有的压力降至其沸点压力以下时，例如经过阀门后，部分液体蒸发，而液体温度也将降到此时压力下的新沸点，此即为闪蒸。由于 LNG 为多组分的混合物，闪蒸气体的组分与剩余液体的组分不一样。作为指导性数据，在压力为 1~2 个大气压时的沸腾温度条件下，压力每下降 1 个大气压，1m³ 的液体产生大约 0.4kg 的气体。

6）LNG 的翻滚（Rollover）：翻滚是指大量气体在短时间内从 LNG 容器中释放的过程。除非采取预防措施或对容器进行特殊设计，翻滚将使容器受到超压。在储存 LNG 的容器中可能存在两个稳定的分层或单元，这是新注入的 LNG 与密度不同的底部 LNG 混合不充分造成的。在每个单元内部液体密度是均匀的，但是底部单元液体的密度大于上部单元液体的密度，随后，由于热量输入容器中而产生单元间的传热、传质及液体表面的蒸发，单元之间的密度将达到均衡并且最终混为一体。这种自发的混合被称为翻滚，而且与经常出现的情况一样，如果底部单元液体的温度过高（相对于容器蒸气空间的压力而言），翻滚将伴随着蒸气溢出的增加。有时这种增加速度快且量大。在有些情况下，容器内部的压力增加到一定程度将引起泄压阀的开启。

潜在翻滚事故出现之前，通常有一个时期其气化速率远低于正常情况。因此应密切监测气化速率以保证液体不是在积蓄热量。如果对此有怀疑，则应设法使液体循环以促进混合。通过良好的储存管理，可以防止翻滚。最好将不同来源和组分的 LNG 分罐储存，如果做不到，在注入储罐时应保证充分混合用于调峰的 LNG。高含氮量在储罐注入停止后不久也可能引起翻滚。经验表明，预防此类型翻滚的最好方法是保持 LNG 的含氮量低于 1%，并且密切监测气化速率。

3. 非常规天然气

非常规天然气主要包括页岩气、煤层气、天然气水合物等。

（1）页岩气：是指主体位于暗色泥页岩或高碳泥页岩中，以吸附或游离状态为主要存在方式的天然气聚集。在页岩气藏中，天然气也存在于夹层状的粉砂岩、粉砂质泥岩、高碳泥岩、泥质粉砂岩甚至砂岩地层中，因此，从某种意义上来说，页岩气藏的形成是天然气在烃源岩中大规模滞留的结果，属于自生、自储、自封闭的成藏模式。其中页岩中的吸附气量和游离气量大约各占 50%。页岩气的主要成分和热值等气体性质与常规天然气相似，以甲烷（CH_4）为主，含有少量乙烷（C_2H_6）、丙烷（C_3H_8）。

（2）煤层气：是一种以吸附状态为主，生成并储存在煤系地层中的非常规天然气（随采煤过程产出的煤层气混有较多空气，俗称煤矿瓦斯）。煤层气的主要成分是甲烷（CH_4），但相对于常规天然气含量较低，可用作燃料和化工产品的上等原料，具有很高的经济价值。资料显示，国际上 74 个国家煤层气资源量 268 万亿 m^3，主要分布在俄罗斯、加拿大、中国、澳大利亚、美国、德国、波兰、英国、乌克兰、哈萨克斯坦、印度、南非等 12 个国家，其中美国、加拿大、澳大利亚、中国已形成煤层气产业。煤层气资源位列前三位的国家分别为俄罗斯、加拿大、中国。我国煤层气资源丰富，据煤层气资源评价，我国埋深 2000m 以浅煤层气地质资源量约 36 万亿 m^3，主要分布在华北和西北地区。

（3）天然气水合物：是分布于深海沉积物或陆域的永久冻土中，由天然气与水在高压低温条件下形成的类冰状的结晶物质。形成天然气水合物的主要气体为甲烷（CH_4），甲烷分子含量超过 99% 的天然气水合物通常称为甲烷水合物。因天然气水合物的外观像冰一样而且遇火即可燃烧，所以又被称作“可燃冰”或“固体瓦斯”“气冰”。天然气水合物在自然界广泛分布在大陆永久冻土、岛屿的斜坡地带、活动和被动大陆边缘的隆起处、极地大陆架以及海洋和一些内陆湖的深水环境。在标准状况下，一单位体积的天然气水合物分解最多可产生 164 单位体积的甲烷气体，因而其是一种重要的潜在未来资源。

虽然页岩气和煤层气的储量相当大，但是对开采技术要求较高，开采经济效益不高，随着开采技术的提高，美国等国家大量开采并使用页岩气和煤层气，同时国内的石油企业也开始着手页岩气和煤层气的开采；天然气水合物作为城镇燃气的一种，发展较为迅速，其中尤其是日本的天然气水合物发展得最为迅猛，日本已基本完成对其周边海域的天然气水合物调查和评价，并圈定了 12 块天然气水合物矿集区，开发其领海内的天然气水合物。

二、人工燃气

人工燃气主要是指通过能源转换技术，将煤炭或重油转换成煤制气或油制气。主要是由可燃成分氢、甲烷、一氧化碳、乙烷、丙烷、丙烯以及中碳氢化合物和不可燃成分氧、二氧化碳以及氮组成的混合气体。

人工燃气的主要物理化学性质。

第一，易燃易爆性：人工煤气同天然气一样具有易燃易爆的特性。

第二，毒性：人工煤气中含有一氧化碳。一氧化碳是有毒气体，它和血红蛋白的结合力为氧气与血红蛋白的结合力的200~300倍。血红蛋白与一氧化碳结合，红细胞便失去输送氧气的能力，人体组织便陷入缺氧状态，最终导致窒息死亡，这就是通常所说的一氧化碳中毒。

第三，比重：人工燃气比空气、液化石油气轻。根据制气原料和加工方式的不同，可生产多种类型的人工燃气，如干馏煤气、气化煤气、油制气及高炉煤气等。

1. 干馏煤气

煤在隔绝空气的情况下经加热干馏所得的燃气叫干馏煤气，也叫焦炉煤气。其主要组分为甲烷（CH_4）和氢气（H_2），低热值为16.7MJ/m^3。焦炉煤气是焦化工业的副产品，原用作焦炉加热的自给燃料，如今很多炼焦厂采用低品质燃气为焦炉加热，代出焦炉煤气供作城市燃气。一直以来，焦炉煤气是我国城市燃气的重要气源之一。

2. 气化煤气

气化煤气分为压力气化煤气、水煤气、发生炉煤气三种，是指用煤或焦炭等固体燃气做原料，利用空气、水蒸气或两者的混合物做汽化剂，在煤气发生炉相互作用制取的煤气。气化煤气主要组分为氢气与一氧化碳（CO），适宜于用作燃料气和化工原料的合成气。其热值一般在13MJ/m^{3}以下。

压力气化煤气是采用纯氧和水蒸气为汽化剂制取的煤气，主要组分为氢气和甲烷，低热值为15.4MJ/m^3。水煤气则是利用水蒸气做汽化剂制取的煤气，主要组分为一氧化碳和氢气，低热值为10.5MJ/m^3。发生炉煤气主要组分为一氧化碳和氢气，低热值为5.4MJ/m^3。

3. 油制气

油制气是用石油系原料经热加工制成的燃气总称。采用的加工工艺有蒸汽转化法、热裂解法、部分氧化法和加氢气化法等。有些工艺在国内化工原料制造行业已有使用，而生产城市燃气的方法尚局限于以重油或渣油采取热裂解法的工艺。目前使用的是循环式热裂解法或循环式催化热裂解法。热裂解气以甲烷（CH_4）、乙烯（C_2H_4）和丙烯（C_3H_6）为主要组分，热值为41~42MJ/m^3。催化热裂解气含氢最多，也含有甲烷和一氧化碳，其热值与干馏煤气相接近，为17~21MJ/m^3。

4. 高炉煤气

高炉煤气是高炉炼铁过程中产生的煤气，热值低，只供给热炉使用。其主要组分是一氧化碳（CO）和氮气（N_2），热值为4~4.2MJ/m^3。

三、液化石油气

液化石油气的主要组分为丙烷（C_3H_8）、丙烯（C_3H_6）、丁烷（C_4H_{10}）、丁烯（C_4H_8）

等石油系轻烃类，其主要成分是含有 3 个碳原子和 4 个碳原子的碳氢化合物，通常被称为碳三、碳四，均为可燃物质。

液化石油气在常温常压下无色无味，呈气态，用降温或增压的方法可使其转变为液态，使用前再减压或升温，使之转变为气态。从液态转变为气态时，其体积将膨胀 250~300 倍。

液态液化石油气比水轻，一般为水重的 0.5~0.6 倍；气态的液化石油气密度较大，是空气的 1.5~2.0 倍，泄漏后易聚集在低洼处，不易扩散。液态液化石油气比空气重，为空气的 1.5~2 倍重。

液化石油气是一种高热值、无污染的能源。其充分燃烧后的产物为二氧化碳和水，它的火焰温度高达 2000℃，其热值是天然气的 3 倍，人工煤气的 5 倍。气态的液化石油气着火温度比较低，为 360~4609℃，液化石油气的浓度达到 1.5%~9.5% 时即可遇明火爆炸。液化气一旦出现泄漏极易发生危险，故液化气为易燃、易爆和可燃气体。液化石油气在空气中的浓度增至一定水平时会使人麻醉发晕，严重时致人死亡。液化石油气的危害性主要有三种：易燃易爆；冻伤；有毒。

四、燃气的基本性质

1. 燃气的热值

燃气的热值是指 1m³ 燃气完全燃烧所放出的热量，单位为 MJ/m³。对于液化石油气，热值单位也可采用 kg/m³。

（1）高热值和低热值

燃气的热值分为高热值和低热值。指 1m³ 燃气完全燃烧后其温度冷却至原始温度时，燃气中的水分经燃烧生成的水蒸气也随之冷凝成水并放出汽化潜热，将这部分汽化潜热计算在内求得的热值称为高热值；如果不计算这部分汽化潜热，则为低热值。如果燃气中不含氢或氢的化合物，燃气燃烧时烟气中不含水，就只有一个热值了。可见，高、低热值数值之差为水蒸气的汽化潜热。

在一般燃气应用设备中，由于燃气燃烧排放的烟气温度较高，烟气中的水蒸气是以气态排出的，仅仅利用燃气的低热值。因此，在工程实际中一般以燃气的低热值作为计算依据。

（2）热值的计算

单一燃气的热值是根据燃气燃烧反应的热效应算得。燃气通常是含有多种组分的混合气体。

2. 汽化潜热

汽化潜热是单位质量的液体变成与其处于平衡状态的蒸气所吸收的热值。汽化潜热与压力和温度有关。

3. 着火温度

燃气开始燃烧时的温度被称为着火温度。不同可燃气体的着火温度不尽相同。一般可燃气体在空气中的着火温度比在纯氧中的着火温度高 50~100℃。对于某一可燃气体，其着火温度不是一个固定值，而与可燃气体在空气中的溶度、与空气的混合程度、燃气压力、燃烧空间的形状及大小等因素有关。

工程中，燃气的着火温度应由实验确定，通常焦炉煤气的最低着火温度介于 300—500℃，液化石油气气体的最低着火温度为 450~550℃，天然气的着火温度为 650℃左右。

4. 燃烧速度

燃气中含氢和其他燃烧速度快的成分越多，燃烧速度就越快；燃气—空气混合物初始温度增高，火焰传播速度增大。

燃烧速度一般采用实验方法或经验公式计算，经测算，几种燃气的最大燃烧速度如下：氢气为 2.8m/s，甲烷为 0.38m/s，液化石油气为 0.35~0.38m/s。

5. 爆炸极限

城市燃气是一种易燃、易爆的混合气体，决定了在制备、运输、使用过程中必须注重其安全性。

燃烧是气体燃料中的可燃成分在一定条件下与氧气发生的激烈的氧化反应，反应的同时生成热并出现火焰。爆炸则是一种猛烈进行的物理、化学反应，其特点在于爆炸过程巨大的反应速度，反应的一瞬间产生大量的热和气体产物。所有的可燃气体与空气混合达到一定的比例关系时，都会形成爆炸危险的混合气体。大多数有爆炸危险的混合气体在露天中可以燃烧得很平静，燃烧速度也较慢；但有爆炸危险的混合气体若聚集在一个密闭的空间内，遇有明火即瞬间爆炸，反应过程生成的大量高温、被压缩的气体在爆炸的瞬间即释放极大的气体压力，对周围环境产生很大的破坏力。反应产生的温度越高，产生的气体压力和爆炸力也成正比地增长。爆炸时除产生破坏外，因爆炸过程某些物质的分解物与空气接触，还会引起火灾。

可燃气体与空气混合，经点火发生爆炸所需的最低可燃气体（体积）浓度，称为爆炸下限；可燃气体与空气混合，经点火爆炸所容许的最高可燃气体（体积）浓度，称为爆炸上限。可燃气体的爆炸上下限统称为爆炸极限。

在城市燃气运行过程中，如将不同类别燃气，或燃气与空气配制成掺混空气做城市气源时，必须考虑掺混气的爆炸极限问题。

当混合气体中含有氧气时，则可认为是混入了空气。因此，应先扣除氧含量以及按空气的氮氧比例求得的氮含量，并重新调整混合气体中各组分的体积分数，再按含有惰性气体情况下混合气体的爆炸极限计算公式进行计算。

常见燃气的爆炸极限如下：天然气 5%~15%，液化石油气气体的爆炸极限为 2%~10%，焦炉煤气的爆炸极限为 5.6%~30.4%。爆炸下限越低的燃气，爆炸危险性越大。可见，液化石油气的爆炸危险性最大。

根据燃烧、爆炸现象产生的机理，可以认定，燃气压力管道漏气是引起爆炸、火灾和中毒的主要根源。

杜绝燃气压力管道漏气是一项细致的系统工程，涉及设计、制造、安装、检验、运行维护和检修等各个环节。各个环节都必须严格遵循国家有关的标准化规定，认真、细致地对待压力管道的安全问题。

第四节　压力管道的组成及结构

1. 压力管道的组成

压力管道是由压力管道组成件和支承件组成。

压力管道输送系统由气田集输管道、气体净化与加工装置、输气干线、输气支线、配气管网、储气系统和各种用途的站场所组成，包括采气、净气、输气、储气和供气五大环节，它们紧密联系、相互制约、互相影响，是一个统一的、密闭的水动力系统。其中从井口到输气首站属于集输管道系统，从首站到末站属于长输管道系统，从末站到用户属于配气管道系统。

压力集输管道系统负责收集从井口开采出来的压力，然后通过分离、计量、净化、配气、增压等一整套单元工艺装置的配合与合理安排，输送到用户或长输管道首站。压力集输管道系统包括井场、集气管网、集气站、压力处理场（厂）、总站或增压站等。

压力长输管道系统是连接气田压力或油田伴生气或液化压力（LNG）终端与城市门站之间的管道，由输气站和线路两大部分组成。输气管道起点也称首站，负责收集集输管道系统的来气，通过除尘计量后输往下站。如果从气田来气没有足够高的压力，则需要在首站设置压缩机进行增压。如果管道较长，压力在沿管道流动过程中，会不断降低，此时需要在管道中间设置增压站，以保证将压力输送到终点。输气站终点又称为末站，其任务是接收来气，通过计量、调压后将压力分配给不同的用户。在管道沿线还可能需要接收其他气源来气或需要向不同用户供气，因此，在沿线各站或中间阀室可能有集气点或分输点。在站内还设有除尘设施，以清除压力中所携带的液滴和固体颗粒与粉末，防止堵塞仪表、设备；设有阴极保护设施，对管道实现防腐保护；设有通信和自控设施，对管道系统实现监测与控制；在首站设有清管器发送装置，在末站设有清管器接收装置，在中间站设有清管器发送和接收装置，便于管道投产试压干燥和定期清除管道中的积液。对管道线路部分，管道外包有防腐绝缘层，与阴极保护系统一道起到防腐作用；管内设有涂层，降低管道内壁粗糙度，提高管输能力；沿线需要穿越、跨越结构，通过河流、公路、铁路、山谷；每隔一段距离要设有截断阀，以便于管道的操作与维修；由于压力生产过程的相对稳定性和用户用气的不均匀性，因此针对不同的情况，需要在管道末段部分考虑地上储气设施、地下储气库等进行调峰。地下储气库一般都设有与之配套的压气站和净化装置。压气站的作用是：当用气处于低峰时，将干线中多余的气体注入地下储气库；当用气处于高峰时，抽出储气库中的气体注入输气干线。净化装置的作用是对从库中采出的压力进行净化处理。

压力配气管道系统的任务是接收输气管道来的压力，进行除尘、计量、调压、添味，然后把压力送入各级配气管网，同时保持管网所需的压力，并将压力分配给各用户单位。

2. 波纹管膨胀节的安装

波纹管膨胀节内套有焊缝的一端，在水平管道上应位于介质的流入端，在铅锤管道上宜置于上部。

3. 球形补偿器安装

（1）球形补偿器的安装应紧靠弯头，球心距长度1应大于计算长度。

（2）球形补偿器的安装方向，宜按介质由球体端流入、从壳体端流出方向安装。

（3）垂直安装球形补偿器时，壳体端应在上方。

第五节　压力管道建造的基本要求

压力管道建造应遵守相应的设计文件、安全技术规范、管道设计安装验收标准的规定。压力管道建造应遵守的安全技术规范与标准由设计委托单位提出，设计者在设计文件上注明应遵守的安全技术规范与标准规定，建造过程中相关人员必须遵守。

一、设计阶段的主要内容

天然气长输管道建设规模大、投资多，一般是国家的重点工程。因此，设计阶段一般按照可行性研究、初步设计和施工图设计阶段进行。

（一）可行性研究报告内容

中石油《输气管道工程项目可行性研究报告编制规定》提出了可行性研究报告的编写内容和格式要求，主要包括：

1. 总论：包括编制依据、研究目的和范围、编制原则、遵循的主要标准规范、总体技术水平、主要研究结论。

2. 资源分析：包括国内气源、进口气源、天然气性质、资源风险分析。

3. 市场分析：包括目标市场的选择、市场需求预测、价格承受能力分析、市场风险分析。

4. 供配气方案：包括供配气原则、供需平衡分析、气量分配方案、用气不均匀性分析。

5. 管道线路工程：包括线路走向方案、线路走向推荐方案、管道敷设、管道穿跨越、控制性工程、线路附属设施、线路安全防护、主要工程量、附图及附件要求、对专项评价报告（或中间成果）的响应。

6. 输气工艺：包括工艺参数、输气工艺、管道适应性分析、附图要求。

7. 线路用管：包括钢材等级选择、钢管类型选择、线路用管方案和用钢量、管道校核。

8. 输气站场：包括站场设置、站场工艺、主要设备选型、站场工艺用管、引进设备及材料说明、主要工程量、附图。

9. 管道防腐：包括基础资料、防腐方案、防腐层的选择、管道及设备保温、阴极保护、干扰防护、外防腐层及阴极保护系统有效性测试评价、主要工程量。

10. 自动控制：包括自动控制水平、自动控制系统方案、主要检测和控制方案、流量计量与检定、控制室、仪表供电供风及其他、仪表选型、主要工程量、附图要求。

11. 通信工程：包括设计范围、管道沿线通信现状、通信业务需求预测、通信技术方案、光缆线路、调控中心工程、主要工程量、附图及协议。

12. 供配电工程：包括设计范围、电源情况、用电负荷分级及负荷统计、供配电方案、主要设备及工程量、附图。

13. 公用工程：包括总图、给排水、热工与暖通、建筑与结构、维修与抢修。

14. 消防：包括消防对象、消防依托、消防方案、主要工程量。

15. 建设用地：包括管道工程建设用地设计原则、项目用地情况说明符合土地管理法律法规及供地政策说明。

16. 节能：包括综合能耗分析、能源供应、能耗指标、节能降耗措施。

17. 信息工程：包括现状与需求、总体架构、整体方案、运行环境设计。

18. 环境保护：包括管道沿线环境现状、遵循的标准、环境影响分析、环境保护措施、环境影响结论。

19. 安全：包括工程危险及有害因素分析、自然灾害及社会危害因素分析、危险及有害因素防范与治理措施预期效果。

20. 职业卫生：包括职业病危害因素分析、职业病危害因素防护措施、预期效果。

21. 组织机构及定员：包括组织机构、定员、培训、车辆配置。

22. 项目实施进度安排：包括实施阶段、实施进度。

23. 项目招投：包括总体要求、招标范围、招标组织形式、招标方式、招标基本情况表。

24. 投资估算及融资方案：包括项目概况、建设投资估算、建设投资融资方案及建设期利息、流动资金估算及融资方案、总投资估算及投资水平分析、附表。

25. 财务分析：包括财务分析基础、成本费用估算与分析、项目获利能力分析、盈利能力分析、项目清偿能力分析、财务生存能力分析、不确定性分析、财务分析结论和建议、附表。

26. 经济费用效益分析：包括分析范围、基础参数、投资费用估算、经营费用估算、直接效益估算、间接费用估算、间接效益估算、经济费用效益分析、附表。

27. 社会效益分析：包括项目对社会的影响分析、项目与所在地区的互适性分析、社会稳定风险分析。

28，一般规定

（1）施工图文件编制应依据设计委托或合同、批准的初步设计、专项评价（估）报告、各项设计基础资料进行编制。

（2）施工图设计应贯彻国家、地方政府有关方针政策，执行国家、行业、企业相关标准、规范和规程以及与油气管道相关的《油气储运项目设计规定（CDP）》系列规定，并应符合国家相关法律法规的规定。

（3）计算书应按照国家、行业、企业相关标准、规范和规程规定的计算内容进行编制，除压力容器强度计算书外其余计算书不作为施工图设计文件的组成部分，但可作为施工图设计的支持性文件在设计单位内部保存，供审查或质量验证之用。

（4）施工图设计前各专业应对初步设计方案与业主共同确认，如有改动报业主批复。

（5）各专业施工图应按各设计单位质量体系文件要求进行会签。施工图设计文件编制具体规定了线路、工艺、防腐（保温）和阴极保护、自控、通信、供配电、机械、总图运输、建筑、结构、给排水、消防、供热、暖通、伴行道路、维抢修、测量、勘察等方面的内容。其中线路和工艺部分的主要编写内容如下。

（二）施工图线路设计

线路包括基本规定、说明书、图纸及表格。

1. 基本规定

（1）在施工图现场定线之前，应统计核实初步设计阶段线路路由确认文件取得情况。对未取得地方有关部门确认的线路，设计人员应向地方有关部门报送管道走向平面图（图纸应符合当地规划部门要求）供其确认，线路中线应与地方规划无冲突。经济发达地区，视需要实测管道大比例带状地形图报地方有关部门认可。

（2）施工图设计阶段应根据现场具体情况，对初步设计方案进行进一步核实和优化，并与专项评估再次结合、核实优化的内容。并将修改情况反馈给初步设计单位，积极配合初步设计单位做好初步设计修改工作。

（3）当施工图阶段线路走向与初步设计方案相比较发生调整时，应在施工图设计说明书工程概况中阐明其原因及调整情况，并跟进完成的通过权核实及环境影响预评价变更等事宜。

（4）当施工图设计阶段线路方案相对于初步设计发生重大变化时，应取得业主或建设单位等主管部门同意，并在施工图设计说明书中阐明设计方案改变的原因和推荐方案的理由，并跟进完成的通过权核实及专项评估报告变更等事宜。若有必要，应提请业主单位组织初步设计单位和施工图设计单位会商，对初步设计进行相应变更。

（5）当管道位于城市规划区、旅游风景区、自然保护区、文物保护区、矿产分布区或其他特殊区域时，应有相关主管部门批准的专项评估资料，其施工图设计线路走向及施工方式应与初步设计中按专项评估中要求的线路走向及施工方式一致。

（6）施工图设计文件应包括但不限于以下内容：资料图纸目录、说明书（含施工技术要求）、材料表、线路平面图、线路纵断面图、单独出图的设计、通用图的设计、特殊地段处理设计、图典型的水工保护图、施工便道设计图。

2. 说明书

说明书包括施工技术要求与说明书内容。施工技术要求包括概述、管道与沿线建（构）筑物的控制距离、管道埋深、施工作业带清理、管沟开挖、管材、管道布管与组装以及配管、主管与支管连接、特殊地段处理、管道焊接与焊口质量检查、管道下沟及回填、管道清管及测径与试压、管道干燥、线路里程桩与标志桩着色和警示带以及堡坎着色、竣工资料。根据工程需要，说明书可包括总说明书和分段说明书，总说明书为分段说明书内容的汇总。说明书应包括以下内容：

（1）设计依据。设计依据应列出与本线路工程设计有关的文件的名称、文件号、发文单位及发文日期。设计依据宜包括以下文件：已批准的初步设计文件和专项评估的结论；施工图阶段工程测量及岩土工程详细勘察报告；与设计相关的设计统一技术规定、会议纪要、函件、评审会意见等。

（2）工程概况。工程概况应包括以下内容：线路基本情况和基础参数；线路总体走向和标段划分；设计标段内线路走向描述；线路分段及桩号编制；设计标段内线路阀室的布置；单出图清单。

（3）沿线自然概况。沿线自然概况应说明线路经过地区的气象、水文、交通、植被和人类工程活动、工程地质条件等。工程地质具体宜包括地形地貌、地质构造和地震、地层岩性、地下水、水与土的腐蚀性、不良地质和灾害地质。

（4）管道设计（含天然气管道所经地区分级、阀室布置等）。管道设计应包括以下内容：地区等级划分的起止桩号和水平长度；管材、管件的强度计算及校核，列出线路用管冷弯弯管及热弯弯管用管表；线路用管的使用及用管条件，冷弯弯管的使用及用管条件，热弯弯管的使用及用管条件及本段线路管材壁厚和防腐等级一览表，热、冷弯弯管汇总表，冷弯弯管明细表，热弯弯管明细表，线路中线测量成果表；清管、测径、试压、干燥。

（5）管道防腐设计。

（6）管道穿（跨）越。管道穿（跨）越应包括以下内容：公路、铁路穿越的方式及统计表；河流、沟渠、水塘等水域穿越的方式及统计表（含穿越长度、桩位及里程、开挖方式、埋深、稳管方案）；地下管道、光缆、电缆穿越的方式及统计表；隧道穿越统计表；跨越统计表。

（7）主要岩土工程问题、水工保护措施和地貌恢复。主要岩土工程问题，水工保护措施和地貌恢复应包括以下内容：根据管道工程的特点及水土保持的相关要求提出有针对性的水工保护措施；根据勘察资料和地质灾害危险性评价报告结论对地质灾害地段按桩号分布提出详细的处理意见；根据管道工程的特点，对地貌恢复提出要求。

（8）施工技术要求及注意事项。施工技术要求及注意事项应包括以下内容：除执行国家、行业、企业相关法规、标准规范以及线路施工技术要求中相关规定外的施工中还应特别注意的情况；本标段不同于其他标段的在施工中应注意的事项。

（9）线路主要工程量。按有关表格列出主要工程量。

（三）施工图工艺

工艺包括基本规定、说明书、图纸及表格。

1. 基本规定

分期建设或分期投产的站场，应考虑生产与施工及新老管道连接时的安全措施。工艺施工图设计文件应满足设备、材料采办、非标准设备、管件加工制作、相关施工要求等。工艺施工图内容应包括但不限于施工技术总说明、工艺操作原理（需要时）、工艺管道（仪表）流程图、工艺安装图、设备表、材料表、资料图纸目录、技术规格书和数据单（需要时）。站场施工图图面要求包括：图纸比例应根据图纸性质确定；图幅不宜太大：图面标注及使用字体及大小规格应统一；图中坐标及标高以 m 计，其余尺寸以 mm 计；平面图图纸右上方应画出建北方向，与总图一致的坐标标志，建北方向宜朝上或朝右，不宜朝左或朝下；工艺管道安装图应按比例绘制，尺寸太小的阀门可以适当失真放大绘制，必要时还应绘制详图。

2. 说明书

说明书包括施工技术总说明和工艺操作原理。其中施工技术总说明包括工程概括、设计依据、设计遵循的标准、施工图设计的一般规定以及施工技术要求。

（1）工程概括。应说明站场名称、站场的功能设计参数、工艺特点及采用的主要设备，应将工程划分的分项（或单元）和单体详细列出。有分期建设的项目应分期叙述工程建设规模及设计输量。改造工程应说明原有工程的设计输量、设计压力管道规格、输送工艺及配套的工程设施等。

（2）设计依据。设计依据应列出与本工艺设计有关的文件的名称、文件号、发文单位及发文日期。施工图设计文件若对初步设计报告（或方案设计）有改动的地方，应说明内容和变动原因。设计依据包括但不限于以下文件：初步设计报告（或方案设计）的批复文件，其他设计相关的会议纪要与函件，以及评审会意见等其他有关项目设计要求的文件。

（3）设计遵循的标准。应列出设计中遵循的主要标准、规范、CDP 文件的名称、标准号、年号（或版次）。

（4）施工图设计的一般规定。在施工总说明中应对工艺设计的一般规定予以说明，包括如下内容：工艺站场、阀室编号说明；设备、阀门以及管道编号说明；防腐保温做法及用料说明等内容。

（5）施工技术要求。工艺施工技术要求应对站场的重要部分提出工艺施工注意事项，提出施工中应注意的安全问题等，改扩建站场还应说明与原有设备、管道的关系和连接点。工艺施工技术要求应包括但不限于以下内容：材料的检查、管道安装、管道焊接、焊缝的检验合格标准、管道吹扫和严密性及强度试压、设备的检查与干燥以及动火要求等。

二、焊接接头

（一）焊缝位置

1. 工业金属管道的焊缝位置应符合下列规定：

（1）直管段上两对接焊口中心面距离，当公称直径大于或等于 150mm 时，不应小于 150mm；当公称直径小于 150mm 时，不应小于管子外径，且不小于 100mm。

（2）除采用定型弯头外，管道焊缝与弯管起点距离不应小于管子外径，且不得小于 100mm。

（3）管道焊缝距离支管或管接头的开孔边缘不应小于 50mm，且不应小于孔径。

（4）当无法避免在管道焊缝上开孔或开孔补强时，应对开孔直径 1.5 倍或开孔补强板直径范围内的焊缝进行射线或超声波检测。被补强板覆盖的焊缝应磨平，管孔边缘不应存在焊接缺陷。

（5）卷管的纵焊缝应设置在易检修的位置，不宜设在底部。

（6）管道环焊缝距离支吊架净距离不得小于 50mm，需要热处理的焊缝距支吊架不得小于焊缝宽度的 5 倍，且不得小于 100mm。

（7）管道焊接接头的设置应当便于焊接和热处理，并尽量避开应力集中区。

2. 标准对焊件焊缝位置的规定

焊件焊缝位置应符合设计文件和下列规定：

（1）钢板卷管或设备的筒节、筒节与封头组对时，相邻两筒节间纵向焊缝间应大于壁厚的 3 倍，且不应小于 100mm；同一筒节上两相邻纵焊缝间的距离不应小于 200mm。

注：筒节纵向焊缝与封头拼接焊缝间的距离亦应大于壁厚的 3 倍，且不应小于 100mm。

（2）管道同一直管段上两对接焊口中心面距离应符合下列规定：

1）当公称直径大于或等于 150mm 时，不应小于 150mm；

2）当公称直径小于 150mm 时，不应小于管子外径，且不小于 100mm。

（3）卷管的纵向焊缝应置于易于检修的位置，且不宜在底部。

（4）有加固环、板的卷管，加固环、板的对接焊缝与卷管的纵向焊缝错开，其间距不应小于 100mm，加固环、板距卷管的环焊缝不应小于 50mm。

（5）受热面管子的焊缝与管子弯曲起点、联箱外壁及支、吊架，同一直管段上两对接焊缝中心间的距离不应小于 150mm。

注：锅炉术语“联箱”已被“集箱”代替。

（6）除采用定型弯头外，管道对接环焊缝中心与弯管起点的距离不应小于管子外径，且不应小于 100mm。管道对接环焊缝距支、吊架边缘的距离不应小于 50mm；需热处理的焊缝距支、吊架边缘的距离不应小于焊缝宽度的 5 倍，且不应小于 100mm。

（二）衬环结构的限制

对于腐蚀、振动或剧烈循环工况，焊接时应尽量避免使用衬环，或使用熔化性嵌条代替衬环；如需采用衬环，应在焊后去除衬环并打磨。对于剧烈循环工况或 GCI 级管道，不得使用开口衬环。

（三）采用承插焊焊缝的焊接接头的限制

1. 采用承插焊焊缝的焊接接头应符合以下规定：一般用于公称直径小于或等于 DN50 的管道；承口尺寸应符合相应法兰或管件标准的规定。

2. 以下场合不得采用承插焊焊接：可能产生缝隙腐蚀或严重冲蚀的场合；要求焊接部位及管道内壁光滑过渡的场合；剧烈循环工况或 GC1 级管道的场合，且承插焊连接接头的公称直径大于 DN50。

三、材料选用、验收和使用

（一）材料的选用

1. 管道组成件的材料选用（选用包括材料牌号、材料在设计温度下的许用应力、厚度、供货状态）应当满足以下各项基本要求，设计时根据特定使用条件和介质，选择合适的材料：

（1）符合相应材料标准的规定，其使用方面的要求符合管道有关安全技术规范的规定。

（2）工业金属管道所用材料的断后伸长率应当不低于 14%，材料在最低使用温度下具备足够的抗脆断能力。由于特殊原因必须使用断后伸长率低于 14% 的金属材料时，须采取必要的防护措施。

（3）在预期的寿命内，材料应当在使用条件下具有足够的稳定性，包括物理性能、化学性能、耐腐蚀性能以及应力腐蚀破裂的敏感性等。

（4）考虑在可能发生火灾和灭火条件下的材料适用性以及由此带来的材料性能变化和次生灾害。

（5）材料适合相应制造、制作加工（包括锻造、铸造、焊接、冷热成形加工、热处理等）的要求，用于焊接的碳钢、低合金钢的含碳量小于或等于 0.30%。

（6）几种不同的材料组合使用时，应当注意其可能出现的不利影响。

2. 碳素结构钢管道组成件（受压元件）对管道盛装的介质特性、设计压力的限制应当符合以下规定：

（1）碳素结构钢不得用于 GCI 级管道。

（2）沸腾钢和半镇静钢不得用于有毒、可燃介质管道，设计压力小于或者等于 1.6MPa，使用温度低于或者等于 200℃，且不低于 0℃。

（3）Q215A、Q235A 等 A 级镇静钢不得用于有毒、可燃介质管道，设计压力小于或者等于 1.6MPa，使用温度低于或者等于 350℃。

（4）Q215B、Q235B 等 B 级镇静钢不得用于极度、高度危害有毒介质管道，设计压力小于或者等于 3.0MPa，使用温度低于或者等于 350℃。

3. 用于管道组成件的碳素结构钢的厚度应当符合下列要求：沸腾钢、半镇静钢，厚度不得大于 12mm；A 级镇静钢，厚度不得大于 16mm；B 级镇静钢，厚度不得大于 20mm。

4. 碳钢、碳锰钢、低温用镍钢不宜长期在 425℃以上环境中使用。

5. 铬钼合金钢在 400℃ ~550℃区间长期使用时，应当根据使用经验和具体情况提出适当的回火脆性防护措施。

6. 用于管道受压元件焊接的焊接材料，应当符合有关安全技术规范及其相关标准的规定。

（二）材料标记和质量证明文件的验收

1. 设计文件规定进行低温冲击韧性试验的材料，质量证明文件中应有低温冲击韧性试验报告。

2. 设计文件规定进行晶间腐蚀试验的不锈钢管子和管件，质量证明文件中应有晶间腐蚀试验报告。

3. 质量证明文件提供的性能数据如不符合产品标准或设计文件的规定，或接受方对性能数据有异议时，应进行必要的补充试验。

4. 对于具有监督检验证明的管道组成件及管道支承件，可适当减少检查和验收的频率或数量。

（三）外观检查

对于管道组成件及管道支承件的材料牌号、规格和外观质量，应进行逐个目视检查并进行几何尺寸抽样检查，目视检查不合格者不得使用，几何尺寸抽样检查应符合相关标准的规定。

（四）材质检查

对于合金钢、含镍低温钢、含钼奥氏体不锈钢以及镍基合金、钛和钛合金材料的管道组成件，应采用光谱分析或其他方法进行材质抽样检查。

材质为不锈钢、有色金属的管道元件，在储存期间不得与碳钢接触。管子在切割和加工前应当做好标记移植。

（五）焊接材料

用于管道受压元件焊接的焊接材料，应当符合有关安全技术规范及其相关标准的规定。焊接材料应当有质量证明文件和相应标志，使用前应当进行检查和验收，不合格者不得使用。施焊单位应当建立焊接材料的保管、烘干、发放和回收管理制度。

四、焊接

（一）焊接工艺及焊接工艺评定

所有管道受压元件的焊接及受压元件与非受压元件之间的焊接，必须采用经评定合格的焊接工艺，并由合格焊工进行施焊。

（三）焊接方法的选择

1.GCI 级管道的单面对接焊接接头，设计温度低于或者等于 -20℃的管道、淬硬倾向较大的合金钢管道、不锈钢及有色金属管道应当采用氩弧焊进行根部焊道焊接。

2. 公称直径大于或等于 600mm 的工业金属管道，宜在焊缝内侧进行根部封底焊。下列工业金属管道的焊缝底层应采用氩弧焊或能保证底部焊接质量的其他焊接方法：

（1）公称直径小于 600mm，且设计压力大于或等于 10MPa，或设计温度低于 -20℃的管道。

（2）对内部清洁度要求较高及焊接后不易清理的管道。除上述情况外，可根据焊接位置选择合适的焊接方法进行焊接。

（四）焊接环境

对施工现场的焊接环境应当进行严格控制。焊接的环境温度应当保证焊件焊接所需的足够温度和焊工技能操作不受影响。焊件表面潮湿，或者在下雨、下雪、刮风期间，焊工及焊件无保护措施时，不得进行焊接。

（五）焊件组对

1. 焊件组对，除设计文件规定的管道预拉伸或者预压缩焊口外，不得强行组对。

2. 夹套管的内管必须使用无缝钢管，内管管件应当使用无缝或者压制对焊管件，不得使用斜接弯头。当内管有环向焊接接头时，该焊接接头应当经 100% 射线检测合格，并且经耐压合格后方可封入夹套。

（六）焊接检验

1. 钛及钛合金焊接前和焊接过程中应当防止坡口污染。钛及钛合金焊缝每焊完一道均应当进行表面颜色检查，表面颜色不合格者应当立即除去，重新焊接。

2. 锆及锆合金的焊缝表面应为银白色，当出现淡黄色时应予以清除。

3. 焊接接头焊完后，应当在焊接接头附近做焊工标记。对无法直接在管道受压元件上做焊工标记的，可以采取在管道轴测图上标注焊工代号的方法代替。

4. 标准对焊接检验要求

规定背面清根的焊缝，在清根后进行外观检查，清根后的焊缝应露出金属光泽，坡口形状应满足焊接工艺要求。

5. 焊接接头返修，应当符合以下要求：

返修前进行缺陷产生的原因分析，提出相应的返修措施；补焊采用经评定合格的焊接工艺，并且由合格焊工施焊；工业金属管道同一部位（指焊补的填充金属重叠的部位）的返修次数超过 2 次时，必须考虑对焊接工艺的调整，重新制定返修措施，经施焊单位技术负责人批准后方可进行返修；长输（油气）管道焊接接头返修，应符合下列规定：焊道中出现的非裂纹性缺陷，可直接返修，若返修工艺不同于原始焊道的焊接工艺，或返修是在原来的返修位置进行时，必须使用评定合格的返修焊接工艺规程；当裂纹长度小于焊缝长度的 8% 时，应使用评定合格的返修焊接规程进行返修，当裂纹长度大于 8% 时所有带裂纹的焊缝必须从管线上切除；焊缝在同一部位的返修，不得超过 2 次，根部只允许返修 1 次，否则应将该焊缝切除，返修后，按原标准检测。

6. 返修后按照原规定的检验方法重新检验，并且连同返修以及检验记录（明确返修次数、部位、返修后的无损检测结果）一并记入技术文件和资料中提交给使用单位。

7. 要求焊后热处理的管道，必须在热处理前进行焊接返修，如果在热处理后进行焊接返修，返修后需要再做热处理。

第三章　压力容器

压力容器是高压的载体,压力容器的压力来自两个方面,一是在容器外产生(增大)的,二是在容器内产生（增大）的。本章主要介绍压力容器的安全操作、危险辨识和风险管理这几方面的内容。

第一节　简介

一、压力容器的基本概念

1. 压力

（1）最高工作压力。最高工作压力多指在正常操作情况下，容器顶部可能出现的最高压力。

（2）设计压力。设计压力是指在相应设计温度下用以确定容器壳体厚度及其元件尺寸的压力,即标注在容器铭牌上的设计压力。压力容器的设计压力值不得低于最高工作压力。当容器各部位或受压元件所承受的液柱静压力达到 5% 的设计压力时，则应取设计压力和液柱静压力之和来进行该部位或元件的设计计算；装有安全阀的压力容器的设计压力不得低于安全阀的开启压力或爆破压力。

2. 温度

（1）金属温度。金属温度指容器受压元件沿截面厚度的平均温度。在任何情况下，元件金属的表面温度不得超过钢材的允许使用温度。

（2）设计温度值。设计温度值指容器在正常操作时，在相应设计压力下，壳壁或元件金属可能达到的最高或最低温度。当壳壁或元件金属的温度低于 -20℃时，按最低温度确定设计温度值；除此之外，设计温度值一律按最高温度选取。设计温度值不得低于元件金属可能达到的最高金属温度；对于 0℃以下的金属温度，则设计温度值不得高于元件金属可能达到的最低金属温度。容器设计温度值（标注在容器铭牌上的设计介质温度）是指壳体的设计温度值。

3. 介质

（1）介质的分类。生产过程所涉及的介质品种繁多，分类方法也有多种。按物质状态分类，可分为气体、液体、液化气体、单质和混合物等；按化学特性分类，则有可燃、易燃惰性和助燃 4 种；按介质对人类的毒害程度分类，又可分为极度危害（Ⅰ）、高度危害（Ⅰ）、中度危害（Ⅲ）、轻度危害（Ⅳ）4 级。

（2）易燃介质。易燃介质是指与空气混合的爆炸下限 <10%，或爆炸上限与下限值之差≥ 20% 的气体，如一甲胺、乙烷、乙烯等。

（3）毒性介质。毒性介质共分为 4 级，其最高允许浓度分别为极度危害（Ⅰ级）<0.1mg/m^3、高度危害（Ⅰ级）0.1~1.0mg/m^3、中度危害（Ⅲ级）1.0~10mg/m^3、轻度危害（Ⅳ级）≥ 10mg/m^3。压力容器中的介质为混合物质时，应根据介质的组成成分并按毒性程度或易燃介质的划分原则，由设计单位的工艺设计部门或使用单位的生产技术部门决定介质的毒性程度或是否属于易燃介质。

（4）腐蚀性介质。石油化工介质对压力容器用材具有耐腐蚀性要求。有的介质中含有杂质，使腐蚀性加剧。腐蚀性介质的种类和性质各不相同，加上工艺条件不同，介质的腐蚀性也不相同。这就要求压力容器在选用材料时，除了满足使用条件下的力学性能要求外，还要具备足够的耐腐蚀性，必要时还要采取一定的防腐措施。

4. 减压阀的使用

当调节螺栓向下旋紧时，弹簧被压缩，将膜片向下推，顶开脉冲阀阀瓣，高压侧的一部分介质就经高压通道进入，经脉冲阀阀瓣与阀座间的间隙流入环形通道而进入气缸，向下推动活塞并打开主阀阀瓣，这时高压侧的介质便从主阀阀瓣与阀座之间的间隙流过而被节流减压。同时，低压侧的一部分介质经低压通道进入膜片下方空间，当其压力随高压侧的介质压力升高而升高到足以抵消弹簧的弹力时，膜片向上推动脉冲阀阀瓣逐渐闭合，使进入气缸的介质减少，活塞和主阀阀瓣向上移动，主阀关小，从而减少流向低压侧的介质量，使低压侧的压力不至于因高压侧压力的升高而升高，从而达到自动调节压力的目的。

二、压力容器的安全附件

1. 安全阀

安全阀是一种由进口静压开启的自动泄压阀门，它依靠介质自身的压力排出一定数量的流体介质，以防止容器或系统内的压力超过预定的安全值。当容器内的压力恢复正常后，阀门自行关闭，并阻止介质继续排出。安全阀分为全启式安全阀和微启式安全阀。根据安全阀的整体结构和加载方式的不同可以分为净重式、杠杆式、弹簧式和先导式四种。

2. 爆破片

爆破片又称爆破膜或防爆膜，是一种断裂型安全泄放装置。与安全阀相比，它具有结构简单、泄压反应快、密封性能好、适应性强等特点。爆破片装置是一种非重闭式泄压装置，由进口静压使爆破片受压爆破而泄放出介质，以防止容器或系统内的压力超过预定的安全值。

3. 爆破帽

爆破帽为一端封闭、中间有一薄弱层面的厚壁短管，爆破压力误差较小，泄放面积较小，多用于超高压容器。超压时其断裂的薄弱层面在开槽处。由于其工作时通常还受温度影响，因此，一般均选用热处理性能稳定，且随温度变化较小的高强度材料制造，其爆破压力与材料强度之比一般为 0.2~0.5。

4. 易熔塞

易熔塞属于“熔化型”（“温度型”）安全泄放装置，它的动作取决于容器壁的温度，主要用于中低压的小型压力容器，在盛装液化气体的钢瓶中应用更为广泛。

5. 紧急切断阀

紧急切断阀是一种特殊结构和特殊用途的阀门，它通常与截止阀串联安装在紧靠容器的介质出口管道上。其作用是在管道发生大量泄漏时紧急止漏，一般还具有过流闭止及超温闭止的性能，并能在近程和远程独立进行操作。紧急切断阀按操作方式的不同可分为机械（或手动）牵引式、油压操纵式、气压操纵式和电动操纵式等多种，前两种目前在液化石油气槽车上应用得非常广泛。

6. 减压阀

减压阀的工作原理是利用膜片弹簧活塞等敏感元件改变阀瓣与阀座之间的间隙，在介质通过时产生节流，因压力下降而使其减压。

三、压力容器的焊接方法

（一）手工电弧焊

1. 手工电弧焊的特点

手工电弧焊是利用焊条与焊件之间的电弧热，将焊条及部分焊件熔化而形成焊缝的焊接方法。焊接过程中焊条药皮熔化分解生成气体和熔渣，在气体和熔渣的共同保护下，有效地排除了周围空气对熔化金属的有害影响。通过高温下熔化金属与熔渣间的冶金反应，还原并净化焊缝金属，从而得到优质的焊缝。

手工电弧焊设备简单，便于操作，适用于室内外各种位置的焊接，可以焊接碳钢、低合金钢、耐热钢、不锈钢等各种材料，在承压类特种设备制造中应用得十分广泛，比如钢板对接，接管与筒体、封头的连接及各种结构件的连接，都可以采用手工电弧焊。

手工电弧焊的缺点是生产效率低，劳动强度大，对焊工的技术水平及操作要求较高。

2. 手工电弧焊设备

常用的手工电弧焊电源有交流电焊机、旋转式直流电焊机和硅整流式直流电焊机三种。交流电焊机也叫交流电焊变压器，是手工电弧焊中应用得最广泛的一种供电设备。交流电焊机是一种特制的降压变压器，可将初级电压 380V 或 220V 降到焊接空载电压 60~80v，其内部加有个比较大的感抗，以保证电弧稳定燃烧，并在一定范围内调节焊接电流的大小。

交流电焊机具有结构简单、成本低、效率高、节省电能和使用维护方便等特点。

旋转式直流电焊机由一个发电机和一个拖动它的电动机机组组成。由交流网路供电使电动机旋转，带动发电机电枢旋转发出直流电供焊接之用。焊接电流可在较大范围内均匀调节以满足焊接工艺的要求，电弧燃烧稳定。

硅整流式直流电焊机也称手弧焊整流器，它是一种将工频交流电整流变为直流电的手工电弧焊设备。与旋转式直流电焊机比较，它具有噪声小、效率高、用料少、成本低等优点。这种设备多采用硅整流元件，因而通常称之为硅整流电焊机。这种电焊机正逐步代替旋转式直流电焊机。

直流电焊机的特点是直流电弧燃烧很稳定，所以用小电流焊接时常常选用，在焊接合金钢、不锈钢时，也常选用直流电源。直流电源又分正接、反接两种接法。正接是指工件接正极、焊条接负极；否则，就是反接。在焊接承压类特种设备受压部件等重要结构时，常选用低氢型焊条以保证质量。这种焊条一般要求用直流反接电源。

3. 手工电弧焊焊条

涂有药皮的供手弧焊用的熔化电极称为焊条，它由焊芯和药皮两部分组成。

（1）焊芯焊条中被药皮包覆的金属芯称为焊芯。

焊芯的作用为：作为电极产生电弧；焊芯在电弧的作用下熔化后，作为填充金属与熔化了的母材混合形成焊缝。

（2）药皮涂敷在焊芯表面的有效成分称为药皮。

1）药皮的作用：稳弧作用焊条药皮中含有稳弧物质，可保证电弧容易引燃和燃烧稳定；保护作用焊条药皮熔化后产生大量的气体笼罩着电弧区和熔池，基本上能把熔化金属与空气隔绝开，保护熔融金属，熔渣冷却后，在高温焊缝表面上形成渣壳，可防止焊缝表面金属不被氧化并减缓焊缝的冷却速度，改善焊缝成形；冶金作用药皮中加有脱氧剂和合金剂，通过熔渣与熔化金属的化学反应，可减少氧、硫等有害物质对焊缝金属的危害，使焊缝金属获得符合要求的力学性能；掺合金由于电弧的高温作用，焊缝金属中所含的某些合金元素被烧损（氧化或氮化），这样会使焊缝的力学性能降低，通过在焊条药皮中加入铁合金或纯合金元素，使之随药皮的熔化而过渡到焊缝金属中去，以弥补合金元素烧损，提高焊缝金属的力学性能；改善焊接的工艺性能，通过调整药皮成分，可改变药皮的熔点和凝固温度，使焊条末端形成套筒，产生定向气流，有利于熔滴过渡，可适应各种焊接位置的需要。

2）焊条药皮组成物

焊条药皮组成物按其作用的不同可分为：稳弧剂、造渣剂、造气剂、脱氧剂、合金剂、稀渣剂、黏结剂和增塑剂八类。

（3）焊条的种类

1）焊条根据用途可分为：碳钢焊条、低合金钢焊条、不锈钢焊条、铬和铬钼耐热钢焊条、低温钢焊条、堆焊焊条、铝及铝合金焊条、镍及镍合金焊条、铜及铜合金焊条、铸铁焊条和特殊用途焊条等。

2）按焊条药皮熔化后所形成熔渣的酸碱性的不同可分为：碱性焊条（熔渣碱度 >1.5）和酸性焊条（熔渣碱度 <1.5）两大类。

①酸性焊条药皮中主要含有 TiO_2、MnO_2、FeO、SiO_2 等酸性氧化物及少量有机物，氧化性较强，施焊时药皮中合金元素烧损较大，焊缝金属的氧氮含量较高，故焊缝金属的力学性能（特别是冲击韧性）较低；酸性渣难于脱硫脱磷，因而焊条的抗裂性较差；酸性渣较黏，在冷却过程中渣的黏度增加缓慢，称为“长渣”。但焊条工艺性能良好，成形美观，特别是对锈、油、水分等的敏感度不大，抗气孔能力强。酸性焊条广泛地用于一般结构的焊接。

②碱性焊条药皮中主要含有 $CaCO_3$、CaF_2、$CaSiO_3$、$MgCO_3$ 等碱性造渣物，并含有较多的铁合金，如锰铁、钛铁、钼铁、钒铁、硅铁等作为脱氧剂和渗合金剂，使焊条有足够的脱氧能力。碱性渣流动性好，在冷却过程中渣的黏度增加很快，称为“短渣”。碱性焊条的最大特点是焊缝金属中含氢量低，所以也叫“低氢焊条”。碱性焊条药皮中的某些成分能有效地脱硫脱磷，故其抗裂性能良好，焊缝金属的力学性能，特别是冲击韧性较高。碱性焊条多用于焊接重要结构，高压锅炉和压力容器、压力管道制造中广泛地使用碱性焊条。

碱性焊条的缺点是对锈、油、水分较敏感，容易在焊缝中产生气孔缺陷；电弧稳定性差，一般只用于直流电源施焊，但药皮中加入稳弧组成物时可用于交流；在深坡口中施焊时，脱渣性不好；发尘量较大，焊接中需要加强通风，注意保健。

（4）焊条的编号低碳钢和低合金钢焊条的型号是根据熔敷金属的力学性能、药皮种类、焊接位置及焊接电流种类划分的。

焊条型号编制方法如下：字母“E”表示焊条；前两位数字表示熔敷金属抗拉强度的最小值；第三位数字表示焊条的焊接位置，“0”及“1”表示焊条适用于全位置焊接（平、立、仰、横），“2”表示焊条适用于平焊及平角焊，“4”表示焊条适用于向下立焊（低合金钢焊条无此项）；第三位和第四位数字组合时表示焊接电流种类及药皮类型。

碳钢焊条在第四位数字后附加“R”表示耐吸潮焊条、附加“M”表示耐吸潮和力学性能有特殊规定的焊条、附加“-1”表示冲击性能有特殊规定的焊条。低合金钢焊条的后缀字母为熔敷金属的化学成分分类代号，并以短画“-”与前面数字分开；若还具有附加化学成分时，附加化学成分直接用元素符号表示，并以短画“-”与前面后缀字母分开。

不锈钢焊条根据熔敷金属的化学成分、药皮类型、焊接位置及焊接电流种类划分型号。焊条型号编制方法为字母“E”表示焊条，“E”后面的数字表示熔敷金属化学成分分类代号，如有特殊要求的化学成分，该化学成分用元素符号表示放在数字的后面。短画“-”后面的两位数字表示焊条药皮类型、焊接位置及焊接电流种类。

（二）埋弧自动焊

1. 埋弧自动焊的特点

焊接过程中，主要的焊接操作如引燃及熄灭电弧、送进焊条（焊丝）、移动焊条（焊丝）或工件等都由机械自动完成者，叫自动电弧焊。

自动电弧焊中，电弧被掩埋在焊剂层下面燃烧并实施焊接的，叫埋弧自动焊，或者叫熔剂层下自动焊，通常简称埋弧焊。

埋弧自动焊用焊丝作为电极和焊接填充金属。焊接时，颗粒状焊剂覆盖着部分焊丝和焊接熔池，电弧基本上是在密封的空穴里燃烧，熔化的焊剂膜可靠地保护着电弧和熔池，使之免受大气的作用，并能防止飞溅。与手工电弧焊相比，埋弧自动焊有下列优点：

（1）埋弧自动焊能采用大的焊接电流，电弧热量集中，熔深大，焊丝可连续送进而不像焊条那样频频更换，因此其生产率比手工电弧焊高 5~10 倍。

（2）由于焊剂和熔渣严密包围着焊接区，空气难于侵入；高的焊速减小了热影响区的尺寸；焊剂和熔渣的覆盖减慢了焊缝的冷却速度。这些都有利于焊接，接头获得良好的组织与性能。同时，自动操作使焊接规范参数稳定，焊缝成分均匀，外形光滑美观，因而焊接质量良好、稳定。

（3）埋弧自动焊热量集中，焊接金属没有飞溅损失，没有废弃的焊条头，工件厚度小时还可以不开坡口，从而节省金属材料和电能。

（4）埋弧自动焊施焊中看不到弧光，焊接烟雾也很少，又是机械自动操作，因而劳动条件得到了很大改善。

埋弧自动焊的局限性是，设备比较复杂昂贵；由于电弧不可见，因而对接头加工与装配要求严格；焊接位置受到一定限制，一般是在平焊位置焊接。

埋弧自动焊常用于焊接长的直线焊缝及大直径圆筒容器的环焊缝。

2. 埋弧自动焊的焊丝与焊剂

埋弧自动焊的焊接材料是焊丝与焊剂。焊丝是裸体金属丝，与手工电弧焊的焊条芯相似，在焊接中不断熔化并填充于焊缝之中。焊剂则与手工电弧焊焊条的药皮类似。

（1）焊丝埋弧自动焊常用焊丝直径为 1.6~5mm，通常拉制成型并成捆包装。在保管中应防止生锈，在使用前应清除锈蚀和油污，并防止错用焊丝。

选用焊丝的主要原则是：对于碳素钢和普通低合金钢，应保证焊缝的力学性能；对于铬钼钢和不锈耐酸钢等合金钢，应尽可能地保证焊缝的化学成分与焊件相似；异种钢焊接时，一般可按强度等级较低的钢材选用抗裂性能较好的焊丝。

（2）焊剂是埋弧自动焊过程中保证焊接质量的重要材料，其作用有以下几点：

1）机械保护。焊剂在电弧热作用下熔化后形成的熔渣，可以防止空气中的氧、氢等气体侵入熔池，从而避免焊缝出现气孔、夹渣等缺陷。

2）向熔池过渡必要的合金元素，使焊缝的被烧损的元素成分得到补充，力学性能得到改善与提高。

3）促使焊缝表面光洁平直，成形良好。

对焊剂的基本要求是：保证焊缝金属获得所需要的化学成分与力学性能；保证电弧燃烧稳定；对锈、油及其他杂质的敏感性要小，硫、磷含量要低，以保证焊缝中不产生裂纹和气孔等缺陷；焊剂在高温状态下要有合适的熔点和黏度，以及一定熔化速度，以保证焊缝成形良好，焊后有良好的脱渣性；焊剂在焊接过程中不应析出有害气体；焊剂的吸潮性要小，并应具有合适的粒度及足够的机械强度，以保证其多次重复使用。

3. 埋弧自动焊焊接规范

埋弧自动焊的一个主要优点是焊缝成形好。在电弧焊中，焊缝成形通常可用焊缝成形系数（形状系数）及熔合比这两个指标表示。

焊缝成形系数是指焊缝熔化宽度与熔化深度之比（简称"熔宽与熔深之比"）。成形系数小，表示焊缝深而窄，焊接热影响区较小。从充分利用电弧热能、减小热影响区尺寸及减小焊接变形来说，这是有利的。但成形系数过小时，焊缝结晶中低熔点杂质及气体不易从熔池内浮出，焊缝容易产生裂纹、气孔和夹渣，一般将焊缝成形系数控制在 1.3~2.0 较合适。

母材在焊缝中所占的截面百分比，称为熔合比。熔合比可以影响焊缝的化学成分、金相组织和力学性能。特别是当填充金属与母材的化学成分不同时，焊缝中紧临母材的部位，化学成分的变化比较大。变化的幅度与两种金属化学成分之和及熔合比的大小有关。电弧焊时，熔合比可在 10%~100% 的范围内调节，埋弧自动焊的熔合比在 60%~70% 之间。

埋弧自动焊的主要焊接规范参数有焊接电流、电弧电压、焊接速度、焊丝直径和伸出长度等。

（1）焊接电流和电弧电压。焊接电流增大时，焊缝熔深增加而熔宽变化不大。这是因为焊接电流增大时，电弧产生的热量及传给焊件的热量均要增加，电弧吹力增强，将焊接熔池中的液态金属从焊丝下部排开，直接加热熔池底部的未熔化金属，从而使熔深加大。同时，由于电弧深入熔池，电弧露出部分减少，活动能力降低，所以熔宽基本保持不变。总地来说，焊接电流增加，焊缝成形系数下降，熔合比增大。当焊接电流过大时，由于熔深过深，而熔宽变化不大，使得熔池中的气体及夹杂物上升困难，容易形成气孔、夹渣及裂纹，也可能造成烧穿。为了避免这些缺陷，在增加焊接电流时，应相应提高电弧电压，以使成形系数适当。电弧电压增大时，焊缝的熔宽明显增加，而熔深有所下降。这是因为电弧电压增大时电弧长度增大，焊件被电弧加热的面积增大，从而使焊缝熔宽增加。由于弧长增加，电弧摆动作用加剧，电弧对液态金属的作用力减弱，熔池底部得到的电弧热减少，因而熔深减小。电弧电压过分增加时，不仅使熔深变浅，造成焊缝的未焊透，而且会造成气孔、咬边等缺陷。在增加电弧电压的同时，要相应增加焊接电流，以保证得到适当的焊缝形状。

（2）焊接速度。当其他条件不变时，焊接速度增加，焊缝单位长度内得到的电弧热量减少，焊丝在单位长度焊缝上的熔化量也减小，因而焊缝的熔宽及余高高度都要减小。熔深随焊接速度的变化趋势则较为复杂：当焊接速度较小而增加时，熔深随之增加；当焊接速度达到一定值而继续增加时，则熔深反而小。过分增加焊接速度会造成未焊透、气孔、咬边等缺陷。焊接速度过低且电弧电压又很高时，会造成“蘑菇形”焊缝，易在焊缝内部形成裂纹。

（3）焊丝直径及伸出长度。当其他参数不变时，焊丝直径增大，弧柱直径随之增加，电弧加热的范围扩大，使得焊缝熔宽增加而熔深减小。反之，焊丝直径减小，电流密度相对增加，熔深增加而熔宽减小。

当焊丝伸出长度增加时，由于电阻增大，伸出部分的焊丝所受到的预热作用增强，焊丝熔化速度加快，使得熔深变小，焊缝余高增大。埋弧自动焊丝伸出长度通常为30~40mm，伸出长度的变化范围为5~10mm。

（三）氩弧焊

氩弧焊是以惰性气体氩气作为保护气体的一种电弧焊接方法。电弧发生在电极与焊件之间，在电弧周围通以氩气，形成连续封闭气流，保护电弧和熔池不受空气的侵害。而氩气是惰性气体，即使在高温之下，氩气也不与金属发生化学反应，且不溶解于液态金属，因此焊接质量较高。

氩弧焊根据电极是否熔化分为不熔化极氩弧焊及熔化极氩弧焊。

不熔化极氩弧焊通常叫钨极氩弧焊，它以钨棒做电极，在氩气保护下，靠钨极与工件间产生的电弧热，熔化基本金属进行焊接。必要时，也可另加填充焊丝。在焊接过程中钨极不发生明显的熔化和消耗，只起发射电子引燃电弧及传导电流的作用。钨极氩弧焊电弧稳定，可使用小电流焊接薄工件，并可单面焊双面成形，在承压类特种设备制造和安装中得到广泛应用。特别是采用钨极氩弧焊打底，然后用手工电弧焊或其他焊接方法形成焊缝，可以避免根部未焊透等缺陷，提高焊接质量。

熔化极氩弧焊是采用连续送进的焊丝做电极，在氩气保护下，依靠焊丝与工件之间产生的电弧热，熔化基本金属与焊丝形成焊缝。在承压类特种设备制造中，熔化极氩弧焊多用于焊接有色金属及合金钢。

氩弧焊所用的焊丝，其化学成分应与母材基本相同，焊丝直径一般不大于3mm。所用氩气一般系瓶装供应，通过管道和喷嘴送至焊接区。氩气中所含氧、氮、二氧化碳和水分等杂质，会降低氩气的保护作用，造成气孔缺陷，降低焊接接头的力学性能与抗腐蚀性能。因此，要求氩气的纯度应大于99.95%。

综合来说，氩弧焊有下列优点：

1. 适于焊接各种钢材、有色金属及合金，焊接质量优良。

2. 电弧和熔池用气体保护，清晰可见，便于实现全位置自动化焊接。

3. 电弧在保护气流压缩下燃烧，热量集中，熔池较小，焊接速度较快，热影响区较小，工件焊接变形较小。

4. 电弧稳定，飞溅小，焊缝致密，成形美观。

氩弧焊的缺点是，氩气成本较昂贵，氩弧焊的设备和控制系统比较复杂，钨极氩弧焊的生产效率较低，且只能焊薄壁构件。

氩弧焊可用于各种焊接接头形式，但不同接头形式下氩气的保护效果不同。对于对接接头和 T 字接头，氩气流具有良好的保护效果。但对角接接头的保护作用较差，空气容易侵入焊缝区，所以应预加挡板以提高氩气流的保护效果。

氩弧焊的焊接规范参数主要有焊接电流、电弧电压、焊接速度、焊丝直径、氩气流量、喷嘴直径等，这些规范参数的大小又因焊接形式的不同而不同。其中氩气流量是影响焊接质量的重要因素，氩气流量增大，可以增大气流的刚度，提高抗外界干扰的能力，增强保护效果。但当氩气流量过大时，会产生不规则的紊流，影响电弧稳定，并将空气卷入电弧区反而会降低焊接质量。

（四）二氧化碳气体保护焊

以二氧化碳气体作为保护气体的电弧焊接方法，叫二氧化碳气体保护焊，简称 CO_2 保护焊。它以焊丝做一个电极，靠焊丝与工件之间产生的电弧热熔化焊丝和工件，形成焊接接头。

1. 二氧化碳气体保护焊的主要优点

（1）成本低。用二氧化碳保护电弧和熔池，不仅比氩气便宜，也比采用焊剂及焊条药皮保护焊接区便宜。二氧化碳气体保护焊接中电能消耗少，焊接成本仅为手工电弧焊或埋弧自动焊的 40%。

（2）质量好。电弧和熔池都在二氧化碳气体保护之下，不易受空气侵害。焊接时电弧加热集中，焊接速度快，焊接热影响区小。采用细焊丝小规范来焊接薄壁结构，特别适宜。

（3）生产率高。由于焊丝送进自动化，电流密度大，热量集中，所以焊接速度快，又不需要清理焊渣等辅助工作，所以生产率较高。二氧化碳气体保护自动焊比起手工电弧焊来，工效可提高 2~5 倍。

（4）操作性能好。明弧焊接，便于发现和处理问题。具有手工焊接的灵活性，适宜于进行全位置焊接。

2. 二氧化碳气体保护焊的缺点

采用较大电流焊接时，飞溅较大，烟雾较多，弧光强，焊缝表面成形不够光滑美观。控制或操作不当时，容易产生气孔。焊接设备比较复杂，二氧化碳气体保护焊在承压类特种设备制造中可用于焊接低碳钢、低合金钢结构。

二氧化碳气体包围着电弧和熔池，可以有效地防止空气对熔化金属的有害作用。但二氧化碳与惰性气体不同，它本身是氧化性气体，在高温下可以将金属元素氧化；而且，在电弧高温下，二氧化碳会分解成一氧化碳和原子态的氧，这些原子态的氧更易使铁及其他合金元素氧化、烧损，从而降低焊缝的合金含量及力学性能。生成的氧化锰、二氧化硅等构成浮渣浮在熔池表面，反应产生的大量一氧化碳，在熔池冷却过程中来不及全部析出而形成很多气孔。由于锰、硅等元素比铁更容易与氧结合，因此在炼钢中常用锰、硅做脱氧剂。在二氧化碳气体保护焊中，也可以利用这些元素脱氧，从而解决二氧化碳对铁的氧化问题，同时弥补合金元素的烧损。因而，选用二氧化碳气体保护焊丝时，必须保证焊丝中含有足够数量的脱氧元素，主要是锰、硅元素。其他脱氧元素，如铝、碳等，不宜用于二氧化碳气体保护焊，因为铝在电弧高温下氧化烧损过于严重，难于过渡到熔池中去，而碳的脱氧生成物是一氧化碳，容易造成焊接过程发生较大飞溅，并在焊缝中形成气孔。

常用于二氧化碳气体保护焊的焊丝是 HO_8Mn_2SiA、HO_4Mn_2 等。用于二氧化碳气体保护焊的二氧化碳气体一般系瓶装供应，通过管路，喷嘴输送至焊接区。气体纯度应不低于 99.5%。

（五）等离子弧焊

等离子弧又称作压缩电弧，它是一种电离程度高、导电截面收缩得比较小，因而能量更加集中的电弧。等离子弧可用于切割和焊接各种金属，利用等离子弧焊接金属者，即是等离子弧焊接。

等离子弧是借助水冷喷嘴对电弧的拘束作用，获得较高能量密度的等离子弧的，通常认为有以下三种作用：

1. 机械压缩

利用水冷喷嘴孔道限制弧柱直径，来提高弧柱的能量密度和温度。

2. 热收缩

由于水冷喷嘴温度较低，从而在喷嘴内壁建立起一层冷气膜，迫使弧柱导电断面进一步减小，电流密度进一步提高。弧柱这种收缩称之为“热收缩”或叫作“热压缩”。

3. 磁收缩

弧柱电流本身产生的磁场对弧柱有压缩作用（磁收缩效应）。电流密度越大，磁收缩越强烈。

由于弧柱断面被压缩得较小，因而能量集中（能量密度可达 105~106W/cm^2，而钨极氩弧焊在 105W/cm^2 以下），温度高（弧柱中心温度可达 18000~24000K），焰流速度大（可达 300m/s 以上）。这就使得等离子弧不仅广泛用于焊接、喷涂、堆焊，而且可用于金属和非金属的切割。

等离子弧焊可手工焊也可自动焊，可填充金属亦可不填充金属。它可以焊接碳钢、不锈钢、耐热钢、铜合金、镍合金以及钛合金等。不开坡口对接一次性可焊透 6~12mm（导热慢则可焊厚度大），而微束等离子弧焊由于电流小至 1A 以下甚至 0.1A，故可焊细丝和箔材。

（六）电渣焊

电渣焊是利用电流通过液体熔渣所产生的电阻热进行焊接的方法。

1. 电渣焊的过程

电渣焊的过程可分为三个阶段：

（1）引弧造渣阶段

开始电渣焊时，在电极和起焊槽之间引出电弧，将不断加入的固体焊剂熔化，在起焊槽，水冷成形滑块之间形成液体渣池。当渣池达到一定深度时，即使电弧熄灭，转入电渣过程。

（2）正常焊接阶段当电渣过程稳定后，焊接电流通过渣池产生的热量（可使温度达1600℃ ~2000℃）将电极和被焊工件熔化，形成的钢水汇集在渣池的下部，成为金属熔池。随着电极不断向渣池送进，金属熔池和其上的渣池逐渐上升，金属熔池的下部远离热源的液体金属逐渐凝固形成焊缝。

（3）引出阶段被焊工件上部装有引出板，以便将渣池和停止焊接时易于产生缩孔和裂纹的那部分焊缝金属引出工件。在引出阶段应逐步降低电流和电弧电压，以减少缩孔和裂纹的产生，焊后应将引出部分割除。

2. 电渣焊的特点

与其他熔化焊方法相比，电渣焊的特点是：

（1）宜在垂直位置焊接

当焊缝中心线处于垂直位置时，电渣焊形成熔池及焊缝成形的条件最好。对倾斜焊缝也可进行焊接，但应使焊缝中心线与地面垂直线的夹角小于30°，此时焊缝金属中不易产生气孔及夹渣。

（2）适于大厚度件焊接

由于整个渣池均处于高温下，热源体积大，故不论工件厚度多大都可以不开坡口，只要有一定的装配间隙便可以一次焊接成形。生产率高，与开坡口的焊接方法比，焊接材料消耗较少。

（3）渣池对被焊工件有较好的预热作用

由于开始便有引弧造渣阶段形成的大体积渣池，所散发的热量对工件起到预热的作用，故焊接碳当量较高的金属（如中碳钢、低合金钢）时不易出现淬硬组织。

（4）焊后必须进行正火和回火热处理

由于焊缝和热影响区在高温下停留时间长，易产生粗大晶粒和过热组织，焊接接头冲击韧性较低，故焊后必须进行正火和回火热处理。

（5）焊缝成形系数调节范围大

可通过焊接电流和电弧电压的调节在较大范围内调节焊缝成形系数，防止焊接热裂纹的产生。

第二节　典型压力容器的安全操作

一、氧气瓶安全操作

按照《气瓶安全监察规程》《溶解乙炔气瓶安全监察规程》《永久气体气瓶充装规定》等法规和标准，对氧气瓶的设计、制造、检验、充装和使用等都做了科学和明确的规定。

1. 使用的氧气瓶必须是国家定点厂家生产的，新瓶必须有合格证和锅炉压力容器安全监察部门出具的检验证书。

2. 氧气瓶必须按规定定期检验，超期的气瓶严禁充装。

3. 氧气瓶禁止与油脂接触，操作者不能穿有油污过多的工作服，不能用手、油手套和油工具接触氧气瓶及其附件。

二、乙炔瓶安全操作

（一）乙炔的相关性质

乙炔是最简单的炔烃，也称为电石气，为易燃气体。在液态和固态下或在气态和一定压力下有猛烈爆炸的危险，受热、震动、电火花等因素都可以引发爆炸，因此不能在加压液化后贮存或运输。乙炔难溶于水，易溶于丙酮，在15℃和总压力为15大气压时，在丙酮中的溶解度为237g/L，溶液是稳定的。因此，工业上是在装满石棉等多孔物质的钢桶或钢罐中，使多孔物质吸收丙酮后将乙炔压入，以便贮存和运输。

（二）乙炔瓶安全操作

1. 运输注意事项

采用钢瓶运输时，必须给钢瓶戴好安全帽。钢瓶一般平放，并应将瓶口朝同一方向，不可交叉；高度不得超过车辆的防护栏板，并用三角木垫卡牢防止滚动。运输时运输车辆应配备相应品种和数量的消防器材。装运该物品的车辆排气管必须配备阻火装置，禁止使用易产生火花的机械设备和工具装卸。严禁与氧化剂、酸类、卤素等混装混运。夏季应早晚运输，防止日光暴晒。中途停留时应远离火种、热源。公路运输时要按规定路线行驶，勿在居民区和人口稠密区停留。铁路运输时要禁止溜放。

2. 储存

（1）使用单位在使用乙炔瓶的现场，储存量不得超过3瓶。

（2）储存站与明火或散发火花地点的距离不得小于15m。

（3）储存站应有良好的通风、降温等设施，要避免阳光直射，要保证运输道路畅通，其附近应配备干粉或二氧化碳灭火器（严禁使用四氯化碳灭火器）。

（4）乙炔瓶存放时要保持直立位置，并有防倾倒的措施。

（5）严禁与氧气瓶等易燃物品同室储存。

（6）储存站应有专人管理，在醒目的地方应设置“严禁烟火”等警告标志。

3. 使用

（1）乙炔瓶放置地点不得靠近热源和电器设备，与明火距离不小于 10m。

（2）直立使用。

（3）严禁放置在通风不良或放射性射线源场所。

（4）严禁敲击、碰撞，瓶体引弧或放置在绝缘体上。

（5）严禁暴晒，严禁用 40℃以上热源加热瓶体。

（6）乙炔瓶和氧气瓶放置在同一辆小车上时，应用非可燃材料隔离。

（7）配置专用减压器和回火防止器。

（8）严禁手持点燃的焊割工具开闭乙炔气瓶。

（9）乙炔瓶使用过程中发现泄漏，及时处理。

（10）乙炔不得使用殆尽，应至少保留 0.5MPa 的余压。

（11）乙炔气瓶与氧气瓶间的安全距离为 5m，且都不可暴晒。

（12）严禁使用铜制工具开启或者关闭乙炔瓶。

4. 乙炔气瓶防爆技术措施

（1）使用乙炔时，必须配用合格的乙炔专用减压器和回火防止器。

（2）瓶体表面温度不得超过 40℃。

（3）乙炔瓶存放和使用时只能直立，不能横躺卧放。

（4）开启乙炔瓶的瓶阀时，不要超过 1.5 圈，一般情况下只开启 3/4 圈。

（5）乙炔从瓶内输出的压力不得超过 0.15MPa。瓶内乙炔严禁用尽，必须留有不低于 0.5MPa 的余压。

乙炔泄漏处理方法：喷雾状水稀释溶解，构筑围堤或挖坑收容产生的大量废水。如有可能，将漏出的乙炔气体用排风机送至空旷地方或装设适当喷头烧掉。

漏气容器要妥善处理，修复、检验合格后再用。

三、氮气瓶的安全操作

1. 危险特性

若遇高热，容器内压力增大，有开裂和爆炸的危险。

2. 健康危害

空气中氮气含量过高，使吸入氧气分压下降，引起缺氧窒息。吸入氮气浓度不太高时，患者最初感到胸闷、气短、疲乏无力；继而烦躁不安、极度兴奋、乱跑、叫喊、神志不清、步态不稳，称之为“氮酩酊”，随后可进入昏睡或昏迷状态。吸入高浓度氮气，患者可迅速出现昏迷、呼吸心跳停止而致死亡。若从高压环境下过快转入常压环境，体内会形成氮气气泡，压迫神经、血管或造成微血管阻塞，发生“减压病”。

四、液氨储罐的安全操作

1. 液氨罐的储存布置

大型液氨储罐外壁、实瓶库及灌装站构成重大危险源的，其边缘与人员集中活动场所边缘的距离不宜小于 50m；小型液氨储罐、实瓶库及灌装站间距离不宜小于 25m；实瓶库应有装车站台及便于运输的道路。

液氨常温存储应选用压力球罐或卧罐，储罐个数不宜少于 2 个，灌组内储罐的防火间距应符合以下要求：

卧罐之间的防火间距不应小于 1.0 倍卧罐直径，两排卧罐的间距不应小于 3m。球罐之间的防火间距有事故排放至火炬或吸收处理装置时，不应小于 0.5 倍球罐的直径；同一罐组内球罐与卧罐的防火间距，应采用较大值。

全冷冻式液氨储罐应设防火堤，防火堤应满足下列要求：

在满足耐燃烧性、密封性和抗震要求的前提下，综合考虑安全、占地、投资、地形、地质及气象等条件，还应考虑到罐组容量及所处位置的重要性、周围环境特点及发生事故的危害程度、施工及生产管理维修工作量及施工材料来源等因素，因地制宜，合理设置，使其达到坚固耐久、经济合理的效果。

堤内有效容积应不小于一个最大储罐容积的 60%；防火堤内应采用现浇混凝土地面，应有坡向外侧不小于 3% 的坡度，在堤内较低处设置集水设施，连接集水设施的雨水排除管道应从地面以下通出，堤外应设有可控制开闭的装置与之连接，开闭装置上应设有能显示其开闭状态的明显标志；隔堤与防火堤必须是闭合的；防火堤上必须设置 2 个以上人行踏步或坡道，并设置在不同方位上；防火堤高度不宜高于 0.6m，防火堤内堤脚线距储罐不应小于 3m，防火堤内的隔堤不宜高于 0.3m；防火堤及隔堤的选型宜采用砖砌、钢筋混凝土或浆砌毛石，应能承受所容纳稀释氨水的静压及温度变化的影响，且不渗漏；防火堤内地坪标高不宜高于堤外消防道路路面或地面的标高；防火堤内的排水应实行清污分流，含有污染物的废水应采取回收处理措施。

存储量根据存储使用的天数确定，管道输送一般 7~10d 为宜，铁路运输 10~20d 为宜，公路运输 10~15d 为宜，其储罐容量尚应满足一次装（卸）车量的要求。液氨储罐区防火堤内严禁绿化，罐组与周围消防车道之间，不应种植绿篱或茂密的灌木丛。

液氨储罐顶部应设置遮阳或喷淋降温设施。

2. 液氨罐液氨的装卸

（1）液氨装卸站的进、出口，应分开设置，当进、出口合用时，站内应设回转车场。

（2）装卸车必须使用金属万向管道充装系统，禁止使用软管充装，金属万向管道充装臂与集中布置的泵的距离不应小于 10m，充装臂之间的距离不应小于 4m。

（3）在距装卸车金属万向管道充装臂 10m 以外的装卸液氨管道上，除设置便于操作的紧急切断阀外，应设置远程切断装置。

（4）液氨的铁路装卸栈台，每隔 60m 左右应设安全梯。

（5）液氨的铁路装卸栈台宜单独设置；当不同时作业时，也可与可燃液体装卸共台设置。

（6）液氨的汽车装卸车场，应采用现浇混凝土地面。

（7）钢瓶灌装间应为敞开式建筑物，实瓶不应露天堆放。

3. 液氨罐储存区域的消防设施

（1）现场应设置完善的消防水系统，配置相应的消防器材和设备、设施；岗位应配置通信和报警装置。

（2）液氨存储与装卸场所应设明显的防火警示标志。

（3）存储装卸区周边道路应根据交通、消防和分区要求合理布置，通道、出入口和通向消防设施的道路应保持畅通，消防车道应满足以下要求：

1）宜设置环形消防车道，环形消防车道至少应有两处与其他车道联通；当受地形条件限制时，也可设回转车道或回转车场，回转车场的面积不应小于 12.0m × 12.0m；供大型消防车使用时，不宜小于 18.0m × 18.0m。

2）存储区消防道路路边至平行防火堤外侧基脚线的距离不应小于 3m，相邻罐组防火堤的外侧基脚线之间，应留有宽度不小于 7m 的消防空地。

3）消防道路的路面宽度不应小于 6m，路面内缘转弯半径不应小于 12m，路面上净空高度不应低于 5m；供消防车停留的空地，其坡度不应大于 3%。

4）当道路路面高出附近地面 2.5m 以上，且在距离道路边缘 15m 范围内，有液氨储罐或管道时，应在该段道路的边缘设护墩、矮墙等防护设施。

5）消防车道路路面、扑救作业场地及其下面的管道和暗沟等应能承受大型消防车的压力。

6）消防车道可利用厂区交通道路，但应满足消防车通行与停靠的要求。

7）消防车道不宜与铁路正线平交，如必须平交，应设置备用车道，且两车道之间的间距不应小于一列火车的长度。

8）供消防车取水的天然水源和消防水池应设置消防车道。

9）储罐的中心至不同方向的两条消防车道的距离，均不应大于 120m。不能满足此要求时，车道至任何储罐的中心，不应大于 80m，且最近消防车道的路面宽度不应小于 9m。

（4）液氨存储与装卸场所应设消火栓，其布置应符合下列要求：宜选用地上式消火栓，沿道路敷设，地下式消火栓应有明显标志。

消火栓距路边不应大于 2m，距房屋外墙不宜小于 5m。

地上式消火栓的大口径出水口应面向道路。当其设置场所有可能受到车辆冲撞时，应在其周围设置防护设施。

消火栓应在装置四周道路边设置，消火栓的间距不宜超过 60m，距被保护对象 15m 以内的消火栓不应计算在该保护对象可使用的数量之内。

（5）消防用水应满足下列要求：

消防给水当采用高压或临时高压给水系统时，管道的供水压力应能保证用水总量达到最大；在罐区的任何部位，水枪的充实水柱应不小于 10.0m，并应高于最高罐顶 2.0m，消防用水量不应小于 60L/s。

（6）液氨储罐区应设置防止液氨泄漏逸散的水幕装置。

（7）液氨存储及装卸现场灭火器配置应满足以下要求：应设置在位置明显和便于取用的地点，不得影响安全疏散。灭火器的最大保护距离不宜超过 12m。每一个配置点的灭火器数量不应少于 2 具。对有视线障碍的灭火器设置点，应设置指示其位置的发光标志。

4. 日常设备设施管理要求

（1）液氨存储与装卸装置的压力容器、压力管道，必须符合以下要求：设计、制造安装、改造、维修、使用、检验检测及其监督检查等必须符合《特种设备安全监察条例》《压力容器安全技术监察规程》及《压力管道安全技术监察规程——工业管道》等相关要求，使用单位应当向直辖市或者设区的市特种设备安全监督管理部门登记，登记标志应置于或者附着于该特种设备的显著位置。

使用单位应当设专（兼）职人员管理，建立特种设备安全技术档案。未经检验或者检验不合格的，不准使用。贮量 1t 以上的储罐基础，每年应测定基础下沉状况。安全装置不准随意拆除、挪用或弃置不用。液氨储罐、输送管道应至少每月进行 1 次自行检查，并做出记录。对日常维护保养时发现异常情况的，应当及时处理。

（2）液氨储罐应满足下列要求：

液氨储罐应设置液位计、压力表和安全阀等安全附件，超过 100m^3 的液氨储罐应设双安全阀，要定期校验，保证完好灵敏。安全阀应为全启式，安全阀出口管应接至火炬系统。确有困难时，可就地放空，但其排气管口应高出 8m 半径范围内的平台或建筑物顶 3m 以上。低温液氨储罐尚应设温度指示仪。根据工艺条件，液氨储罐应设置上、下限液位报警装置。日常储罐充装系数不应大于 0.85。存储量构成重大危险源的，应在设置温度、压力、液位等检测设施的基础上完善视频监控和连锁报警等装置。装置中液氨总量超过 500t 的，应配备温度、压力、液位等信息的不间断监测、显示和报警装置，并具备信息远传和连续记录等功能，电子记录数据的保存时间不少于 60d。

（3）液氨存储与装卸现场的管道敷设应满足以下要求：

宜地上敷设。采用管墩敷设时，墩顶高出设计地面不应小于 300mm。主管道带上的固定点，宜靠近罐前支管道带处设置。防火堤不宜作为管道的支撑点，管道穿防火堤处应设钢制套管，套管长度不应小于防火堤的厚度，套管两端应做防渗漏的密封处理。在管道带适当的位置应设跨桥，桥底面最低处距管顶（或保温层顶面）的距离不应小于 80mm。罐组之间的管道布置，不应妨碍消防车的通行。气体放空管宜设蒸汽或氮气灭火接管。

（4）液氨存储装卸区域应加强安全用电管理，并满足以下要求：

电气仪表设备以及照明灯具和控制开关应符合防爆等级要求。电力电缆不应和液氨管道、热力管道敷设在同一管沟内。应急照明灯具和灯光疏散指示标志的备用电源的连续供电时间不应少于 30min。液氨存储装卸区域的电气设备和线路检修应符合《国家爆炸危险场所电器安全规程》的规定，设备、设施的电器开关宜设置在远离防火堤处，严禁将电器开关设在防火堤内。

（5）防雷接地应符合以下要求：

液氨罐体应做防雷接地，接地点不应少于 2 处，间距不应大于 18m，并应沿罐体周边均匀布置。进入装卸站台的输送管道应在进入点接地。冲击接地电阻不应大于 10Ω。

（6）静电接地应满足以下要求：

液氨汽车罐车、铁路罐车和装卸栈台，应设专用静电接地装置。装置、设备和管道的静电接地点和跨接点必须牢固可靠。泵房的门外储罐的上罐扶梯入口处、操作平台的扶梯入口处等部位应设人体静电释放装置。生产岗位人员对防静电设施每天至少检查 1 次，车间每月至少检查 1 次，企业每年至少抽查 2 次。

（7）液氨存储与装卸场所应设置有毒有害气体检测报警仪，其安装维护应符合以下要求：

设备、管道的法兰处和阀门组处应设置检测点，其有效距离不宜大于 2m。有毒气体的检（探）测器安装高度应高出释放源 0.5~2m。检测系统应采用两级报警，且二级报警优先于一级报警。报警信号应发送至现场报警器和有人值守的控制室或现场操作室的指示报警设备，并且进行声光报警。定期校验，加强维护，保证灵敏好用。

（8）安全警示标识：

现场应在醒目位置高处设置风向标。应规范设置职业危害告知牌和防火、防爆、防中毒等安全警示标识，并设置警示线。消火栓、阀门、消防水泵接合器等设置地点应设置相应的永久性固定标识。

5. 存储与装卸作业的基本要求

（1）制度、规程

液氨存储与装卸单位应建立健全安全生产管理制度和操作规程，至少应包括以下内容：

岗位安全生产责任制，消防防火管理制度，开具提货单前的资质查验、装卸前的车辆安全状况查验制度，装卸过程中的操作制度，车辆出厂前的安全核准制度，装卸登记制度，存储装卸作业操作规程等。

液氨存储与装卸岗位人员应严格遵守操作规程或作业指导书要求，车间和科室要定期检查执行情况，并及时修订完善。

液氨储存区构成重大危险源的，必须执行以下规定：应建立重大危险源管理制度，完善厂、车间、班组三级管理体系；必须定期进行风险辨识、重大危险源登记和安全评估，随时掌握存储数量安全状况；每季度不少于1次专项检查，及时排查治理隐患，完善监控运行措施；编制专项应急救援预案，至少每半年演练1次。

（2）安全培训

岗位人员应严格岗前安全培训，必须考核合格取得上岗证，特种作业人员除取得本单位安全作业证外，还需取得政府主管部门的特种作业操作资格证后，方可上岗作业。

安全培训应包括以下内容：岗位安全责任制、安全管理制度操作规程；工作环境、危险因素及可能遭受的职业伤害和伤亡事故；预防事故和职业危害的措施及应注意的安全事项：自救互救、急救方法，疏散和现场紧急情况的处理；安全设备设施、个人防护用品的使用和维护；氨《安全技术说明书》《安全标签》；应急救援预案的内容及对外救援联系方式；有关事故案例；其他需要培训的内容。外来人员在进入现场前，应由装置所在单位进行作业前的安全教育。

（3）安全防护

根据氨的理化特性及相关规定，液氨存储、装卸岗位应配备相应的安全防护用品。过滤式防毒面具、防冻手套、防护眼镜应满足每人一副；空气呼吸器、隔离式防化服每个岗位至少应分别配备2套；现场应设置洗眼喷淋设施；岗位上应配备便携式氨有毒气体检测报警仪、应急通信器材、应急药品等。防护用品、应急救援器材和消防器材等应定点存放，专人管理，定期检查校验，及时更新。操作人员应按规定穿戴劳动防护用品，正确使用、维护和保养消防、应急救援器材。

（4）安全监护

液氨存储与装卸作业过程应设专人进行安全监护，监护人不在现场，应立即停止作业。安全监护人应熟悉安全作业要求，经过相关作业安全培训，具有该岗位的操作资格。安全监护人应在作业前告知作业人员危险点、危险性、安全措施和安全注意事项，并逐项检查应急救援器材、安全防护器材和工具的配备及安全措施落实情况。作业中发现所监护的作业与作业票不相符合、安全措施不落实或出现异常情况时应立即制止，具备安全条件后方可继续作业。

（5）安全确认

存储区与装卸作业区无关人员不得进入。作业前应确认相关工艺设备、监测监控设施、安全防护和应急设施等完好、投用。液氨装卸的流速和压力应符合安全要求，作业过程中作业人员不得擅离岗位，遇到雷雨六级以上大风（含六级风）等恶劣气候时应停止作业。新安装或检修后首次使用的液氨储罐与槽车，应先用氮气置换，分析氧含量 <0.5% 后方可充装。未经安全确认批准，不得进行液氨装卸作业。

（6）在装卸过程中，禁止在现场进行车辆维修等作业。

（7）装卸过程中开关阀门应缓慢进行。

6. 存储作业要求

（1）存储场所进液氨前的准备

试车方案、操作法、应急救援预案等已编制、审批，组织岗位人员培训学习，并考核合格。管线存储设备等新装置投用前或检修作业后进液氨之前，应办理相关安全作业票，完成下列工作：

压力容器、压力管道、安全附件等已安装到位，全部检测合格；按方案吹扫完毕，完成气密性试验，分析合格；公用工程的水、电、汽、仪表、空气、氮气等已能按设计要求保证连续稳定供应，试车备品、备件、工具、仪表、维修材料皆已齐全；罐区机泵调试合格备用；电压、仪表工作正常，灵敏好用；系统盲板已按方案抽插完毕，并经检查位置无误，质量合格，封堵的盲板应挂牌标识；安全急救、消防设施已经准备齐全，试验灵敏可靠，并符合有关安全规定；装置区内试车现场已清理干净，道路畅通，试车用具摆放整齐，装置区内照明可以满足试车需要；设备及主要的阀门、仪表已标明位号和名称，管道已标明介质和流向，管道、设备防腐、保温工作已经完成；报表记录本、工器具具备条件。

液氨存储设备使用前或检修后做气密性能试验，应满足以下要求：气密性试验应在液压试验合格后进行；气密性试验应采用洁净干燥的空气、氮气或其他惰性气体，气体温度不低于5℃；罐体的气密性试验应将安全附件装配齐全；罐体检修完毕，应做抽真空或充氮置换处理，严禁直接充装。真空度应不低于650mmHg（86.7kPa），或罐内氧含量不大于3%。

（2）储罐正常开车接液氨

接液氨前，应检查确认进罐阀、安全阀的根部阀、气相平衡阀、液相阀、自调阀前后切断阀、压力表的根部阀等阀门处于打开状态，放空阀和排油阀、自调阀的旁路阀、液氨外送阀等阀门处于关闭状态。接调度通知，并具备接氨条件后，方可向储罐内进液氨。

（3）存储场所正常停车

按照前后工序停车顺序，根据情况关死存储设备储罐进出口阀门，卸掉液氨罐区液氨进出管压力，防止温升超压引发事故。

1）液氨倒罐

倒进罐，应先开备用罐的进口阀，后关在用罐的进口阀。倒出罐，先开备用罐的出口阀，后关在用罐的出口阀。倒罐操作应注意出罐的液氨不得抽空，规定不得低于球罐容积的15%，倒罐操作一定要遵循先开后关的原则。

2）液氨外送

外送管线置换分析合格，盲板插加完毕。接收工序具备接氨条件，接调度指令后外送。操作要求：安全监护人应在作业前告知作业人员危险点、危险性安全措施和安全注意事项，并逐项检查应急救援器材、安全防护器材和工具的配备及安全措施落实情况。

3）装卸作业要求

一般要求：装卸作业人员应认真检查确认以下内容，复核无误后，方可按装卸操作规程进行作业。确认充装/卸载容器内的物质与货单一致；确认进出料槽罐；确认管道、阀门、泵充装台位号等；确认连接各部分接口牢固；确定装卸工艺流程；确定现场无关人员已撤离。装卸过程中操作人员和驾驶员押运员必须在现场，坚守岗位。车辆进入灌装区后应熄火固定，车前设置停车警示标识，否则禁止充装。

装卸作业人员应站在上风处，严密监视作业动态，初始流速不应大于 1m/s，应严格按操作规程控制管道内的流速。严格检查罐体阀门连接管道等有无渗漏现象，出现异常情况应及时处理。

液氨槽车应严格控制充装量，不得超过设计的最大充装量（充装系数 0.52kg/L），车辆驶离充装单位前，应复查充装量并妥善处理，严禁超载。移动式槽罐车装卸：液氨装卸应采用液下装卸方式，有回收或无害化处理的设施，严禁就地排放。装卸作业前，应确认所有装卸设备设施已进行有效接地，先连接槽车静电接地线后接通管道；作业完毕，应静置 10min 后方可拆除静电接地线，且应先拆卸管道后再拆卸静电接地线。装卸现场严禁烟火，严禁将罐车作为储罐、汽化器使用，严禁用蒸汽或其他方法加热储罐和罐车罐体。充装前应对照装车作业安全检查确认单，逐项检查确认，填表存档，不符合要求严禁充装。

液氨罐车罐体与液相管、气相管接口处必须分别装设一套内置式紧急切断装置；罐体必须装设至少 1 套液面测量装置，液面测量装置必须灵敏准确、结构牢固、操作方便；液面的最高安全液位应有明显标记，其露出罐外部分应加以保护；罐体上必须装设至少 1 套压力测量装置，表盘的刻度极限值应为罐体设计压力的 2 倍左右；充装压力不得超过 1.6MPa；液氨罐车每侧应有一只 5kg 以上的干粉灭火器或 4kg 以上的 1211 灭火器。

进入作业区的车辆不得超过装车位的数量，保证消防通道畅通。罐车在充装前或卸车后应保证 0.05MPa 以上的余压，防止罐车内进入空气。罐车卸车时，必须逐项核对，填写卸车记录表。液氨罐车充氨工作结束后，应先关管线上的阀门，后关槽车上的阀门，待液位不高于罐车规定液位后再关回气阀，最后拆除连接鹤管。液氨罐车装卸作业完毕后，必须确认阀门关闭连接管道和接地线拆除后，方可移开固定车辆设施和车前警示标识，驶离现场。

4）钢瓶充装

充装前必须对钢瓶逐只进行检查，合格后方可充装。严禁对氧或氯气瓶以及一切含铜容器灌装液氨。液氨钢瓶应在检验有效期内使用，瓶帽、防震圈应齐全。钢瓶充装液氨时，应设置电子衡器与充装阀报警连锁装置。日充装量大于 10 瓶的液氨气体充装站应配备具有在超装时自动自断功能的计量称；充装后应逐瓶复秤和填写充装复秤记录，严禁充装过量，严禁用容积计量。液氨钢瓶称重衡器应定期校验，保持准确，校验周期不得超过 3 个月。衡器的最大称量值应为常用称量的 1.5~3 倍。充装间应设置在气瓶超装时可同时切断气起源的连锁装置。充装现场应设置遮阳设施，防止阳光直接照射钢瓶。

（4）应急处理措施

液氨存储装卸单位应根据国家法律法规要求，结合单位实际制定火灾、爆炸、泄漏、中毒、灼伤应急预案，成立应急救援队伍，明确应急人员的职责和通信联络方式。定期对应急预案进行培训和演练，及时修订、评审，发现问题及时整改。

1）现场急救

皮肤接触应立即脱去污染的衣着，应用2%硼酸液或大量清水彻底冲洗，就医。眼睛接触应立即提起眼睑，用大量流动清水或生理盐水彻底冲洗至少15min，就医。呼吸道或口腔吸入应迅速脱离现场至空气新鲜处。保持呼吸道通畅。如呼吸困难，给予氧气；如呼吸停止，立即进行人工呼吸，就医。

2）消防措施

消防人员必须穿全封闭式防化服，在上风向灭火。应尽可能切断气源，若不能切断气源，则不允许熄灭泄漏处的火焰。救援过程中注意喷水冷却容器，可使用雾状水、抗溶性泡沫、二氧化碳、砂土等作为灭火剂。

3）泄漏处理

迅速撤离泄漏污染区人员至上风处，并立即在150m外设置隔离区，严格限制出入。应急处理人员应戴自给正压式呼吸器，穿全封闭防化服。迅速切断火源，尽可能切断泄漏源。合理通风，加速扩散。高浓度泄漏区，喷含盐酸的雾状水中和、稀释、溶解。稀释废水，应及时收集处理，避免污染环境。泄漏容器应妥善处理，经有资质的单位修复、检验后方可使用。现场大量泄漏时，岗位人员要沉着冷静，果断采取工艺处理、消防堵漏等应急措施。

迅速报警，通知生产调度、应急抢险等相关人员进行紧急处置，并将事故情况及时报告当地环保、质监安监等有关部门。穿全封闭式防化服、戴自给正压式呼吸器，迅速关闭输送物料的管道阀门，切断事故源。打开喷淋、水幕等装置，用水稀释、吸收泄漏的氨气。喷水冷却容器，如有可能，将容器从火场移至空旷处。抢救伤员，确定隔离区域，实施现场隔离，疏散下风向人员。实施堵漏或倒罐，泄压排空。

用带压力的水和稀盐酸溶液，在事故现场布置多道水幕，在空中形成严实的水网，中和、稀释溶解泄漏的氨气。构筑围堤或挖坑收容产生的废水。对附近的雨水口、地下管网入口进行封堵，防止进入引发次生事故。根据液氨的理化性质和受污染的具体情况，采用化学消毒法和物理消毒法处理，或对污染区暂时封闭等，待环境检测合格，经有关部门、专家对事故现场进行安全检查合格后，方可进行事故现场清理、设备维修和恢复生产等。

五、二氧化碳气瓶安全操作

1. 二氧化碳气瓶的搬运

气瓶要避免敲击、撞击及滚动。阀门是最脆弱的部分，要加以保护，因此，搬运气瓶，要注意遵守以下的规则：

（1）搬运气瓶时，不使气瓶突出车旁或两端，并应采取充分措施防止气瓶从车上掉落。运输时不可散置，以免在车辆行进中，发生碰撞。不可用铁链悬吊，可以用绳索系牢吊装，每次只能吊装1个。如果用起重机装卸超过1个时，应用正式设计托架。

（2）气瓶搬运时，应罩好气钢瓶帽，保护阀门。

（3）避免使用染有油脂的人手、手套、破布等接触搬运气瓶。

（4）搬运前，应将连接气瓶的切附件如压力调节器、橡皮管等卸去。

2. 二氧化碳气瓶的存放

（1）气瓶应储存于通风阴凉处，不能过冷、过热或忽冷忽热，使瓶材变质，也不能暴露于日光及一切热源照射下，因为暴露于热力中，瓶壁强度可能减弱，瓶内气体膨胀，压力迅速增长，可能引起爆炸。

（2）气瓶附近，不能有还原性有机物，如有油污的棉纱、棉布等，不要用塑料布、油毡之类覆盖，以免爆炸，勿放于通道上，以免碰撞。

（3）不用的气瓶不要放在实验室，应有专库保存。

（4）不同气瓶不能混放。空瓶与装有气体的瓶应分别存放。

（5）在实验室中，不要将气瓶倒放卧倒，以防止开阀门时喷出压缩液体。要牢固地直立，固定于墙边或实验桌边，最好用固定架固定。

（6）接收气瓶时，应用肥皂水试验阀门有无漏气，如果漏气，要退回厂家，否则会发生危险。

3. 二氧化碳气瓶的使用

（1）使用前检查连接部位是否漏气，可涂上肥皂液进行检查，调整至确实不漏气后才进行实验。

（2）使用时先逆时针打开钢瓶总开关，观察高压表读数，记录高压瓶内总的二氧化碳压力，然后顺时针转动低压表压力调节螺杆使其压缩主弹簧将活门打开。这样进口的高压气体由高压室经节流减压后进入低压室，并经出口通往工作系统。使用后，先顺时针关闭钢瓶总开关，再逆时针旋松减压阀。

（3）钢瓶千万不能卧放。如果钢瓶卧放，打开减压阀时，冲出的二氧化碳液体迅速汽化，容易发生导气管爆裂及大量二氧化碳泄漏的意外事故。

（4）减压阀、接头及压力调节器装置正确连接且无泄漏、没有损坏、状况良好。

（5）二氧化碳不得超量充装。液化二氧化碳的充装量，温带气候不要超过钢瓶容积的 75%。

（6）旧瓶定期接受安全检验。超过钢瓶使用安全规范年限，在接受压力测试合格后，才能继续使用。

六、压缩空气储气罐

1. 压缩空气

压缩空气指被外力压缩的空气。空气具有可压缩性，经空气压缩机做机械功使本身体积缩小、压力提高后的空气叫压缩空气。储存压缩空气的罐体称为压缩空气储气罐。

2. 储气罐的安全操作

储气罐是指专门用来储存气体的设备，同时起稳定系统压力的作用。根据储气罐承受的压力不同可以分为高压储气罐、低压储气罐、常压储气罐；按储气罐材料不同分为碳素钢储气罐、低合金钢储气罐、不锈钢储气罐。储气罐（压力容器）一般由筒体、封头、法兰、接管、密封元件和支座等零件和部件组成。

（1）遵守压力容器安全操作的一般规定。

（2）运输储气罐的司机开车前检查一切防护装置和安全附件是否处于完好状态，检查各处的润滑油面是否合乎标准。不合乎要求不得开车。

（3）储气罐、导管接头内外部检查每年1次，全部定期检验和水压强度试验每3年1次，并要做好详细记录，在储气罐上注明工作压力、下次检验日期，并经专业检验单位发放“定检合格证”，未经定检合格的储气罐不得使用。

（4）安全阀须按使用工作压力定压，每班拉动、检查1次，每周做1次自动启动试验，每6个月与标准压力表校正1次，并加铅封。

（5）检查修理时，应注意避免木屑、铁屑、拭布等掉入气缸、储气罐及导管内。

（6）用柴油清洗过的机件必须无负荷运转10min，无异常现象后，才能投入正常工作。

（7）机器在运转中或设备有压力的情况下，不得进行任何修理工作。

（8）压力表每年应校验后铅封，且保存完好。使用中如果发现指针不能回归零位、表盘刻度不清或破碎等，应立即更换。工作时在运转中若发生不正常的声响、气味振动或发生故障，应立即停车，检修好后才准使用。

（9）水冷式空气压缩机开车前先开冷却水阀门，再开电动机。无冷却水或停水时，应停止运行。如果是高压电机，启动前应与配电房联系，并遵守有关电气安全操作规程。

（10）非机房操作人员，不得入机房，因为工作需要，必须经有关部门同意。机房内不准放置易燃易爆物品。

（11）工作完毕，将储气罐内余气放出。冬季应放掉冷却水。

第三节 压力容器危险有害因素辨识

一、承压类特种设备社会风险定义

根据风险的基本定义可将社会风险理解为“社会损失的不确定性”。社会风险用于描述整个地区的总体风险情况，而非具体的某个点的风险水平。社会风险是指同时影响许多人的灾难性事件的风险，其大小与该地区范围内的人口密度成正比关系。社会风险事件影响较大，后果较为严重，易引起社会的关注。

社会风险包含两个基本属性：不确定性，包括损失发生与否、发生时间、发生地点、损失程度大小的不确定性；损失性，只有那些会带来损失的事件才被认为是社会风险事件，是人们生产活动中所不期望的事件，如事故、隐患、缺陷、不符合、违章、违规等，这些不期望事件统称为风险因子，是风险管理的对象或因素。

以上分析的社会风险概念，仅指特定范围内的特定群体遭受特定水平灾害的人数和频率的关系，对社会风险承灾体的影响仅仅考虑了人员伤亡，忽视了对很少造成人员伤亡、但经济损失巨大、环境影响恶劣的社会风险事件的分析，这显然是不全面的，也不符合承压类特种设备的风险特性和事故特点。承压类特种设备量大面广，分布的区域错综复杂、情况各异，风险承灾体的数量也相对较多，社会风险水平相对较高。

结合社会风险的定义及承压类特种设备事故的特点，本节将承压类特种设备社会风险定义为：因各种潜在的锅炉、压力容器、压力管道的火灾、爆炸、泄漏及其他类型事故或事件造成特定区域内的人员、设备设施及环境损失的累积频率。承压类特种设备社会风险的定义将社会风险的承灾体从单一的人员扩展到人员、设备设施和环境，反映了区域性承灾体损失数量和损失概率之间的关系。承压类特种设备社会风险具有如下典型特征：

1. 隐蔽性。部分承压类特种设备社会风险的影响因素（风险因子）较为隐蔽，在风险辨识时不易被发现，需要进行深入的分析。

2. 交互性。承压类特种设备及周边区域构成一个复杂的耦合系统，相互影响，呈现出高度交互性。

二、压力容器爆炸的危害

1. 冲击波的破坏作用

冲击波超压会造成人员伤亡和建筑物的破坏。冲击波超压 >0.10MPa 时，在其直接冲击下大部分人员会死亡；0.05~0.10MPa 的超压可严重损伤人的内脏或引起死亡；0.03~0.05MPa 的超压会损伤人的听觉器官或产生骨折；超压 0.02~0.03MPa 也可使人体受到轻微伤害。

2. 爆破碎片的破坏作用

压力容器爆炸破裂时，高速喷出的气流可将壳体反向推出，有些壳体破裂成块或片向四周飞散。这些具有较高速度或较大质量的碎片在飞出过程中具有较大的动能，也会造成较大的危害。碎片对人的伤害程度取决于其动能，碎片的动能与其质量及速度的平方成正比。碎片在脱离壳体时常具有 80~120m/s 的初速度，即使飞离爆炸中心较远时也常有 20~30m/s 的速度。在此速度下，质量为 1kg 的碎片的动能即可达到 200~450J，足可致人重伤或死亡。碎片还可能损坏附近的设备和管道，引起连续爆炸或火灾，造成更大的危害。

3. 介质伤害

介质伤害主要是指有毒介质的毒害和高温蒸汽的烫伤。在压力容器所盛装的液化气体中有许多是毒性介质，如液氨、液氯、二氧化硫、二氧化氮、氢氟酸等。盛装这些介质的容器破裂时，大量液体瞬间汽化并向周围大气扩散，会造成大面积的毒害，不但造成人员中毒、致病、致死，也严重破坏生态环境，危及中毒区的动植物。

有毒介质由容器泄放汽化后，体积增大100~250倍。它所形成的毒害区的大小及毒害程度取决于容器内有毒介质的质量、容器破裂前的介质温度和压力以及介质毒性。

部分压力容器爆炸释放的高温汽水混合物会将爆炸中心附近的人员烫伤，其他高温介质泄放汽化也会灼烫、伤害现场人员。

4. 二次爆炸及燃烧危害

当容器所盛装的介质为可燃液化气体时，容器破裂爆炸在现场形成大量的可燃蒸汽，并迅即与空气混合形成可爆性混合气，在扩散中遇明火即形成二次爆炸。可燃液化气体容器的这种燃烧与爆炸常使现场附近变成一片火海，造成严重的后果。

5. 压力容器快开门事故危害

快开门式压力容器开关盖频繁，在容器泄压未尽前或带压下打开端盖，以及端盖未完全闭合就升压，极易造成快开门式压力容器爆炸事故。

三、压力容器事故的预防

为防止压力容器发生爆炸，应采取下列措施：

1. 在设计上，应采用合理的结构，如采用全焊透结构，能自由膨胀等，避免应力集中、几何突变。针对设备使用工况，选用塑性、韧性较好的材料。强度计算及安全阀排量计算应符合标准。

2. 制造、修理安装、改造时，提高焊接质量，并按规范要求进行热处理和探伤；加强材料管理，避免采用有缺陷的材料或用错钢材和焊接材料。

3. 在压力容器的使用过程中加强管理，避免操作失误、超温、超压、超负荷运行、失检、失修及安全装置失灵等。

4. 加强检验工作，及时发现缺陷并采取有效措施。

第四节　压力容器风险管理

建立健全压力容器安全管理制度、压力容器安全岗位职责、压力容器安全操作规程、事故应急救援预案等。

一、常用风险管理评估方法

风险评估就是针对企业中存在的危险源进行辨识和评估。由于各行业和企业之间存在明显的差异，发生事故的原因和机理也各不相同，如各行业的危险源不同、使用设备不同等，因此需根据企业的具体情况，选择合适的风险评估方法。这样既能保证企业风险管理的需要，也能满足准确性的要求。

在具体的风险评估过程中，可以根据评估结果量化程度将风险评估方法分为定性评估、定量评估和半定量评估。此外，随着科技的不断发展，多种新思想和方法也融入了风险评估体系，如模糊数学评估法、BP 神经网络法、灰色理论法以及神经网络与专家系统结合等方法。

1. 定性风险评估方法

定性风险评估方法是基于工程经验，对生产系统的设备、管理、人员、环境等方面进行定性的判定。常用的定性风险分析方法有：安全检查表（SCL）、失效模式与影响分析（FMEA）、预先危险性分析（PHA）、危险与可操作性研究（HAZOP）等。其中安全检查表法由于其简单明了、易于操作的特点在生产过程中得到了广泛的使用。

安全检查表（SCL）是在对危险源进行了全面分析的基础上，将检查项目分为不同的单元和层次，并列出所有的危险因素，确定检查项目，然后编制成表。检查表中的大部分检查项目都是根据有关标准、规范和法律法规制定的，体现出安全检查表的适用性，使用时根据表中的内容进行检查，其内容一般通过“是否”判定。可见，安全检查表的优点在于易于理解和操作、容易抓住主要的危险源，但其缺点也十分明显，只能进行定性评估，无法体现评估结果中危险源的重要程度。

失效模式与影响分析（FMEA）在风险评估中具有很高的地位，其主要作用在于预防设备失效。但该方法在实验和测试中，又能够作为一种有效的评估工具。总地来说，FMEA 是一种归纳法，对系统内每一个可能失效模式或异常状态进行详细的分析，并推断这种情况对整个系统的影响、可能产生的后果以及采取何种措施能减少损失。其分析步骤大致如下：确定需要分析的系统；分析单元失效类型以及发生原因；研究该失效类型的后果；填写失效模式以及后果分析表格；风险评估。

这种分析方法的特点是从单元的故障入手依次分析原因、影响和应对措施。该方法可用于系统中的任意一个等级的部件。

预先危险性分析（PHA）是在项目开始初期或设计阶段对系统中存在的危险种类、危险产生的条件、事故的后果等大致进行分析。其优点在于对危险的预见性，因为在项目开发之初就进行分析，使得系统中薄弱的环节能够得到加强；同样在产品投产前的分析发现了不足，并采取了相应的措施，降低了产品因质量问题造成危险的可能性和严重后果。预先危险性分析是一种使用范围很广的定性评估方法，其不足在于实施过程中需要有丰富工程知识和实际经验的技术人员、安全管理人员、操作人员共同参与，经过分析、讨论后才能达到理想效果。

危险与可操作研究（HAZOP）是由一批相关领域的专家构成小组，对需要评估的项目进行创造性的工作。HAZOP 的实施是从引导词入手，通过假设工艺的参数过程或者状态的变化，分析导致偏差的原因和后果，并制定对策的评估方法。需要指出的是，这里的引导词一般来说是各个单元操作时可能出现的偏差，如某一管道压力的急剧升高。

2. 定量风险评估方法

定量风险评估方法是基于大量的事故统计资料和实验结果，利用数学方法和统计手段，对系统的设备、工艺、人员、环境、管理等方面的安全状况进行量化分析的方法。定量评估方法的结果都是量化的指标，具有准确性、可比较的特点。由于定量评估方法需借助数学方法和统计手段，需要大量的基础数据，同时评估的过程时间长、工作量大、技术难度高，因此仅适用于危险性较大的行业和设备。定量风险评估法可以分为危险指标评估法和概率风险评估法两大类型。

（1）危险指标评估法以评估系统中的工艺和危险物质作为评估对象，将可能影响事故发生概率和事故严重程度的各类因素转化为指标，再使用某些方法处理这些指标，进而达到评估系统风险程度的目的。常见的危险指标评估法有道化学火灾、爆炸指数法，ICI 紫德法，日本劳动省六阶段法等。

美国道化学火灾、爆炸指数法是最早出现的风险评估方法，是主要对化工工艺过程和生产装置的火灾、爆炸危险性进行评估并采取安全措施的一种评估方法。并且不断有专家对其进行研究和完善，火灾爆炸指数法需要庞大的实验数据和实践经验。该方法是以被评估设备中的重要物质系数（MF）为基础，用一般工艺危险系数（F_1）体现事故后果损害的主要指标，也使用特殊工艺危险系数（F_2）表示影响事故发生概率的主要指标。MF、F_1、F_2 相乘得到火灾爆炸危险指数，并以此确定事故的可能影响范围，评估生产过程中发生事故可能造成的损坏；由物质系数（MF）和单元工艺危险系数（$F_3=F_1 \times F_2$）得出单元危险系数，并计算评估单元基本最大可能财产损失，然后模拟采取的安全措施确定补偿系数（C），并确定发生事故时实际最大可能财产损失和停产损失。因此该方法的最大特点是能从经济角度反映生产过程中火灾爆炸性的大小和所采取安全措施的有效性。

（2）概率风险评估法是以系统发生事故基本因素的概率为基础，结合合理统计中的理论，计算出全系统发生事故概率的方法。常用的概率统计方法有事件树分析法、故障树分析法、模糊矩阵法等等。概率风险评估法的优点在于其完善的理论基础，能准确描述系统各环节发生失效的概率，可以准确地评估系统的风险，该方法的缺点是由于对系统各环节都进行分析，导致评估系统复杂，不仅需要的数据庞大，而且实施起来耗时且费力。

事件树分析法是以决策论为基础的评估方法。它与另一种概率风险评估方法——故障树分析法相反，是从原因到结果的逻辑分析方法。该方法是从某一初始事件开始，轮流考虑出现成功或失败的可能性，然后再以这两个新事件作为初始事件继续分析，直到找到最终的结果。事件树的分析主要分为六个阶段：确定初始事件；明确消除初始事件的安全措施；编制事件树；对得到的事故的序列的结果进行说明；分析事故序列；事件树分析的定量计算。

故障树分析采用的是演绎法对危险进行分析，将事故的因果关系形象地描述为一种有方向的树，以系统可能发生或已经发生的事故作为起点，将导致事故的可能原因按照因果逻辑关系逐层列出，并用树形图表示出来，构成一种逻辑模型，然后定性或定量地分析事件的可能途径以及发生的概率，并以此制定出避免事故发生的方案并选出最优对策。故障树分析是一个系统性的工程，需要相关行业的专家、工程师等共同配合完成，故障树分析的步骤如下：详细了解各工艺状态及参数，绘出工艺流程图或者平面布置图；收集事故案例，从中找出后果严重且容易发生的事故作为顶上事件；根据经验教训和事故案例，经统计分析后，求解事故发生的概率，确定要控制的事故目标；从顶上事件起按照逻辑关系构建故障树；进行定性分析，确定各基本事件的结构重要度，求出概率，再做定量分析；最后，根据定量分析的结果，编制结果分析文件。

模糊矩阵法是利用模糊数学处理模糊现象的一门数学方法。它是以“模糊集合”理论为基础，解决不确定性和不精确性的方法。模糊数学的方法可用在很多界限不明的问题上，该方法能够很好地处理各种模糊问题。

3. 半定量风险评估方法介绍

定性方法方便操作，但是准确性不强；定量方法结果准确，但需要的基础数据较多，计算结果复杂，耗时较长。为了满足工程的需要和实际操作的方便，很多半定量的方法被提出。常用的半定量评估方法有 LEC 评估法、打分的安全检查表、MES 方法等。这些方法基本上都是建立在具体的工程经验的基础上，合理打分，最后根据得到的分值或概率风险进行分级。由于该方法可操作性强，并且能够明确区分等级，在电力、地质、冶金等行业得到广泛应用。然而，对于某些复杂行业的系统如航天、煤矿、化工等，受制于过多需要考虑的因素，该方法的适用性有限。

LEC 评估法是对具有潜在危险性作业环境中的危险源进行半定量的安全评估方法。该方法是用与系统有关的三个风险因素的乘积来评估系统的危险性。LEC 是三个风险因素的缩写：L 对应事故发生的可能性；E 对应人暴露在这种危险性的频繁程度；C 指事故后果的严重程度。这三个因素的乘积用字母 D 表示，D=LEC，代表了危险性的分值。D 值越大说明系统的危险性也就越大，需要采取安全措施来降低三个因素的数值，从而降低系统危险性。打分的安全检查表方法是在定性安全检查表的基础上，对每一项安全检查的内容赋予一定的分值。打分的安全检查表的结果分为两栏，一栏是标准分，一栏是实际得分。因为存在具体的评估得分，有效地实现了半定量评估。

MES 评估法也是一种三因素的半定量评估法，三个风险因素的乘积 R 代表了系统风险性的大小。MES 是三个风险因素的缩写：M 对应危险源控制措施的状态；E 对应人员暴露于危险环境的频率；S 对应事故后果的严重程度。

中国地质大学的马孝春博士在 LEC 和 MES 评估方法的基础上，对其进行修改得到了 MLS 方法。经过与上述两种方法的对比，该方法评估得到的结果更加符合真实情况。

4. 其他风险评估方法简介

随着科学研究的不断深入，多种综合性的评估方法不断出现。如层次分析法、模糊综合评估法、贝叶斯网络法、BP 神经网络法等，这些数学方法的使用不仅弥补了风险评估中主观性强的特点，也使定量风险评估方法更加完整，增加了评估方法的科学性。

二、承压类特种设备风险评估框架的构建

我国承压类特种设备数量不断上升、监察工作量不断增加、基层监察人员不足且素质参差不齐、企业安全责任不落实等问题，导致设备事故时有发生。目前所采用的承压类特种设备的监管方式，与当前发展及设备的具体情况相脱离。因此，构建承压类特种设备的风险评估框架，将监管范围内的设备进行全面的风险评估，了解企业的风险和区域风险的分布，不仅有助于实现监察工作与风险的统一，也能作为特种设备应急管理平台建设和运行的基础。

以往研究的承压类特种设备风险评估框架是以层次分析法为基础，分别找出影响特种设备风险的二级和三级因素，接着通过安全检查表进行打分，并由专家来确定各个因素的权重，最终获得特种设备的风险情况。这类方法主要从人、机、管、环四个方面入手，来确定特种设备的风险情况。但此类方法存在的不足之处在于：

第一，该体系的三级因素中既有涉及设备事故发生的可能性，也有关于事故后果的。该法实施中将设备的“发生可能性”和事故后果方面的因素通过权重相加，而非相乘，从某种角度上说改变了风险的定义，将影响风险评估的准确性。例如，风险评估中某一设备的事故后果影响极小，发生概率却极高，这种情况下一般将其定为低风险设备，而使用加入的方法很可能将其定为中高风险类别。

第二，将人、机、管、环四种因素叠加来判定风险，会使无危险性设备的企业因管理不善变为高风险企业。若某一企业的所有承压设备都是低风险，或企业承压设备数量很少，即使发生事故只会造成极小的影响，而仅因为该企业的管理不完善将其评估为高风险企业，这样的处理是不合理的，企业的风险应当是建立在所使用的承压类特种设备风险基础上的综合性指标。

因此，基于以上论述，本节将提出一种新的承压类特种设备的风险评估框架，该方法以单台设备的风险为依据，通过考虑环境、人员、管理等方面的因素来最终确定企业或区域的风险，以求能够合理地评估承压类特种设备的风险情况，为特种设备应急管理平台的构建和监察部门的分类监管工作提供支持。

1. 相关概念介绍

构建承压类特种设备风险评估框架，除了绪论中提到的风险术语，在此提出一些新的风险相关的概念以便解释所构建的框架。

单台设备风险：单台设备风险指企业中某一台设备所具有的风险，是该设备的事故发生概率和事故后果的组合。由于我国存在设备制造技术参差不齐的情况，以及设备运行中环境恶劣或未按要求使用的情况，需要考虑设备因环境、运行情况、服役时间对风险的影响。

同类设备总风险：同类设备总风险指同一类别的特种设备风险的总和，通过一定的数

学模型分别对该类设备的事故发生率和事故后果进行处理。了解企业某一类设备的总风险，是确定企业设备总风险的基础。

设备总风险：设备总风险指企业内各个类别（本节主要针对锅炉、压力容器、压力管道）的设备风险的总和。鉴于设备风险是风险管理的基础，有必要将企业内部的各类设备的总风险进行合并，为确定企业风险以及行业风险做准备。

企业风险：企业风险指企业内特种设备风险的总和，企业的管理、人员密度等因素会影响企业整体风险。通过制定企业的风险接受标准和风险容忍标准，确定企业风险级别，区分重点企业（中高、高风险）和非重点企业（低、中风险）。

行业风险：行业一般是指其按生产同类产品或具有相同工艺过程或提供同类劳动服务划分的经济活动类别，如饮食行业、服装行业、机械行业等。承压类特种设备行业风险是对拥有承压特种设备的同一行业内的企业进行风险评估的基础上，应用特定数学模型得到的描述该行业内的整体承压特种设备的风险状况，通过行业风险分析，能够掌握各行业的风险特点和规律，如液氨行业的液氨泄漏风险；了解行业间的风险差异，通过风险排序确定高风险行业，还能掌握行业内高风险企业的数量与分布情况，并对重点行业提出针对性的风险控制措施；并实时掌握各行业的风险变化情况。

区域风险：区域风险指在各级行政区域范围内，在各个企业进行风险评估的基础上，应用特定数学模型得到描述该区域内的整体风险状况。通过区域风险的分析，可以掌握各区域的风险特点，如某区以锅炉风险为主，某区以管道风险为主；还能够明确各区域的风险分布，以及区域的风险排序，确定高风险区域；有利于掌握区域内高风险企业的数量、类型和分布情况；方便对各区提出针对性的风险控制措施；以及可以根据计算机等辅助设备实时掌握各区的风险变化情况。

风险基本概念的介绍，不仅阐述相关风险指标的意义与关系，也为构建承压类特种设备风险评估框架奠定基础。

2. 承压类特种设备风险评估框架的构建

通过承压类特种设备风险评估，确定设备、企业、行业、区域等各级风险指标，了解风险的分布情况，掌握高风险的企业、行业和区域，制定有效的风险措施，为承压设特种设备应急管理平台的建设以及监察部门分类监管的实施提供支持。

建立从单台设备风险到区域风险的评估系统，该系统最大的特点在于未将涉及特种设备的人、机、管、环四个风险指标直接采用加权求和的方法汇总到一个风险指数上，而是保持风险定义中的事故可能性和事故后果的矩阵表示方法。下面将分别介绍评估系统中各指标的确定方法。

（1）单台设备风险

单台设备风险的计算分为失效可能性和失效后果两个部分，二者是由失效可能性（失效后果）的基础值结合失效可能性（失效后果）修正因子得到的。失效可能性的基础值既可使用事故统计数据，也可由设备的状态及检验维修状况确定，这主要取决于风险评估的准确性要求和投入程度。单台设备失效后果基础值通过设备内含有的介质发生火灾、爆炸或中毒事故的后果严重程度确定。

单台设备失效可能性修正因子是考虑到我国很多老旧设备在设计、制造、安装等环节存在一定的缺陷，该修正因子增加了风险评估的准确性。失效后果的修正主要是基于安全附件的影响，在承压设备的使用中，很多标准都对安全附件提出了明确的要求，如喷淋装置、安全联锁装置等，这些装置的使用能够有效地降低事故的严重程度。单台设备风险是风险评估框架体系的基础，单台设备风险值的准确不仅有利于企业对设备进行安全管理，也为更高层级的风险指标的准确计算提供了保证。

（2）同类设备风险

在单台设备风险评估的基础上，需汇总得到同类设备总风险，因为一般情况下企业所含有的容器、管道不可能是一台或一条，压力容器也有不同的类型，如换热器、储罐等，所以同类设备总风险的汇总需要采取一定的方法。鉴于承压类特种设备最终将归为锅炉、压力容器和压力管道，本节在此将同类设备总风险划分到锅炉风险、压力容器风险和压力管道风险三个指标。三种同类设备总风险的指标也包含了发生可能性和事故后果两个方面，利用叠加方法和后果最大化思想，根据设备的数量以及介质的储液量确定同类设备风险。

（3）设备总风险

得到锅炉、压力容器和压力管道的风险值后，需要计算企业中承压类特种设备的总风险，进而得到企业风险。本节采用加权求和的方法将同类设备总风险汇总到设备总风险。

（4）企业风险

企业风险的统计主要是在设备风险的基础上，考虑企业人口密度的情况，通过安全检查表对企业安全管理进行调查，并通过统计分析确定安全管理对设备失效可能性和失效后果的修正来确定企业风险。

安全检查表中安全管理内容的制定既需要考虑不同企业间的差异，也要顾及相似企业的共性，对于某些企业或者行业特有的危险性较大的操作或工艺，需要有针对性的检查内容。此外，针对具有不同风险的企业，也可以通过 Broda 序值法来打开风险结，从而根据企业的风险值对企业风险进行排序，根据结果确定重点企业，更好地进行分类监管。

（5）区域风险

区域风险是一个复杂的综合性指标，需要考虑该区域内设备、人员、环境以及各企业的关联度等因素的影响，也要研究政府、医院、消防、公安等部门突发事件的应急响应资源和处理能力的影响。区域风险有多种表现形式，可通过事故的影响面积表示，或根据事故发生的概率与造成的人员伤亡或经济损失的组合来表示，比较直观的方法可将在风险矩阵内列出各个企业的风险分布。本节在区域风险的确定上，采取简化处理方法，根据高风险企业数量确定区域风险的等级。

3. 修正因子研究

由于设备的工艺、环境以及操作工况等不同，失效可能性、失效后果都会发生一定的变化。然而绝大部分的设备事故都存在人员的误操作或是管理不善的原因，根据上述提出的风险评估框架，提出了设备失效可能性修正因子、设备失效后果修正因子、安全管理失效可能性修正因子和安全管理失效后果修正因子。

（1）设备失效可能性修正因子着眼于设备状况方面的因素，主要包括了工艺操作、设备状况等方面的内容，力求准确地体现当前设备的状态。

（2）设备后果修正因子是针对各种设备安全措施的影响制定的。承压类设备事故的后果是根据设备失效后的火灾、爆炸、中毒等事故的严重程度确定的。以往很多研究人员都对不同介质的泄漏和扩散进行过理论推导和计算机模拟计算。然而，安全附件，如泄漏报警、探测隔离系统、紧急喷淋等设备对设备事故的修正作用的研究有限，忽略这些安全附件的作用，将会导致应急管理预案、事故救援措施的制定过于保守，导致资源的浪费和救援的不利。

（3）企业安全管理可能性修正因子包括了重大危险源辨识、安全生产责任制落实、安全管理与培训、持证上岗情况、第三方安全管理、风险评估等内容。

（4）企业安全管理后果修正因子主要针对事故发生后企业安全管理对事故后果的修正。其主要涵盖了厂区位置、消防设备管理和应急管理等方面的内容。

三、设备安全控制措施

安全阀，又称泄压阀，与爆破片装置的组合。安全阀与爆破片装置并联组合时，爆破片的标定爆破压力不得超过容器的设计压力。安全阀的开启压力应略低于爆破片的标定爆破压力。

1. 当安全阀进口与容器之间串联安装爆破片装置时，应满足下列条件：安全阀和爆破片装置组合的泄放能力应满足要求。爆破片破裂后的泄放面积应不小于安全阀进口面积，同时应保证爆破片破裂的碎片不影响安全阀的正常动作。爆破片装置与安全阀之间应装设压力表、旋塞、排气孔或报警指示器，以检查爆破片是否破裂或渗漏。

2. 当安全阀出口侧串联安装爆破片装置时，应满足下列条件：容器内的介质应是洁净的，不含有胶着物质和阻塞物质。安全阀的泄放能力应满足要求。当安全阀与爆破片之间存在背压时，阀仍能在开启压力下准确开启。爆破片的泄放面积不得小于安全阀的进口面积。安全阀与爆破片装置之间应设置放空管或排污管，以防止该空间的压力累积。

定性与定量方法的使用均得到企业的风险值，科学合理地设定风险可接受准则对风险管理有着至关重要的作用。同样，有效的风险措施对降低企业风险、保证企业安全运行、实现经济与安全的统一也是不可或缺的。定量和定性评估方法虽有差异，但对各级风险企业的措施应当是相同的，所以本节在此列出了定量和定性的风险等级判定矩阵，以及各风险等级的企业应当采取的措施。

定性方法可快速分析含有承压特种设备企业风险，在分析过程中，可通过风险矩阵来判定各种设备以及企业的风险等级。风险矩阵的方法可以清晰、明了地判断不同设备风险的情况。

风险措施的制定和实施，对监察机构和企业的风险管理能起到良好的作用。然而，在具体实施的过程中，需要根据企业的实际风险情况有针对性地使用风险降低措施。如某个企业处于高风险状态，该企业承压类特种设备的失效可能性位于中等情况，因此风险降低措施制定时应当着重从失效后果入手，如加强在线检测设备与安全附件的使用、制定完善的应急措施并加以演练等。

四、压力容器安全附件存在的安全隐患及控制措施

安全阀是根据压力系统的工作压力自动启闭，一般安装于封闭系统的设备或管路上保护系统安全。当设备或管道内压力超过安全阀设定压力时，自动开启泄压，保证设备和管道内介质压力在设定压力之下，保护设备和管道正常工作，防止发生意外，减少损失。

常见故障：排放后阀瓣不到位，这主要是弹簧弯曲阀杆、阀瓣安装位置不正或被卡住造成的，应重新装配。

泄漏。在设备正常工作压力下，阀瓣与阀座密封面之间发生超过允许限度的渗漏。其原因是阀瓣与阀座密封面之间有脏物，可使用提升扳手将阀开启几次，把脏物冲去。密封面损伤，应根据损伤程度采用研磨或车削后研磨的方法加以修复。阀杆弯曲、倾斜或杠杆与支点偏斜，使阀芯与阀瓣错位，应重新装配或更换。弹簧弹性降低或失去弹性，应采取更换弹簧、重新调整开启压力等措施。

到规定压力时不开启。造成这种情况的原因是定压不准，应重新调整弹簧的压缩量或重锤的位置。阀瓣与阀座黏住，应定期对安全阀做手动放气或放水试验。杠杆式安全阀的杠杆被卡住或重锤被移动，应重新调整重锤位置并使杠杆运动自如。

排气后压力继续上升。这主要是因为选用的安全阀排量小于设备的安全泄放量，应重新选用合适的安全阀。阀杆中线不正或弹簧生锈，使阀瓣不能开到应有的高度，应重新装配阀杆或更换弹簧。排气管截面不够，应采取符合安全排放面积的排气管。

阀瓣频跳或振动。这主要是由于弹簧刚度太大，应改用刚度适当的弹簧。调节圈调整不当，使回座压力过高，应重新调整调节圈位置。排放管道阻力过大，造成过大的排放背压，应减少排放管道阻力。

不到规定压力开启。这主要是定压不准、弹簧老化弹力下降，应适当旋紧调整螺杆或更换弹簧。

防爆片。防爆片指在设定压力下爆破后不可再闭合的压力泄放装置，在超过压力或真空承受极限时泄放压力，保护单个装置或整个系统的安全。

1. 爆破片的分类

（1）按照型式来分

正拱形：系统压力作用于爆破片的凹面。它分为正拱普通、正拱开缝、正拱带槽。

（2）按照材料来分

金属：不锈钢、纯镍哈氏合金、蒙乃尔、因科镍、钛、钽、锆等。

非金属：石墨、氟塑料、有机玻璃。

金属复合非金属。

2. 爆破片的特点

爆破片适用于浆状、黏性腐蚀性工艺介质，这种情况下安全阀不起作用。惯性小，可对急剧升高的压力迅速做出反应。在发生火灾或其他意外时，在主泄压装置打开后，可用爆破片作为附加泄压装置。严密无泄漏，适用于盛装昂贵或有毒介质的压力容器。规格型号多，可用各种材料制造，适应性强。便于维护、更换。

3. 爆破片的适用场所

压力容器或管道内的工作介质具有黏性或易于结晶、聚合，容易将安全阀阀瓣和底座黏住或堵塞安全阀的场所。压力容器内的物料化学反应可能使容器内压力瞬间急剧上升，安全阀不能及时打开泄压的场所。压力容器或管道内的工作介质为剧毒气体或昂贵气体，用安全阀可能会存在泄漏导致环境污染和浪费的场所。压力容器和压力管道要求全部泄放毫无阻碍的场所。其他不适用于安全阀而适用于爆破片的场所。

五、压力容器安全对策措施

压力容器设计必须符合安全、可靠的要求。所用材料的质量及规格应当符合相应国家和行业标准的规定；压力容器材料的生产应当经过国家质检总局安全监察机构认可批准；压力容器的结构应当根据预期的使用寿命和介质对材料的腐蚀速率确定足够的腐蚀裕量；压力容器的设计压力不得低于最高工作压力，装有安全泄放装置的压力容器，其设计压力不得低于安全阀的开启压力或者爆破片的爆破压力。

压力容器的设计单位应当具备《中华人民共和国特种设备安全法》及《特种设备安全监察条例》规定的条件，并按照压力容器设计范围，取得国家质检总局统一制定的压力容器类《特种设备设计许可证》，方可从事压力容器的设计活动。压力容器中的气瓶、氧舱的设计文件，应当经过国家质检总局核准的检验检测机构鉴定合格，方可用于制造。

原则上与锅炉的制造安装、改造、维修的要求基本相同。压力容器的制造单位应当具备《中华人民共和国特种设备安全法》及《特种设备安全监察条例》规定的条件，并按照压力容器制造范围，取得国家质检总局统一制定的压力容器类《特种设备制造许可证》，方可从事压力容器的制造活动。压力容器的制造单位对压力容器原设计修改的，应当取得原设计单位书面同意文件，并对改动部分做详细记载。移动式压力容器必须在制造单位完成罐体、安全附件及盘底的总装（落成），并通过压力试验和气密性试验及其他检验合格后方可出厂。

1. 压力容器的使用

压力容器在投入使用前或者投入使用后 30d 内，移动式压力容器的使用单位应当向压力容器所在地的省级质量技术监督局办理使用登记，其他压力容器的使用单位应当向压力容器所在地的市级质量技术监督局办理使用登记，取得压力容器类的《特种设备使用登记证》。其他使用要求与锅炉使用要求基本一致。

2. 压力容器的检验

定期检验：安全状况等级为 1 级或者 2 级的，每 6 年至少进行 1 次检验；安全状况等级为 3 级的压力容器，至少每 3 年进行 1 次检验。检验时间，有效期满前 1 个月，使用单位向压力容器检验机构提出定期检验要求，只有经检验合格的压力容器才允许继续投入使用。

压力容器使用中应装设安全泄放装置（安全阀或者爆破片），当压力源来自压力容器外部且得到可靠控制时，安全泄放装置可以不直接安装在压力容器上。安全阀不可靠工作时，应当装设爆破片装置，或者采用爆破片装置与安全阀装置组合的结构，凡串联在组合的结构中的爆破片在作用时不允许产生碎片。

对易燃介质或者毒性程度为极度、高度或者中度危害介质的压力容器，应当在安全阀或者爆破片的排出口装设导管，将排放介质引至安全地点，并进行妥善处理，不得直接排入大气。

压力容器最高工作压力为第一压力源时，在通向压力容器进口的管道上必须装设减压阀，如因介质条件导致减压阀无法保证可靠工作时，可用调节阀代替减压阀，在减压阀和调节阀的低压侧必须装设安全阀和压力表。

（1）固定式压力容器。只安装 1 个安全阀时，安全阀的开启压力不应大于压力容器的设计压力，且安全阀的密封试验压力应当大于压力容器的最高工作压力。安装多个安全阀时，任意 1 个安全阀的开启压力不应大于压力容器的设计压力，其余安全阀的开启压力可以适当提高，但不得超过设计压力的 1.05 倍。装有爆破片时，爆破片的设计爆破压力不得大于压力容器的设计压力，且爆破片的最小设计爆破压力不应小于压力容器最高工作压力的 1.05 倍。

（2）移动式压力容器。安全阀的开启压力应为罐体设计压力的 1.05~1.10 倍，安全阀的额定排放压力不得高于罐体设计压力的 1.2 倍，回座压力不应低于开启压力的 80%。

3. 检修、维修的风险管控

（1）检修容器前，必须彻底切断容器与其他还有压力或气体的设备的连接管道，特别是与可燃或有毒介质的设备的通路。不但要关闭阀门，还必须用盲板严密封闭，以免阀门漏气，致使可燃或有毒的气体漏入容器内，引起着火、爆炸或中毒事故。

（2）容器内部的介质要全部排净。盛装可燃有毒或窒息性介质的容器还应进行清洗、置换或消毒等技术处理，并经取样分析直至合格。与容器有关的电源，如容器的搅拌装置、翻转机构等的电源必须切断，并有明显禁止接通的指示标志。

第四章　锅炉基础知识

锅炉，是指利用各种燃料、电或者其他能源，将所盛装的液体加热到一定的参数，并对外输出热能的设备。本章主要介绍锅炉的定义、用途、特点、参数以及分类结构及建造要求等方面的内容。

第一节　术语与定义

1. 锅炉

锅炉受监察范围规定为容积大于或者等于 30L 的承压蒸汽锅炉；出口水压大于或者等于 0.1MPa(表压)，且额定功率大于或者等于 0.1MW 的承压热水锅炉；额定热功率大于或者等于 0.1MW 的有机热载体锅炉。

2. 锅筒

锅筒是水管锅炉中用以进行蒸汽净化、组成水循环回路和蓄水的筒形压力容器，俗称汽包。

锅筒是锅炉设备中最重要的部件。锅炉上，通常上面有 1 个锅筒（也称汽包），下面可设置 1 个或 2 个锅筒。锅筒的筒节是用钢板卷制后焊接而成的，筒体两端焊有凸形封头或平管板，筒体上有许多管孔或管座，用来与水冷壁、对流管束、下降管和其他管道连接，以及安装各种管道阀门。例如上锅筒的外部装有主汽阀、副汽阀及安全阀，还有连接压力表和水位表的接管。为安装和检修需要，上、下锅筒的一端（封头上）开有人孔，下锅筒的底部还装有定期排污装置。因为锅筒的直径大、汽水容积大、筒壁厚，制造工艺复杂，应力也大，容易发生事故的因素多，而且事故造成的损失也最大。所以设计、制造、安装、检验锅筒时须格外注意。

3. 锅壳

它是锅壳式锅炉中包围汽水、风烟、燃烧系统的外壳，又称筒壳，其作用和锅筒相同。常用 Q245R 等锅炉钢板卷成圆筒形后焊接而成筒节或筒体，筒体两端焊有管板或封头，在锅壳的适当部位开有人孔或手孔、管孔、水位表孔等。

4. 集箱

集箱又称联箱。其作用是连接受热面管、下降管、连通管、排污管等。按其用途分为水冷壁集箱、过热器集箱、省煤器集箱等，按其所处位置分为上集箱、下集箱或进口集箱、出口集箱。它是用较大直径的钢管和两个封头或端盖焊接而成的，其上开有许多管孔并焊有管座。

5. 下降管

其作用是与水冷壁、集箱、锅筒形成水循环回路。它是用较大直径的钢管制成的，一般布置在炉膛外面，不受热。

6. 受热面管子

它是锅炉的主要受热面，用钢管制成。它分为水管和火管，凡管内流水或汽水混合物，管外受热的叫水管；凡管内走烟气管外被水冷却的叫烟管。烟管多用在小型锅炉中，水管用在各种锅炉中。水冷壁管是水管中的一种。

7. 过热器

它是把锅筒内出来的饱和蒸汽加热成过热蒸汽，以满足生产工艺的需要。过热器是用碳钢或耐热合金钢管弯制成蛇形管后组合而成的。

8. 减温器

它的作用是调节过热蒸汽的温度，将过热蒸汽的温度控制在规定的范围内，以确保安全并满足生产需要。凡有过热器的锅炉上均有减温器，减温器分面式减温器和混合式减温器。减温器结构与集箱相似，但其内部有喷水装置或冷却水管。

9. 再热器

它是将汽轮机高压缸排出的蒸汽再加热到与过热蒸汽相同或相近的温度后，再回到中低压缸去做功，以提高电站的热效率。再热器一般只用于 D>400/h 的电站锅炉中，它也是用碳钢和耐热合金钢管弯制成蛇形管而组成的。

10. 炉胆

它是锅壳式锅炉包围燃料燃烧空间的壳体，炉胆有圆筒形和锥形两种。当炉胆长度超过 3m 时，要采用波纹形结构。炉胆承受外压，主要用 Q245R 等钢板卷后焊接而成。

11. 下脚圈

连下脚圈接炉胆和锅壳的部件，只在立式锅炉中采用，常见的有 U 形、L 形、H 形、S 形等，额定工作压力 >0.098MPa 的锅炉上须用 U 形下脚圈。下脚圈是用与锅壳或炉胆相同的材料制成的。

12. 容量（输出功率）

（1）蒸汽锅炉的容量以额定蒸发量来表示，即每小时产生的蒸汽量，通常以符号“D”表示，单位是“吨 / 时”。蒸发量又称出力。额定蒸发量是锅炉在额定蒸汽压力、蒸汽温度、规定的锅炉效率和给水温度条件下，连续运行时必须保证的最大蒸发量。蒸汽锅炉的产品铭牌上标识的蒸发量为额定蒸发量。

（2）热水锅炉的容量用供热量表示，即热水锅炉在保证安全前提下运行。每小时出水的有效供热量，称为该锅炉的额定热功率（出力），用符号 Q 表示，其单位是 MW。热水锅炉产生 0.7MW 的热量。有机热载体锅炉的容量指供热量，即每小时输出的热量，通常以符号“Q”表示，单位是“大卡 / 时”（焦耳 / 时）。

13. 蒸发率

蒸汽锅炉在每平方米受热面积上每小时能产生蒸汽的量称为这台锅炉的蒸发率，常用符号“D/H”表示，单位是 $kg/(m^2 \cdot h)$。

在锅炉上凡是一面和火焰或烟气接触，吸收燃料燃烧时放出的热量，另一面再将热量传给水和蒸汽等介质的钢管或钢板，称为这台锅炉的受热面。通常以接触火焰或烟气的一面来计算受热面积，常用符号“H”表示，单位是 m^2。锅炉受热面越大，吸热量也越多，其容量也越大。锅炉的蒸发量决定于它的蒸发率和受热面积。

14. 额定压力

额定压力是在规定的给水压力和负荷范围内长期连续运行时应予保证的锅炉出口的工质压力，也就是锅炉铭牌上标注的额定工作压力或额定出口压力。

15. 额定温度

额定温度是在规定的设计条件下长期连续运行应予保证的锅炉出口工质温度。

第二节 锅炉的用途

锅炉是应用十分广泛的设备。例如：火力发电、炼油、化工、纺织、印染等行业都利用锅炉产生的蒸汽来获得动力或热能；另外，人们生活中的取暖、食品加工、洗浴和消毒及部分地区的水产养殖等也可用锅炉产生的蒸汽或热水来提供热能并提高经济效益。

一、工业锅炉节能技术

1. 热能梯级利用——热电联产技术

目前燃气锅炉绝大部分用于单一供热或纯发电场合，没有很好地进行能源梯级利用，系统的综合能效不高。热电联产与普通纯发电工艺的不同在于：热电厂是将汽轮机高压缸中做功完成的部分较高品质蒸汽抽出（不再进入低压缸做功发电），通过管网换热站换热后将热水供给热用户或直接向热用户供应蒸汽，使部分原本用于继续做功发电的蒸汽热量得以充分利用，利用率远高于其在汽轮机中完成整个发电过程的利用率，使得热电联产机组较之纯发电机组的热效率得到了大幅提升。根据不同的进汽参数，可将全厂热效率由 30%~40% 在最大供热情况下提高到 70%~80%。天然气热电联产作为能源梯级利用技术，在国外得到大力推广。

2. 热能梯级利用——冷热电联产（CCHP）技术

冷热电联产（CCHP）系统是一种建立在能量梯级利用概念基础上、能大幅度提高能

源利用率及降低 CO_2 等污染物排放的系统技术，包括先进的燃气涡轮机、微型涡轮机、先进的内燃机、燃料电池、吸收式制冷机和热泵、干燥及能源回收系统、引擎驱动及电驱动蒸汽压缩系统、热储备和输送系统，以及控制及系统集成技术，以满足建筑物的热和电力负荷的需求，并且从整体上提高了从矿物燃料到能源的转换效率。CCHP 既生产电能，还可以提供制冷、供热和卫生热水，其综合效率可达到 80% ~ 90%。

3. 太阳能利用与燃油燃气锅炉集成技术

太阳能利用是当前可再生能源利用的重点，受到各国政府的高度关注。太阳能热水器或太阳能热水系统在我国发展迅速，是目前太阳热能应用发展中最具经济价值、技术最成熟且已商业化的一项应用产品。另一种是太阳能集热与锅炉给水系统一体化集成，在锅炉给水系统中串接有太阳能热水集热系统，把锅炉常温给水通过太阳能集热系统升至 45℃ ~ 80℃后再通过管道和阀门送入锅炉生产蒸汽或热水，提供生产或生活所需。由于利用了太阳能，节省了锅炉燃料，提高了系统热效率，降低了锅炉运行成本。

4. 锅炉房系统模块集成技术

在我国，锅炉房系统设计、锅炉房系统辅机选型配置、管路设计、安装、保温等不同锅炉房之间差距很大。为了提高锅炉系统整体热效率，燃油燃气锅炉系统将向模块集成方向发展，水处理与给水系统、燃烧系统、锅炉本体系统、控制系统等均进行厂内预装、集成，现场组装。减少现场安装工作量，为用户提供锅炉房系统集成，以保证产品配置合理、配套完整、运行最佳。

流化床燃烧技术经过鼓泡床（早期称沸腾炉）和循环流化床两个阶段。循环流化床锅炉因物料及循环而降低了灰渣和飞灰的含碳量，无须复杂的制粉系统，电耗大大降低，负荷调节性也好。且在燃煤中加入脱硫剂，既能调控燃烧温度，又能减少烟气中的 SO_2 和 NOx，因此，在节能和环保上有许多优越性。世界各国都在发展大型循环流化床炉以替代煤粉炉。

二、垃圾焚烧炉节能技术

生活垃圾的焚烧处理技术具有减容、减量效果明显，对垃圾处理彻底、迅速、无害化程度高，并可进行能量利用等优点，是目前国内的一种主要生活垃圾处理技术。虽然随着国内经济的发展和城市燃气化的普及，国内城市生活垃圾的热值有了显著提高，但与发达国家相比，水分含量高、热值低仍然是目前我国城市生活垃圾的主要特点。因此，为了维持生活垃圾的稳定燃烧，往往需要添加燃油或燃煤等辅助燃料。

为了促进和引导生活垃圾焚烧向资源化利用方向发展，我国要求垃圾焚烧发电（采用流化床锅炉）原煤掺烧量应不超过入炉燃料重量的 20%，即入炉垃圾与燃煤的重量比应不大于 4 ∶ 1，符合上述要求的可认定为资源综合利用电厂（机组），并制定了相应的优惠政策。目前在建和运行的垃圾焚烧炉也大多是按照 4 ∶ 1 的垃圾 / 燃煤重量比进行设计的。

在上述要求的基础上，对资源综合利用电厂的认定提出了更高的要求，规定在发电消耗的热量中，常规能源超过 20% 的混燃发电项目，视同常规能源发电项目，不符合资源综合利用电厂的要求。节能减排更是一项重点工作。由此可见，为了达到新的可再生能源发电政策的技术要求和节能目标，目前国内的垃圾焚烧技术和装备水平必须进行改进。

本节通过对垃圾焚烧炉实际运行数据的分析，讨论现有垃圾焚烧设备设计和运行中存在的主要问题，并进一步提出与有机垃圾生物处理技术相结合的新型城市生活垃圾焚烧处理技术。该技术可显著提高垃圾焚烧炉的节能效果和焚烧电厂的能源利用率，且焚烧炉的适应性得到提高，并达到生活垃圾的减量化、无害化、资源化。

1. 我国城市生活垃圾焚烧技术与装备现状与问题

（1）我国现有城市生活垃圾焚烧技术装备

生活垃圾的组成和生活垃圾的人均产量受当地自然环境、气候条件、生活习惯、城市能源结构等因素的影响，不同地区的垃圾组分表现出较大的差异。我国城市生活垃圾多为未经分类的混合收集，大多数城市的生活垃圾以厨余类有机垃圾为主，其含量一般可占混合垃圾的 50% 以上；厨余垃圾的存在，使垃圾的含水量也相应较高，一般为 40%~60%。这直接导致垃圾总体热值较低，一般为 3000~6800kJ/kg，大多数城市生活垃圾热值仅为 4000~4500kJ/kg。为了保证焚烧炉稳定燃烧和有害物质的充分燃烬，一般要求燃烧温度不低于 850℃，烟气停留时间不低于 2s，这要求垃圾平均低位热值要达到 6000kJ/kg 以上才有可能实现。因此，在目前国内的生活垃圾焚烧往往需要添加适量的辅助燃料来提升燃烧温度，相应地，垃圾焚烧的运行费用也较高。

目前国内采用的固体废物焚烧炉主要有三种：炉排炉、回转窑和循环流化床焚烧炉。其中，用于生活垃圾焚烧的主要是炉排炉和流化床焚烧炉。由于我国垃圾热值低，仅靠垃圾无法在炉排炉中自行燃烧，往往需要添加辅助燃油，因此运行费用高昂，而且炉排炉的燃烧方式使垃圾与燃烧空气的混合较弱，燃烧不稳定，达不到垃圾彻底燃烧的要求，一些采取链条炉焚烧垃圾的企业，经常会有在灰渣中能捡出塑料袋的情况发生；为了减少喷油助燃，往往采取让原生垃圾在贮坑中自然发酵多天，产生的大量渗沥液需外协处理，产生的沼气给生产带来安全隐患。

相比之下，循环流化床焚烧炉对低热值燃料具有良好的适应性，并且具有燃烧迅速、燃烧稳定性好等优点，通过添加部分辅助燃煤，燃烧温度可以稳定控制在 850℃ ~ 950℃之间，适于燃烧我国的低热值垃圾和劣质煤，符合我国的能源结构状况。而且流化床焚烧炉掺烧一定比例的煤，能有效控制二噁英的产生并有助于控制重金属排放，循环流化床垃圾焚烧炉燃烧温度稳定且均匀，在炉型的设计上使烟气在炉内停留时间加长，因此破坏了有毒、有害气体的产生环境，从根本上降低了有害气体产生量。从燃烧过程中控制二次污染，流化床垃圾焚烧炉要优于机械炉排炉。此外，流化床焚烧炉的蒸汽参数也较高，有助于提高发电效率。因此，循环流化床焚烧炉在我国得到迅速发展并逐步占据主要地位。

（2）典型循环流化床焚烧炉运行状况与存在的问题

由于我国垃圾水分高、热值低的特点，目前设计和运行的循环流化床焚烧炉在焚烧过程中也需要掺煤混烧，辅助燃煤耗量较大，一般参照我国经贸资源要求，即垃圾焚烧发电原煤掺烧量不超过入炉燃料重量的 20%。而实际运行中，由于垃圾水分含量高、热值低，燃烧不易控制，往往实际消耗燃煤量大大超过上述比例。此外，一些企业则采取了消极节能的做法，即为了节省辅助燃料，锅炉炉膛温度不能始终维持在 >800℃，使得一些污染物未及分解完全就排出炉膛，给环境造成极大危害。一些垃圾焚烧炉制造企业则为了迎合业主与审批需要，编制了垃圾成分，使得锅炉设计指标能符合产业政策，但实际燃用的垃圾与设计垃圾热值偏差太大，运行调试困难，锅炉效率低下。

2. 城市生活垃圾生化一焚烧综合处理技术

提高入炉垃圾的热值，可再生能源发电项目的常规能源热量不得超过入炉燃料热量的 20%。

一般地，采用垃圾焚烧技术消纳生活垃圾的城市，均能做到生活垃圾与建筑垃圾分开收集，由此影响中国城市生活垃圾热值的主要因素为高水分的厨余类有机物，而基于生物工程的厌氧发酵技术或好氧堆肥技术，适宜于处理这类垃圾，厨余类有机垃圾的生化处理在发达国家普遍应用。

一种新的基于厌氧发酵技术的生化与焚烧综合处理的垃圾焚烧技术。首先，将原生混合垃圾经简单破碎和分选，将垃圾分为以塑料、织物、纸张、橡胶、竹木等为主的高热值组分和以厨余类有机垃圾为主（含少量沙石）的低热值组分，其他金属玻璃等可回收利用，沙石等惰性物填埋。分选出的厨余类有机垃圾和垃圾处理过程中产生的渗滤液进入厌氧发酵装置进行生化处理，发酵产生的沼气作为燃料使用；与原生厨余类垃圾相比，厌氧发酵沼渣更易于干燥，可利用焚烧炉产生的蒸汽对其进行干燥。干燥后的沼渣具有较高的热值，将其与垃圾高热值组分混合后送入焚烧炉焚烧。

这种基于厌氧发酵技术的生化与焚烧综合处理的垃圾焚烧技术符合我国生活垃圾低热值、高水分的特点。由于我国城市生活垃圾为混合收集，如果采用常规的垃圾综合处理技术，则需要复杂的分选和破碎系统。由于厌氧发酵沼渣干燥后仍送入焚烧炉进行焚烧，因而可大大简化前分选、破碎工艺，分选出的厨余类垃圾中允许含有较多杂质。

三、余热锅炉节能技术

余热资源普遍存在于我们的日常生产过程中，特别在钢铁、石油、建材、轻工和食品等行业。这些丰富的余热资源，被认为是继煤、石油、天然气和水力之后的第五大常规能源。因此，充分利用余热资源是企业节能的主要内容之一。

1. 余热利用的原则

余热的回收利用方法，随余热源的形态（固体、液体、气体、蒸汽、反应热）和温度水平（高温、中温、低温）等各不相同。

尽管余热回收方式各种各样，但总体分为热回收（直接利用热能）和动力回收（转变为动力或电力后再用）两大类。从回收技术难易程度来看，利用余热锅炉回收气、液的高温余热比较容易，回收低温余热则比较麻烦和困难。在回收余热时，首先应考虑到所回收余热要有用处和在经济上必须合算。如为了回收余热所耗费的设备投资甚多，而回收后的收益又不大，就得不偿失。通常进行回收余热的原则是：

（1）对于排出高温烟气的各种热设备，其中，余热应优先由本设备或本系统加以利用。如预热助燃空气、预热燃料或被加热物体（工质、工件），以提高本设备的热效率，降低燃料消耗。"合理用能导则"为此规定了工业锅炉的最低热效率标准和排烟温度标准。

（2）在余热余能无法回收用于加热设备本身，或用后仍有部分可回收时，应用来生产蒸汽或热水，以及产生动力等。

（3）要根据余热的种类、排出的情况、介质温度、数量及利用的可能性，进行企业综合热效率及经济可行性分析，决定设置余热回收利用设备的类型及规模。

（4）应对必须回收余热的冷凝水，高、低温液体，固态高温物体，可燃物和具有余压的气体、液体等的温度、数量和范围，制定利用的具体管理标准。

2. 锅炉余热利用的方法

锅炉热损失是指由于锅炉结构、燃烧方式和运行调整等造成的热量损失。这项热损失是任何锅炉都不可避免的，锅炉热损失最大的是排烟热损失，占锅炉热损失的一半以上，造成锅炉热损失主要有两个因素：一是排烟量；二是排烟温度。排烟量可通过调整燃烧、降低空气过剩系数、减少漏风等措施来减少。排烟温度主要由于锅炉结构造成，一些小型蒸汽热水锅炉、有机热载体锅炉和燃油燃气锅炉，一般都没有设计尾部受热面，所以排烟温度偏高，在200℃以上，最高达到300℃，排烟热损失在10%以上，大量的烟气余热浪费，污染了环境，对其进行节能改造是非常必要的。目前在锅炉尾部加装换热器可明显降低排烟温度，能获得热水或蒸汽，回用到生产上去，如热管换热器或余热节能器等。也可加装空气预热器，提高进风温度，改善燃烧，使锅炉热效率提高，降低燃料消耗量和生产成本。

第三节　锅炉的特点

本锅炉为采用超高压不带再热、炉水自然循环汽包炉、平衡通风、钢结构、全紧身封闭布置的循环流化床锅炉。

锅炉主要由一个膜式水冷壁炉膛、两台汽冷式旋风分离器和一个由汽冷包墙包覆的尾部竖井三部分组成。

炉膛内布置有屏式受热面：6片屏式过热器管屏和8片水冷蒸发屏。锅炉共布置有6个给煤口和3个石灰石给料口，给煤口全部置于炉前，在前墙水冷壁下部收缩段沿宽度方向均匀布置。在两侧墙分别布置8只床上稳燃用燃烧器（左右各4）。所有燃烧器均配有高能点火装置。炉膛底部是由水冷壁管弯制围成的水冷风室，水冷风室后部布置有点火风道，点火风道内布置有 4 台床下风道点火器，燃烧器配有高能点火装置。风室底部布置有 5 根 ф219 的落渣管，其中 4 根与冷渣器相接，另外 1 根作为事故放渣管。

炉膛与尾部竖井之间，布置有 2 台汽冷式旋风分离器，其下部各布置 1 台“J”阀回料器，每台回料器拥有 2 只回料管，所有 4 只回料管在后墙水冷壁下部收缩段沿宽度方向均匀布置，确保将高温物料均匀地送进炉膛。尾部包墙过热器爆覆的对流烟道中从上到下依次布置有高温过热器、低温过热器，包墙下部有钢板包覆，在其中布置有螺旋鳍片管式省煤器和卧式空气预热器，空气预热器采用光管式，沿炉宽方向双进双出。过热器系统中设有两级喷水减温器。

锅炉整体呈左右对称布置，支吊在锅炉钢架上。

1. 省煤器

省煤器布置在锅炉尾部烟道内，采用螺旋鳍片管结构，由 3 个水平管组组成，基管规格为 ф42mm，双圈绕顺列布置。

省煤器管子采用常规防磨保护措施：省煤器管组入口与四周墙壁间装设防止烟气偏流的均流板并在管子弯管绕头加装防磨罩。

给水从省煤器进口集箱两端引入，流经省煤器管组，进入省煤器吊挂管，后从出口集箱的两端通过连接管从锅炉两侧引入锅筒。

2. 锅筒和锅筒内部设备

锅筒位于炉前顶部，横跨炉宽方向。锅筒有锅炉蒸发回路的贮水器的功用，在它内部装有分离设备以及加药管、给水分配管和排污管。锅筒内径为 1600mm，壁厚为 90mm，由两根 U 形吊杆将其悬吊于顶板梁上。其内部设备主要有：

卧式汽水分离器共 150 个，两排平行布置。

“W”形立式波形板干燥箱，共 54 个。

给水管两端引入锅筒，用三通接出两根沿锅筒长度的多孔管分配水。

连续排污管为多孔管，在锅筒中部用三通汇成单根后由一端引出。

加药管与汽包等长，在其底部开有小孔。特殊的化学物质，通常为磷酸三钠经外部化学品供给系统的泵进入锅筒，并与炉水在锅筒中彻底混合，以实现所要求的化学控制指标。

沿整个锅筒直段上都装有弧形挡板，在锅筒下半部形成一个夹套空间。从水冷壁汽水引出管来的汽水混合物进入此夹套，再进入卧式汽水分离器进行一次分离，蒸汽经中心导管进入上部空间，进入干燥箱，水则贴壁通过排水口和钢丝网进入锅筒底部。钢丝网减弱排水的动能并让所夹带的蒸汽向汽空间溢出。

蒸汽在干燥箱内完成二次分离。由于蒸汽进入干燥箱的流速低，而且气流方向经多次突变，蒸汽携带的水滴能较好地黏附在波形板的表面上，并靠重力流入锅筒的下部。经过二次分离的蒸汽流入集汽室，并经锅筒顶部的蒸汽连接管引出。分离出来的水进入锅筒水空间，通过防旋装置进入集中下水管，参与下一次循环。

锅筒水位控制关系到锅炉的安全运行，因此，这里必须对锅炉的几个水位做一说明。由于锅筒是静设备组合，如卧式分离器、百叶窗分离器等，这些设备操作员都不能直接操作。操作员只能通过调节给水泵或给水调节阀，控制汽包水位来控制锅炉运行。

本锅炉正常水位在锅筒中心线下 76mm 处，水位正常波动范围为正常水位上下 76mm，高于或低于此范围长期运行将影响分离器的性能。如果锅筒水位高于正常水位 125mm（高安全水位或高报警水位），DCS 发出警报，并可开启锅筒紧急放水；如果高于正常水位 200mm（高水位或高水位跳闸），锅炉自动停炉。高水位引起卧式分离器内水泛滥，降低汽水分离能力；低水位时也会使分离器效率降低，湿蒸汽离开汽包进入过热器系统。如果锅筒水位低于正常水位 200mm（低安全水位或低警报水位），DCS 发出警报；如果低于正常水位 280mm（低水位或低水位跳闸），锅炉自动停炉。

蒸汽夹带的水分会导致固体杂质沉积在过热器管壁和汽轮机叶片上，对电厂的安全经济运行产生重大影响，故 DCS 和操作员应经常监视锅筒水位。

为正确监视锅筒水位，锅筒设置了四个单室平衡容器与差压变送器配套使用，对汽包水位进行监控，并对外输出水位变化时的压差信号进行监控；无盲区云母双色水位表安装于锅炉汽包两侧，左右封头各一，做就地水位计，监视、校核汽包水位；两只电接点水位计，具有声光报警、闭锁信号输出等功能，作为高低水位报警和指示保护用。

3. 炉膛

燃烧室、汽冷式旋风分离器和“J”阀回料器组成的固体颗粒主回路是循环流化床锅炉的关键。燃烧室由水冷壁前墙、后墙、两侧墙构成，宽 18280mm、深 8132mm，分为风室水冷壁、水冷壁下部组件、水冷壁上部组件、水冷壁中部组件和水冷蒸汽屏。

一次风由一次风机（PA）产生，通过一次风道进入燃烧室底部的水冷风室。风室底部由后墙水冷壁管拉稀形成，由 ϕ60mm 的水冷壁管加扁钢组成的膜式壁结构，加上两侧水冷壁及水冷布风板构成了水冷风室。水冷风室内壁设置有耐磨可塑料和耐火浇注料，以满足锅炉启动时 870℃左右的高温烟气冲刷的需要。水冷布风板（其上铺设有耐磨可塑料）将水冷风室和燃烧室相连，水冷布风板上部四周还有由耐磨浇注料砌筑而成的台阶。

布风板由 ϕ82.55mm×12.7mm 的内螺纹管加扁钢焊接而成，扁钢上设置有钟罩式风帽，其作用是均流化床料，同时在落渣管周围布置定向风帽，其作用是把较大颗粒及入炉杂物吹向出渣口。布风板标高为 8300mm。水冷壁前墙、后墙和两侧墙的管子节距均为 80mm，规格为 ϕ60mm。燃烧主要在水冷壁下部，在这里床料密集且运动激烈，燃烧所需的全部风和燃料都由该部分输送到燃烧室内。除了一次风由布风板进入燃烧室外，在炉膛的前后墙还布置有两层二次风口，上下层二次风风量可灵活进行调节。

炉膛下部前墙分别设置了 6 个给煤口和 3 个石灰石口，用于测量床料温度和压力的测量元件也都安装在这一区域中。来自旋风分离器的再循环床料通过 J 阀回到燃烧室底部。

穿过锅炉前水冷壁，在燃烧室内插入 1 个单独的水循环回路——水冷蒸发屏，从而增加传热面，水离开锅筒通过 3 根分散下降管到水冷蒸发屏。蒸发屏管路穿过水冷壁前墙，向上转折后，穿过燃烧室顶部回到锅筒。这个增加的水循环回路在炉膛中有 8 个平行的流程，即有 8 片水冷蒸发屏，与炉膛内 6 片屏式过热器管屏均匀布置，减小热偏差。

燃烧室的中部、上部也是由膜式水冷壁组成的，在此，热量由烟气、床料传给水，使其部分蒸发。这一区域也是主要的脱硫反应区，在这里氧化钙 CaO 与燃烧生成的二氧化硫 SO_2 反应生成硫酸钙 $CaSO_2$。在炉膛顶部，前墙向炉后弯曲形成炉顶，管子与前墙水冷壁出口集箱在炉后相连。

为了防止受热面管子磨损，在下部密相区的四周水冷壁、炉膛上部烟气出口附近的后墙、两侧墙和顶棚以及炉膛开孔区域、炉膛内屏式受热面转弯段等处均铺设耐磨材料。耐磨材料均采用高密度销钉固定。

锅炉的水循环经过精心计算，确保各种工况下水循环安全可靠。锅筒内的锅水通过 6 根 ϕ426mm 集中下水管、3 根 ϕ426mm 的分散下降管和 42 根 ϕ168mm 的下水连接管送至各个回路。下水连接管两侧墙各布置 6 根，前后墙布置 15 根。

本工程上层二次风前后墙各 10 个，下层二次风口单侧前墙各 12 个、后墙 8 个。

4. 旋风分离器进口烟道

锅炉布置有两个旋风分离器进口烟道，将炉膛的后墙烟气出口与旋风分离器连接，并形成气密的烟气通道。

旋风分离器进口烟道由汽冷膜式壁包覆而成，内铺耐磨材料，上下环形集箱各 1 个。

旋风分离器进口烟道共有 112 根管子，每侧有 56 根，管子为 ϕ60mm，材质 20G，进出口集箱规格均为 ϕ273mm。饱和蒸汽自左右旋风分离器进口烟道下集箱由 4 根 ϕ168mm 的管子分别送至左右旋风分离器下部环形集箱，蒸汽通过旋风分离器管屏的管子逆流向上被加热后进入分离器上部环形集箱，该集箱通过蒸汽连接管分别与尾部左右侧包墙上集箱相连。

5. 旋风分离器

旋风分离器上半部分为圆柱形，下半部分为锥形。烟气出口为圆筒形钢板件，形成一个端部敞开的圆柱体。细颗粒和烟气先旋转下流至圆柱体的底部，而后向上流动离开旋风分离器。粗颗粒落入直接与旋风分离器相连接的 J 阀回料器立管。

旋风分离器为膜式包墙过热器结构，其顶部与底部均与环形集箱相连，墙壁管子在顶部向内弯曲，使得在旋风分离器管子和烟气出口圆筒之间形成密封结构。

旋风分离器内表面铺设防磨材料，其厚度距管子外表面 25mm。

6. 尾部受热面

尾部对流烟道断面为 15875mm（宽）× 6096mm（深），烟道上部由膜式包墙过热器组成，烟道内依次布置有高温过热器和低温过热器水平管组，在包墙过热器以下竖井烟道四面由钢板包覆，以下沿烟气流向分别布置有省煤器和空气预热器。

包墙过热器四面墙均由进口及出口集箱相连，在包墙过热器前墙上部烟气进口处，管子拉稀使节距由 127mm 增大为 381mm 形成进口烟气通道；前墙至后墙方向下弯曲形成尾部竖井顶棚，前、后墙及两侧包墙管子规格均为 ϕ51mm，前墙入口烟囱拉稀管为 ϕ63.5mm 的管子。

7. 低温过热器

低温过热器位于尾部对流竖井后烟道下部，低温过热器由一组沿炉体宽度方向布置的双绕、124 片水平管圈组成，顺列、逆流布置，管子规格为 ϕ51mm。

低温过热器管束通过固定块固定在省煤器吊挂管上，与烟气呈逆向流动，经过低温过热器管束后进入低温过热器出口集箱，再从出口集箱的两端引出。

低温过热器采取常规的防磨保护措施，每组低过管组入口与四周墙壁间装设防止烟气偏流的阻流板，每组低过管组前排管子迎风面采用防磨盖板。

8. 一级减温器

从低温过热器出口集箱至位于炉膛前墙的屏式过热器进口集箱之间的蒸汽连接管道上装设有一级喷水减温器，其内部设有喷管和混合套筒。混合套筒装在喷管的下游处，用以保护减温器筒身免受热冲击。

9. 屏式过热器

屏式过热器共 6 片，布置在炉膛上部靠近炉膛前墙，过热器为膜式结构，管子节距 63.5mm，每片共有 47 根 ϕ42mm 的管；在屏式过热器下部转弯区域范围内设置有耐磨材料，整个屏式过热器自下向上膨胀。

10. 二级减温器

从屏式过热器出口集箱至位于尾部对流竖井后墙的高温过热器进口集箱之间的蒸汽连接管道上装设有二级喷水减温器，用于对过热蒸汽温度的细调。二级减温器的结构与一级减温器基本相同。

11. 高温过热器

蒸汽从二级喷水减温器出来经连接管引入布置在尾部后烟道上部的高温过热器进口集箱。高温过热器为 ϕ51mm 双绕蛇形管束，管束沿宽度方向布置有 124 片。

高温过热器管束通过固定块固定在省煤器吊挂管上，蒸汽从炉外的高温过热器进口集箱的两端引入，与烟气呈逆向流动，经过高温过热器管束后进入高温过热器出口集箱，再从出口集箱的两端引出。

高温过热器采取常规的防磨保护措施，每组高过管组入口与四周墙壁间装设防止烟气偏流的阻流板，每组高过管组前排管子迎风面采用防磨盖板。

12. 空气预热器

空气预热器采用卧式顺列四回程布置，空气在管内流动，烟气在管外流动，位于尾部竖井下方双烟道内。

各级管组管间横向节距为 94mm、纵向节距为 80mm，每个管箱空气侧之间通过连通箱连接。一、二次风由各自独立的风机从管内分别通过各自的通道，被管外流过的烟气所加热。一、二次风道沿炉宽方向双进双出。

13. “J” 阀回料器

被汽冷式旋风分离器分离下来的循环物料通过“J”阀回料器送回到炉膛下部的密相区。“J” 阀回料器共两台，分别是一个回料立管引出两个返料管，布置在两台旋风分离器的下方，支撑在冷构架梁上。分离器与回料器间、回料器与下部炉膛间均为柔性膨胀节连接。它有两个关键功能：一是使再循环床料从旋风分离器连续稳定地回到炉膛；二是提供旋风分离器负压和下燃烧室正压之间的密封，防止燃烧室的高温烟气反窜到旋风分离器，影响分离器的分离效率。“J” 阀通过分离器底部出口的物料在立管中建立的料位来实现这个目的。回料器用风由单独的高压罗茨风机负责，罗茨风机的高压风通过底部风箱及立管上的四层充气口进入 “J” 阀，每层充气管路都有自己的风量测点，能对各层风量进行准确测量，还可以通过布置在各充气管路上的风门对风量进行调节。“J” 阀上升管上方还布置有启动物料的添加口。“J” 阀回料器下部设置事故排渣口，用于检修及紧急情况下的排渣，未纳入排渣系统。

“J” 阀回料器由钢板卷制而成，内侧铺设有防磨、绝热层。

14. 点火装置

锅炉设置有 4 台床下油点火器。总热容量按 15%B-MCR 的总输入热设计。锅炉点火方式为床下点火，能迅速将床温加热至 550℃左右，确保点火的可靠性，燃烧器配有高能点火装置。

15. 锅炉构架

本锅炉构架为拴接钢结构，按岛式半露天布置设计，有 12 根主柱。柱脚在 800mm 标高处，通过钢筋与基础相连，柱与柱之间有横梁和垂直支撑，以承受锅炉本体及由于风和地震引起的荷载。

锅炉的主要受压件（如锅筒、炉膛水冷壁、旋风分离器、尾部竖井烟道等）均由吊杆悬挂于顶板上，而其他部件如冷渣器、空气预热器、回料器等均采用支撑结构支撑在横梁或地面上。

锅炉需运行巡检的地方均设有平台扶梯。

锅炉在承受较高压力的同时，还在高温下工作，工作条件比一般机械设备恶劣得多。锅炉受热面内外部广泛接触烟、火、灰、水、汽等介质，这些介质在一定的条件下会对锅炉元件起腐蚀作用；锅炉各受压元件上承受不同的内外压力而产生相应的应力，同时由于各元件的工作温度不同，热胀冷缩程度也不同而产生附加应力。随着负荷和燃烧情况的变化，这种应力也发生变化，这就容易使一部分承受集中应力的受压元件发生疲劳损坏；锅炉内的受热面因缺水、结水垢或水循环被破坏使传热发生障碍，使高温区的受热面烧损、鼓包、开裂；另外，灰尘造成受压件或连接件磨损，介质渗漏引起腐蚀等使锅炉设备更易损坏。

锅炉是具有爆炸危险性的特种设备，引起爆炸的原因很多，归纳起来有两种：一种是内部压力升高，超过允许工作压力，而使安全附件失灵，未能及时泄压或报警，致使内部压力继续升高。当该压力超过某一受压元件所能承受的极限压力时，设备便发生爆炸。另一种是在正常工作压力下，由于受压元件本身有缺欠或使用后造成损坏，或钢材老化而不能承受原来的工作压力时，就可能突然破裂爆炸。

锅炉一旦发生爆炸，其破坏性很大。据计算，一台蒸发量 10V/h、蒸汽压力 1.3MPa 的锅炉爆炸释放出来的能量，相当于 100kg 的 TNT 炸药爆炸释放的能量。

第四节　锅炉主要参数

一、蔗渣炉

自然循环单锅筒锅炉，采用口形布置，钢构架，炉膛部分悬吊部烟道支撑。炉膛前墙下部布置喷渣口，辅以倾斜固定炉排组织燃烧，利用蒸汽除渣。炉膛左侧墙布置液压装置推送蔗渣叶，配有独立固定炉排燃烧。过热器分两级布置，高温过热器和低温过热器之间布置喷水减温器，省煤器分上下级，空气预热器为单级布置。各部分受热面积为：炉膛 848m^2、防渣管 97.2m^2、高温过热器 398.9m^2、低温过热器 485.6m^2、省煤器 2359.3m^2、空气预热器 7412.9m^2。

1. 锅炉设计参数

（1）蒸发量：120Vh。

（2）过热蒸汽出口压力：3.82MPa。

（3）过热蒸汽温度：450℃。

（4）给水温度：104℃。

（5）冷空气温度：30℃。

（6）热空气温度：208℃。

2. 锅炉主要技术经济指标

（1）锅炉热效率：≥ 82%。

（2）排烟温度：140℃。

（3）锅炉燃料消耗量：55175kg/h。

（4）排烟处过量空气系数：1.4。

（5）安全稳定运行工况范围：70%~100%。

（6）排污率：2%。

（7）锅炉通风比：16%。

（8）锅炉本体耗钢量：220t。

（9）钢结构耗钢量：521t。

（10）炉排耗钢量：40t。

（11）总耗电功率：1915kW。

（12）受热面积热负荷：63.8kW/m²。

（13）炉膛容积热负荷：74.2kW/m²。

3. 锅炉尺寸

（1）炉膛宽度（两侧水冷壁管中心线之间的距离）：7820mm。

（2）炉膛深度（前后水冷壁管中心线之间的距离）：7000mm。

（3）锅筒中心线标高：36000mm。

（4）锅炉宽度（左右两柱中心距）：9560mm。

（5）锅炉深度（Z1 与 Z5 两柱中心距）：17110mm。

（6）锅炉最高点标高：37200mm。

（7）锅炉最大宽度（包括平台栏杆）：16210mm。

（8）锅炉最大深度（包括平台栏杆）：19540mm。

4. 锅炉结构

（1）炉膛。炉膛横截面呈长方形，尺寸为 7820mm × 700mm，炉膛四壁布满膜式水冷壁，管子为 qp60mm × 4mm，材质为 20，管子节距 100mm。

前水冷壁由 78 根管子组成，上端错成两排进入锅筒，下端进入集箱与 6 根 ϕ108mm × 4.5mm 下降管构成一个回路，下降管与上升管内截面比为 0.28。

后水冷壁由 78 根管子组成，上部在炉膛出口处拉稀成三排凝渣管，节距 S1=300mm，S2=200mm 再进入锅筒，与 6 根 ϕ108mm × 4.5mm 的下降管构成一个回路，下降管与上升管内截面比为 0.28。

前水冷壁下部呈 60° 倾角构成前拱。

侧水冷壁每侧由 70 根管子组成，上端进入集箱再由 8 根 ϕ108mm × 4.5mm 的引出管进入锅筒，下端进入下集箱，与 6 根 ϕ108mm × 4.5mm 下降管构成一个回路，下降管与上升管内藏面比为 0.31。引出管与上升管内截面比为 0.414。集箱为 ϕ273mm × 16mm，材质为 20。在炉膛四周设有人孔、测量孔及防爆门等，为了有利于着火和燃烧稳定，燃烧器区域的水冷壁上铺设 128m² 卫燃带。

（2）汽包（锅筒）。汽包内径为 ϕ1600mm，壁厚为 46mm，圆筒部分长 10940mm，封头壁厚 46mm，均由 Q245R 钢板制成。锅筒内装有给水、蒸汽分离、连续排污、磷酸盐加药等装置，蒸汽一次分离采用 44 个 ϕ290mm 旋风分离器，二次分离器采用 9 层 2360μm18 号镀锌钢丝网及一层多孔板组成的顶部分离器。

此外，汽包上还有高低读水位表、压力表、安全阀等，锅筒正常水位在锅筒中心线下 75mm 处，最高最低水位分别在正常水位上下 75mm 处，锅筒由两个活动支座支撑在钢梁上，受热时锅筒向两端自由膨胀。锅筒内部装置要严格遵照图纸焊接，以保证蒸汽品质。

（3）燃烧器。在炉膛前墙布 6 个蔗渣燃烧器。采用固定蒸汽吹灰炉排，炉排风占

70%，炉后墙、送料风各占 15%。

（4）过热器及减温器。过热器分两段，高温段在前，由 ф42mm×3.5mm 的 12 根管子制成。低温段在后，由 ф38mm×3.5mm 的 20 根管子制成，总受热面积 884.5m^2，过热器出口集箱上设有主汽阀、自用蒸汽阀、生火排汽、反冲洗、安全阀及热电偶座、温度计、压力表等。

减温系统采用中间喷水减温器，减温水为除盐水或者冷凝水，通过电动调节阀来调节减温水量的多少，可达到调节过热蒸汽温度的目的。

（5）省煤器。省煤器分为两级，均由 ф32mm×3mm 的 20 管子制成，省煤器集箱共 4 只，均由 ф219mm×16mm 的管子组成，材质 20。上下级省煤器均采用支撑结构，支撑梁内部通风冷却，为防止省煤器磨损，上下级省煤器的蛇形管都装有必要的防磨盖板，并且留有检查孔以便检查和清灰。

（6）空气预热器。采用管式空气预热器，单级布置，上 3 个管箱由 ф50mm×2mm 的钢管制成立式管箱，最下面的管箱由 ф60mm×3mm（考登钢管）制成立式管箱，共有 4 组管箱，4 个流程，每组管箱由 4 只管箱组成。烟气在管内纵向冲刷，空气在管外横向冲刷，为了防止空气预热器的振动和噪声，在每个管箱中都装有两块防震钢板，每个管箱和连通罩均留有检查孔以便检查和清灰。

（7）钢架与炉墙。采用 12 根钢柱的支撑式钢架，前面 6 根钢柱固定在地基上，用来支撑炉膛受热面重量，后面 6 根钢柱固定在地基上，用来支撑尾部受热面重量。混凝土结构由设计院负责设计。炉膛炉墙采用轻型炉墙，炉墙为厚度 200mm 的保温层，水平炉顶及斜炉顶采用耐火混凝土、绝热混凝土浇灌，由吊架分别吊在水平顶板及斜顶板上。

各集箱和外部热力管道均用石棉保温泥包裹，保温性能和密封性能良好。当周围环境温度为 25℃时，距门（孔）300mm 以外的炉体外表面温度不得超过 50℃，炉顶温度不得超过 70℃。各种热力设备、热力管道及阀门表面温度不得超过 50℃。

炉墙上装有人孔、看火孔、打焦孔、防爆门等。另外在尾部竖井上可根据测量、吹灰等需要，在适当位置留孔。

二、煤粉炉

WCZ440/13.7-4 型锅炉是武汉锅炉厂为某公司设计制造的配 135MW 发电机组的超高压锅炉，锅炉的基本形式是单锅筒自然循环、一次中间再热、倒 U 形布置、平衡通风、露天布置、四角切圆燃烧、尾部双烟道烟气挡板调温、回转式空气预热器、固态排渣、全钢构架、悬吊结构。

1. 锅炉本体主要界限尺寸

（1）炉膛宽度（两侧水冷壁中心线间距）：9840mm。

（2）炉膛深度（前后水冷壁中心线间距）：9200mm。

（3）锅筒中心线标高：45500mm。

（4）炉膛顶棚管标高：41500mm。

（5）锅炉顶板上缘标高：52000mm。

（6）锅炉运转层标高：9000mm。

（7）水冷壁下集箱标高：4800mm。

（8）过热蒸汽出口管道标高：44400mm。

（9）再热蒸汽出口管道标高：44450mm。

（10）再热蒸汽进口管道标高：23600mm。

（11）锅炉构架左右副柱中心距：32000mm。

（12）锅炉构架最大纵深：38500mm。

（13）水平烟道深：2760mm。

（14）尾部竖井深（主烟道 / 旁通烟道）：3503/3842mm。

2. 锅炉主要技术特性数据（BMCR 工况）

（1）锅炉计算热效率：91.27%。

（2）排烟温度：136.2℃。

（3）计算燃料耗量：65.75Vh。

（4）一次风热风温度：2479℃。

（5）二次风热风温度：360℃。

（6）过热器一级减温水量：16.5V/h。

（7）过热器二级减温水量：7.5t/h。

（8）过热器阻力：1.5MPa。

（9）再热器阻力：0.18MPa。

（10）省煤器水道阻力：0.35MPa。

3. 锅筒及锅筒内部装置

本锅炉采用单锅筒，内径 ϕ1600mm，壁厚 95mm，筒身直段长 15600mm，两端为椭球形封头，连封头在内全长约 17550mm，整个锅筒用 BHW35 钢板制成。

锅筒内汽水分离装置为单段蒸发式，60 个 ϕ315mm 带导流板的切向旋风分离器沿锅筒长度分成前、后两排均匀布置，来自水冷壁的汽水混合物，通过分组连通箱进入旋风分离器。每个旋风分离器的平均负荷约 10/h，汽和水在分离器内初步分离后，蒸汽经过旋风分离器顶部的波形板分离器进入平板式清洗装置，蒸汽经过给水清洗后在上升过程中在重力分离作用下进一步除掉水分，最后通过钢筒顶部的均汽板，通过引出管进入顶棚过热器。

来自省煤器的给水进入锅筒后分成两路，一路通往清洗装置，其水量占总给水量的 50%，另一路均匀引入集中下降管内，因给水温度和饱和温度差别较大，给水直接引入集中下降管内可避免集中下降管接头与锅筒壁连接处因温差产生疲劳应力，又可防止下降管入口处产生旋涡造成下降管带汽，在下降管进口处装有消除旋涡的栅格板和十字板。

正常水位在锅筒中心线下 150mm 处，最高和最低水位距正常水位 ±50mm，为防止运行中锅筒满水，锅筒内装有紧急放水管，两侧封头装有高读双色水位计各 1 套，电子水位计、电接点水位表、水位保护、给水自动调节等用的平衡容器共 6 套，并配备一次阀门。锅筒上还装有高读和低读压力表。

锅筒内装有炉水处理用的磷酸盐加药装置和连续排污装置。为缩短锅炉启动时间，锅筒内设置了邻炉加热装置，加热用的蒸汽压力约为 1.27MPa，温度为 320℃ ~ 350℃，Q=15vh。

锅筒由两组链板式吊挂装置悬吊在锅炉顶板上，安装时应根据锅筒外壁的实际形状修正链片，使与锅筒处外表面接触良好，调整吊挂装置顶部铁垫块来保证锅筒轴线水平无挠度，能使吊挂装置受力均匀。

4. 炉膛及水冷系统

炉膛四周为 ϕ60mm × 6.5mm、节距 80mm 的上升管，管间加焊扁钢组成膜式壁，炉膛宽 9840mm、深 9200mm、高 36700mm（顶棚管中心线至前、后水冷壁下集箱中心线间距）。前后水冷壁下部为 55° 倾角的冷灰斗，后水冷壁上部向炉膛内折 2800mm 形成折焰角，然后向上分成两路，其中一路 40 根 ϕ60mm × 8mm 的管子，节距 240mm 作为后水冷壁的悬吊管垂直向上，进入后水冷壁前部上集箱，另一路 82 根管子，节距为 120mm，以 35° 倾角向后构成水平烟道底部包墙膜式壁，后垂直向上，成两排以 240mm 节距穿过水平烟道进入后水冷壁后上集箱，水平烟道两侧包墙膜式壁由侧水冷壁后侧上升管分出部分水冷壁管来包敷，节距为 120mm。

水冷壁的水循环回路划分如下：前、后及两侧水冷壁各分成 4 个循环回路，一共 16 个回路。锅筒下部焊有 4 根 ϕ419mm × 36mm 的大口径集中下降管，其下端用 60 根 ϕ133mm × 13mm 的分散供水管分别引入水冷壁下集箱。前、后及两侧水冷壁上集箱通过 64 根 ϕ133mm × 13mm 的连接管将汽水混合物引入锅筒。

为缩短锅炉的启动时间，保证水循环安全，在水冷壁下集箱中装有邻炉来汽加热装置，其汽源来自锅筒内加热装置同一汽源，蒸汽耗量为 15~20t/h。

为运行、检测和维修的需要，炉膛和尾部竖井设置了窥视孔、打焦孔、火焰 TV 监视、热工测量、吹灰及检查人孔等。

5. 过热器及调温

（1）过热器系统。过热器由布置在炉膛上部的全辐射式前屏过热器和半辐射式的后屏过热器、顶棚及包墙尾部包墙膜式壁、对流形式折焰角上部的高温过热器、尾部竖井旁通烟道内的低温过热器组成。

按蒸汽流程，依次为顶棚管、包墙管、低温过热器、前屏、后屏、高温过热器。按烟气流向顺序为前屏、后屏、高温过热器和低温过热器。

炉膛上部布置了 6 片“U”形前屏过热器，为减少同屏热偏差，前屏进口集箱分开，蒸汽由连接管进入集箱后，沿双 U 形管两外侧下行进入炉内，然后从两内侧上行穿出炉顶到出口集箱。

为减小沿锅炉宽度方向的热偏差，过热器系统进行两次左右交叉。屏式过热器采用管夹管结构来保持整排管子的平整。顶棚及包墙过热器均在管间焊扁钢组成膜式壁以保证炉膛和烟道的密封。

（2）过热器的气温调节。以喷水式减温作为过热器气温的主要调节手段，共布置两处喷水点。一级减温器布置在后屏过热器前，作为粗调节。二级减温器布置在高温过热器前，作为细调节。

第五节　锅炉的分类及结构

一、锅炉的分类

锅炉的分类方法很多，可按用途、结构、出厂型式、工作介质循环方式、出口介质压力、蒸发量、燃料及燃烧方式和热源等进行分类。

1. 按用途分类

按用途分为电站锅炉、工业锅炉、生活锅炉、船舶锅炉、机车锅炉。

2. 按工作介质分类

按工作介质分为蒸汽锅炉、热水锅炉、汽水两用锅炉、热风炉、有机热载体锅炉。

3. 按燃料和热源分类

按燃料和热源分为火床燃烧锅炉、火室燃烧锅炉、沸腾燃烧锅炉及旋风炉。

按燃料种类分为固体燃料（如煤、木柴、甘蔗渣、稻壳、椰子壳、生活垃圾、工业垃圾等）锅炉、液体燃料锅炉、气体燃料锅炉。

按热源的提供方式分为原子能锅炉、余热锅炉、电热锅炉。

4. 按本体结构分类

按本体分为水管锅炉、火管锅炉、水火管锅炉、热管锅炉、真空相变锅炉。

5. 按介质循环方式分类

按工作介质循环方式可分为自然循环锅筒锅炉、多次强制循环锅筒锅炉、低倍率循环锅炉、直流锅炉（无锅筒）、复合循环锅炉等。

6. 按燃烧方式分类

按此方法可分为层燃锅炉 [它又分为固定炉排、机械化炉排（链条炉排、振动炉排、抽板顶升炉排、往复炉排、抛煤机炉等）]、室燃锅炉、沸腾炉（又称流化床锅炉）。

7. 按出厂型式分类

按出厂型式可分为快装（或称整装）式、组装式和散装式锅炉。

8. 按出口介质工作压力 p 分类

（1）超临界锅炉，$p \geq 22.1MPa$。

（2）亚临界锅炉，$16.7MPa \leq p<22.1MPa$。

（3）超高压锅炉，$13.7MPa \leq p<16.7MPa$。

（4）高压锅炉，$9.8MPa \leq p<13.7MPa$。

（5）次高压锅炉，$5.3MPa \leq p<9.8MPa$。

（6）中压锅炉，$3.8MPa \leq p<5.3MPa$。

（7）低压锅炉，$0.1MPa \leq p<3.8MPa$。

（8）常压锅炉。

注：p 是指锅炉额定工作压力，对蒸汽锅炉代表额定蒸汽压力、对热水锅炉代表额定出水压力、对有机热载体锅炉代表额定出口压力。

二、锅炉的结构

1. 锅炉结构的基本要求

（1）各受压部件应当有足够的强度。

（2）受压元件结构的形式、开孔和焊缝的布置应当尽量避免或者减少复合应力和应力集中。

（3）锅炉水循环系统应当能够保证锅炉在设计负荷变化范围内水循环的可靠性，保证所有受热面都得到可靠的冷却；布置受热面时，应当合理地分配介质流量，尽量减小热偏差。

（4）炉膛和燃烧设备的结构及布置、燃烧方式应当与所设计的燃料相适应，并且应防止炉膛结渣或者结焦。

（5）非受热面的元件，壁温超过该元件所用材料的许用温度时，应当采取冷却或者绝热措施。

（6）各部件在运行时应当能够按照设计预定方向自由膨胀。

（7）承重结构在承受设计载荷时应当具有足够的强度、刚度、稳定性及防腐蚀性。

（8）炉膛、包墙及烟道的结构应当有足够的承载能力。

（9）炉墙应当具有良好的绝热和密封性。

（10）便于安装、运行操作、检修和清洗内外部。

2. 锅炉本体的主要受压元件

锅炉本体的主要受压元件包括锅筒（锅壳）、集箱、炉胆、回燃室及电站锅炉启动（汽水）分离器、集中下降管、汽水管道等。

3. 锅炉安全附件和仪表

锅炉安全附件和仪表，包括安全阀、压力测量装置、水（液）位测量与示控装置、温度测量装置、排污和放水装置等安全附件，以及安全保护装置和相关的仪表等。每台锅炉至少应当装设两个安全阀（包括锅筒和过热器安全阀）。符合下列规定之一的，可以只装一个安全阀：

（1）额定蒸发量小于或者等于 0.5V/h 的蒸汽锅炉。

（2）额定蒸发量小于 4V/h 且装设有可靠的超压连锁保护装置的蒸汽锅炉。

（3）额定热功率小于或者等于 2.8MW 的热水锅炉。

4. 除满足第 1 款的要求外，以下位置也应当装设安全阀：

（1）再热器出口处，以及直流锅炉的外置式启动（汽水）分离器上。

（2）直流蒸汽锅炉过热蒸汽系统中两级间的连接管道截止阀前。

（3）多压力等级余热锅炉，每一压力等级的锅筒和过热器上。

5. 安全阀的选用

（1）蒸汽锅炉的安全阀应当采用全启式弹簧安全阀、杠杆式安全阀或者控制式安全阀（脉冲式、气动式、液动式和电磁式等），选用的安全阀应当符合《安全阀安全技术监察规程》和相应技术标准的规定。

（2）额定工作压力为 0.1MPa 的蒸汽锅炉可以采用静重式安全阀或者水封式安全装置，热水锅炉上装设有水封式安全装置时，可以不装设安全阀；水封式安全装置的水封管内径应当根据锅炉的额定蒸发量（额定热功率）和额定工作压力确定，并且不小于 25mm。

注：安全阀与本体之间不应装设阀门。对安全阀应有防冻措施。

6. 蒸汽锅炉安全阀的总排放量

蒸汽锅炉锅筒（锅壳）上的安全阀和过热器上的安全阀的总排放量，应当大于额定蒸发量，对于电站锅炉应当大于锅炉最大连续蒸发量，并且在锅筒（锅壳）和过热器上所有的安全阀开启后，锅筒（锅壳）内的蒸汽压力不应当超过计算压力的 1.1 倍。再热器安全阀的排放总量应当大于锅炉再热器最大设计蒸汽流量。蒸汽锅炉安全阀的流道直径应当大于或者等于 20mm。

7. 几种典型的锅炉结构

（1）立式锅壳锅炉，其受压元件主要有锅壳、封头、炉胆、炉胆顶、U 形下脚圈、烟管、炉门圈、喉管。

（2）偏锅筒快装火管锅炉。其受压元件有锅筒、下降管、集箱、水冷壁、烟管。

（3）余热锅炉的基本结构

为了适应余热的特点，满足工艺生产的要求，有效地回收余热，出现了各种各样的余热锅炉。按结构形式，余热锅炉可分为管壳式余热锅炉和烟道式余热锅炉。

（4）快装火管锅炉，其主要受压元件有锅筒、下降管、集箱、水冷壁、烟管等。

（5）单横锅筒水管锅炉，其主要受压元件有锅筒、下降管、集箱、水冷壁、过热器、省煤器。

第六节　锅炉建造基本要求

一、材料选用、验收和使用

1. 材料验收

（1）用于制作水管锅炉的锅筒、集箱端盖的钢板，应按NB/T47013.3逐张进行超声检测。质量等级：工作压力大于9.8MPa的锅炉用钢板为I级；其他压力等级锅炉不宜低于II级。

（2）用于制作锅壳锅炉的锅筒（壳）、炉胆的钢板，Q245R和Q345R厚度>30mm时应逐张进行超声检测。其中厚度>30~36mm的质量等级不低于II级，厚度>36mm的质量等级不低于I级；其他低合金钢板厚度>25mm时，质量等级不低于II级。

2. 材料代用

受压元件及钢结构的材料代用应履行材料代用审批程序，经技术部门和材料责任师同意后方可发料。材料代用后，制造过程的检验按代用的材料实施检验。

3. 材料发放和使用

领料（钢板、钢管、锻件、焊接材料）应严格执行材料发放审批程序，且材料下料前需进行材料标记移植，经材料检验员确认合格后方可下料。

二、主要受压元件的连接

1. 基本要求

（1）锅炉主要受压元件的主焊缝，包括锅筒（锅壳）、集箱、炉胆、回燃室及电站锅炉启动（汽水）分离器、集中下降管、汽水管道等部件的纵向和环向焊缝，封头、管板、炉胆顶和下脚圈等的拼接焊缝等，应当采用全焊透的对接接头。

（2）锅壳锅炉的拉撑件不得拼接。

2. 焊缝上开孔

（1）集中下降管的管孔不得开在焊缝上。

（2）其他焊接管孔亦应避免开在焊缝上及其热影响区。如结构设计不能避免时，允许在焊缝上或热影响区开孔，但应同时满足以下要求：

1）管孔周围60mm（当管孔直径大于60mm，则取孔径值）范围内的焊缝应经射线或超声检测合格，并且在管孔边缘处的焊缝没有夹渣。

2）管接头焊后经热处理消除应力。

3. 受压元件主要焊缝及其邻近区域应当避免焊接附件

受压元件主要焊缝及其邻近区域应当避免焊接附件。如果不能避免，则焊接附件的焊缝可以穿过（断开）主要焊缝，而不应当在主要焊缝及其邻近区域终止。

三、焊接要求

当施焊环境出现下列任一情况，且无有效防护措施时，不应施焊：焊条电弧焊时风速大于 10m/s；气体保护焊时风速大于 2m/s；相对湿度大于 90%；雨、雪环境；施焊环境温度低于 –20℃。

当焊件温度为 –20℃ ~ 0℃时，应在始焊处 100mm 范围内预热到 15℃以上。

1. 焊缝布置

（1）相邻主焊缝

锅筒（筒体壁厚不相等的除外）、锅壳和炉胆上相邻两筒节的纵向焊缝，以及封头、管板、炉胆顶或者下脚圈的拼接焊缝与相邻筒节的纵向焊缝，都不应彼此相连。其焊缝中心线间距离（外圆弧长）至少为较厚钢板厚度的 3 倍，并且不小于 100mm。

对等壁厚锅筒，相邻两筒节的纵缝及封头拼接焊缝与相邻筒节的纵缝均不应彼此相连，焊缝中心线间的外圆弧长应为较厚钢板厚度的 3 倍且不小于 100m。

（2）封头应尽量用整块钢板制成

必须拼接时，允许用两块钢板拼成。拼接焊缝离封头中心线的距离不大于封头公称内径的 30%，并且不得通过人孔扳边，也不得将拼接焊缝布置在人孔扳边圆弧上。

（3）锅炉受热面管子及管道对接焊缝

1）对接焊缝中心线间的距离

锅炉受热面管子（异种钢接头除外）以及管道直段上，对接焊缝中心线间的距离 L 应当满足下列要求：外径小于 159mm，L ≥ 2 倍外径；外径大于或者等于 159mm，L ≥ 300mm。

当锅炉结构难以满足上述要求时，对接焊缝的热影响区不应当重合，并且 L ≥ 50mm。

2）对接焊缝位置

受热面管子及管道（盘管及成型管件除外）对接焊缝应当位于直段上；受热面管子的对接焊缝中心线至锅筒（锅壳）及集箱外壁、管子弯曲起点、管子支吊架边缘的距离至少为 50mm，对于额定工作压力大于或等于 3.8MPa 的锅炉距离至少为 70mm；对于管道距离应当不小于 100mm。

受压元件主要焊缝及其邻近区域应当避免焊接附件。如果不能避免，则焊接附件的焊缝可以穿过主要焊缝，而不应当在主焊缝及其邻近区域终止。

2. 对接边缘偏差（错边量）

锅筒（锅壳）纵（环）焊缝及封头（管板）拼接焊缝或者两元件的组装焊缝的装配应当符合以下规定：

（1）纵缝或者封头（管板）拼接焊缝两边钢板的实际边缘偏差值不大于名义板厚的10%，且不超过3mm；当板厚大于100mm时，不超过6mm。

（2）环缝两边钢板的实际边缘偏差值（包括板厚差在内）不大于名义板厚的15%加1mm，且不超过6mm；当板厚大于100mm时，不超过10mm。

（3）不同厚度的两元件或者钢板对接并且边缘已削薄的，按照钢板厚度相同对待，上述的名义板厚指薄板；不同厚度的钢板对接但不带削薄的，则上述的名义板厚指厚板。

3. 焊接方法选择

以下部位应当采用氩弧焊打底：立式锅壳锅炉下脚圈与锅壳的连接焊缝；有机热载体锅炉管子、管道的对接焊缝；油田注汽（水）锅炉管子的对接焊缝；A级高压及以上锅炉，锅筒和集箱、管道上管接头的组合焊缝，受热面管子的对接焊缝、管子和管件的对接焊缝，结构允许时应当采用氩弧焊打底。

4. 受压元件焊接接头外观检验

受压元件焊接接头（包括非受压元件与受压元件焊接的接头）应当进行外观检验，受压元件连接焊缝外观检查的要求规定如下：焊缝外形尺寸应符合设计图样和工艺文件的要求；对接焊缝余高不低于母材表面，焊缝与母材应圆滑过渡；焊缝及其热影响区表面不应有裂纹、未熔合、夹渣、弧坑和气孔；锅筒（锅壳）、炉胆、集箱或管道的纵、环缝，封头（管板）的拼接焊缝及集中下降管的角焊缝不允许有咬边，其余焊缝咬边深度不大于0.5mm；管子或其他管件的环缝及锅筒、集箱上管接头角焊缝咬边深度不大于0.5mm，两侧咬边总长度不大于管子周长的20%，并且不大于40mm。

5.T形焊接接头的焊接要求与检验要求

对于额定工作压力不大于2.5MPa的卧式内燃锅炉、贯流式锅炉和锅壳式余热锅炉，工作环境烟温大于600℃并且受烟气直接冲刷的部位，不可以采用T形接头，其他部位在满足以下条件下，受压元件的连接可以采用T形接头的对接连接，但不得采用搭接连接：采用全焊透的接头型式，并且坡口经过机械加工；卧式内燃锅炉锅壳、炉胆的管板与筒体的连接应当采用插入式结构；T形接头连接部位的焊缝厚度不小于管板（盖板）的壁厚，并且其焊缝背部能够封焊的部位均应当封焊，不能够封焊的部位应当采用氩弧焊打底，并且保证焊透。

6. 焊接返修

（1）对于局部无损检测的焊接接头的焊接返修必须在扩检结束后进行。进行局部无损检测的焊接接头，发现有不允许的缺欠时，应在该缺欠两端的延伸部位增加检查长度。若仍有不允许的缺欠时，则对该焊接接头做100%检测。

（2）如果受压元件的焊接接头经过检测发现存在超标缺欠，施焊单位应当找出原因，制订可行的返修方案，才能进行返修。

（3）补焊前，缺欠应当彻底清除；补焊后，补焊区应当按原要求进行检验；要求焊后热处理的元（部）件，补焊后应当分析是否需要重新进行焊后热处理。

（4）同一位置上的返修不宜超过 2 次，如果超过 2 次，应当经过制造许可单位技术负责人批准，返修的部位、次数、返修情况等应存入锅炉产品技术档案。

四、焊接接头无损检测

1. 焊接接头无损检测应遵循的原则

（1）由于焊缝交叉部位的应力较其他部位大，且焊接时较其他部位易产生缺欠，故对焊缝交叉部位应优先检测。

（2）由于高参数（高温、高压），大容量的锅炉制造工艺复杂，更易产生缺欠，且发生事故的后果更为严重，所以对高参数、大容量锅炉的无损检测要求比对低参数、小容量的锅炉要求高一些（包括检测比例和合格级别）。另外，有机热载体锅炉介质特殊，危险性较大，所以无损检测要求高。

（3）由于焊接前已进行焊接工艺评定，且对焊工的技能已进行过考试，加之采取有效的管理措施，所以锅炉的焊接质量一般都应该合格。为了降低制造成本，对部分危险性相对较小的锅炉产品焊接接头采取按比例抽查的方法进行检测，而不是全部进行 100% 检测。如果抽查的部位均合格，则表示焊接质量稳定，其他未抽查到的部位质量也应该认为合格；如果抽查部位有不合格现象，说明焊接质量不稳定，则应扩大抽查比例，甚至进行全部检测。

（4）由于射线（RT）和超声（UT）检测各有其特点，为尽可能检出焊缝内的各种缺欠，对中、高压锅炉，采取射线（RT）和超声（UT）检测并用。

（5）锅炉中的重要角焊缝，采用超声波检测。

（6）厚度大于或等于 70mm 的管子在焊到 20mm 左右时应做 100% 的射线检测，焊接完成后再做 100% 超声检测。因为先行射线检测时，若发现超标缺欠，可便于及时返修，否则返修工作量太大，加之管子直径小，无法从管内返修。

（7）定期检验时，若宏观检查时未发现有明显的变形，则其焊缝内部一般不会产生新的缺欠，原有的小缺欠一般也不会发展，所以一般可不进行射线（RT）或超声（UT）检测。但对于重要角焊缝和主焊缝可以进行表面无损检测，若发现表面已产生裂纹时，则应进一步检查和分析，必要时可对焊缝进行射线（RT）或超声（UT）检测。另外，对于制造或安装时留下的内部缺欠，在定检时可进行适当的射线（RT）或超声（UT）检测，以确认这些缺欠是否发展。若未发展，可继续使用，否则要进行分析判断或处理。

2. 无损检测方法

无损检测主要包括射线（RT）、超声（UT）、磁粉（MT）、渗透（PT）、涡流（ET）

等检测方法。制造单位应当根据设计、工艺及其相关技术条件选择检测方法并制订相应的检测工艺。

当选用超声衍射时差法（TOFD）时，应当与脉冲回波法（PE）组合进行检测，检测结论以 TOFD 与 PE 方法的结果进行综合判定。

注 1：壁厚小于 20mm 的焊接接头应当采用射线检测方法，壁厚大于或者等于 20mm 时，可以采用超声检测方法，超声检测仪宜采用数字式可记录仪器，如果采用模拟式超声检测仪，应当附加 20% 局部射线检测。

注 2：水温低于 100℃的给水管道可以不进行无损检测。

3. 无损检测技术等级及焊接接头质量等级

（1）锅炉受压部件焊接接头射线检测技术等级不低于 AB 级，焊接接头质量等级不低于 I 级。

（2）锅炉受压部件焊接接头采用脉冲回波法超声时，检测技术等级不低于 B 级，焊接接头质量等级不低于 I 级。当选用超声衍射时差法（TOFD）时，焊接接头质量等级不低于 II 级。

（3）表面检测的焊接接头质量等级不低于 I 级。

4. 无损检测时机

焊接接头的无损检测应当在形状、尺寸和外观质量检验合格后进行，并且遵循以下原则：

（1）有延迟裂纹倾向的材料应当至少在焊接完成 24h 后进行无损检测。

（2）有再热裂纹倾向材料的焊接接头应在最终热处理后增加一次无损检测。

注：需做热处理的焊接接头应在热处理后进行无损检测，因热处理会使焊接接头内的应力、组织发生变化，且有可能产生新的缺欠。只有在热处理后，接头内的组织和缺欠才是稳定的，这时的检测结果才是准确的。最终热处理后的无损检测可只进行表面无损检测复验。

（3）封头（管板）、波形炉胆、下脚圈的拼接接头的无损检测应当在成型后进行，如果成型前进行无损检测，则应当于成型后在圆弧过渡区域再次进行无损检测。

（4）电渣焊焊接接头应当在正火后进行超声检测。

5. 补充检测（扩检）

（1）经过部分射线检测或超声检测的焊缝。在检测部位任意一端发现缺欠有延伸可能时，应在缺欠的延长方向做补充射线检测或超声检测。在抽查或在缺欠的延长方向补充检查中有不合格缺欠时，该条焊缝应做抽查数量的双倍数目的补充检测。补充检查后，仍有不合格时，该条焊缝应全部进行无损检测。

（2）对按规定比例进行射线检测或超声检测的集箱、管道、管子和其他管件的环缝，如果发现有不允许的缺欠，应按原规定的抽查比例再取双倍数量的焊缝进行补充检查，如果补充检查仍不合格，应对该焊工或焊机所焊该批焊件上的环缝全部进行无损检验。

6. 无损检测记录保存要求

制造单位必须认真做好无损检测的原始记录，检测部位图应清晰、准确地反映实际检测的方位（如射线照相位置、编号、方向等），正确填发报告，妥善保管好无损检测档案和底片（包括原缺欠的底片）或超声自动记录资料，保存期限不应少于7年且不少于相关文件规定的保存期限。

第五章　特种设备检测技术

特种设备在检测时有很多的检测技术，检测一般有射线检测、超声波检测、磁粉检测、渗透检测及无损检测等。本章主要介绍特种设备在这几种检测运用中的检测技术。

第一节　射线检测

射线的种类很多，其中易于穿透物质的有 X 射线、γ 射线、中子射线三种。这三种射线都被用于无损检测，其中 X 射线和 γ 射线广泛用于锅炉压力容器压力管道焊缝和其他工业产品、结构材料的缺陷检测，而中子射线仅用于一些特殊场合。

射线检测是工业无损检测的一个重要专业门类。射线检测最主要的应用是探测试件内部的宏观几何缺陷（探伤）。按照不同特征（如使用的射线种类、记录的器材、工艺和技术特点等）可将射线检测分为多种不同的方法。

射线照相法是指用 X 射线或 γ 射线穿透试件，以胶片作为记录信息的器材的无损检测方法，该方法是应用最广泛的一种最基本的射线检测方法。本节主要介绍射线照相法。

一、射线照相法的原理

X 射线和 γ 射线都是波长极短的电磁波。从现代物理学波粒二象性的观点看，也可将其视为一种能量极高的光子束流。

X 射线是从 X 射线管中产生的，X 射线管是一种两极电子管。将阴极灯丝通电，使之白炽，电子就在真空中放出，如果两极之间加有几十千伏以至几百千伏的电压（叫作管电压），电子就从阴极向阳极方向加速飞行，获得很大的动能。当这些高速电子撞击阳极时，从阳极（靶）上就会射出 X 射线。X 射线一般分为两部分：连续谱和线状谱。连续谱是电子与阳极金属原子发生非弹性碰撞的结果（韧致辐射）。电子的动能一小部分转变为 X 射线能，其余大部分都转变为热能。受电子撞击的地方，即产生 X 射线的地方叫作焦点。电子是从阴极移向阳极的，而电流则相反，是从阳极向阴极流动的。这个电流叫作管电流，要调节管电流，只要调节灯丝加热电流即可，管电压的调节是靠调整 X 射线装置主变压器的初级电压来实现的。这种谱称为连续谱，因其波长分布是连续的。

提高管电压时最短波长和最高强度的波长都向波长短的方向移动。因此，管电压越高平均波长越短。这个现象叫作线质的硬化。线质取决于射线束波长或能量的分布。线质硬的射线就是波长短且能量高，穿透物质时衰减少且穿透力强的射线。反之，线质软的射线就是平均波长较长而难穿透厚物体的射线。

X 射线的强度相当于光的亮度，连续 X 射线的强度大致与管电压的平方、管电流的大小成正比。另外，X 射线强度还同靶的材料的原子序数成正比。假如改变靶的材料种类，X 射线强度也将发生变化。

γ 射线是从放射性同位素的原子核中放射出来的。原子核是由质子和中子所构成，质子数和中子数的总和叫作原子核质量数。例如，普通的钴原子核有 27 个质子和 32 个中子，所以质量数为 5q(工程上应用时写成 Co59)。把 Co59 放进原子反应堆使它吸收中子，它就增加一个中子变成 Co60。这是一种不稳定的核素叫作放射性同位素。Co60 原子核中的一个中子变为质子时，就成为稳定的 Ni60。与此同时放射出 β 和 r 射线。放射性同位素放射出的 γ 射线只有特定的几种波长，也就是说 γ 射线谱都是线谱。为 60Co γ 射线能谱。同位素的种类不同，所发出 γ 射线的能量也不同。不稳定核自发地发射出一些射线而本身变为新核的现象称为放射性衰变。一种放射性核的半衰期是它的给定样品中的核衰变一半所用去的时间。半衰期是放射性核的一个重要参数。在工程上，把放射源的活度减小至其原值一半所需时间称为半衰期。在无损检测中应用的放射源，其半衰期至少几十天，否则就没有什么实用价值了。能满足能量和半衰期条件的常用的放射源有 Co60(钴 60)、Ir192(铱 192)、Se75(硒 75) 等。

二、射线检测设备

射线照相设备可分为 X 射线探伤机、高能射线探伤设备 (包括直线加速器、回旋加速器)、γ 射线探伤机三大类。X 射线探伤机管电压在 450kV 以下。由高能加速器产生的射线的能量为 1~24MeV。γ 射线探伤机的射线能量取决于放射性同位素。三类射线探伤设备分别叙述如下：

1.X 射线探伤机

X 射线探伤机可分为携带式、移动式两类。移动式 X 射线机用于透照室内的射线探伤。移动式 X 射线机具有较高的管电压和管电流，管电压可达 450kV，管电流可达 20mA，最大穿透厚度可达 100mm，它的高压发生装置、冷却装置与 X 射线机头都分别独立安装。X 射线机头通过高压电缆与高压发生装置连接，机头可通过带有轮子的支架在小范围内移动，也可固定在支架上。携带式 X 射线机主要用于现场射线照相，管电压一般小于 320kV，最大穿透厚度约 50mm。其高压发生装置和射线管在一起组成机头，通过低压电缆与控制箱连接，X 射线机主要组成部分包括机头、高压发生装置、供电及控制系统、冷却和防护设施四部分。

2. 高能射线探伤设备

为了满足大厚度工件射线探伤的要求，设计制造了各种高能 X 射线探伤装置，使对钢件的 X 射线探伤厚度扩大到 500mm。它们是直线加速器、电子回旋加速器。其中直线加速器可产生大剂量射线，效率高、透照厚度大，目前应用最多。

3. γ 射线探伤机

γ 射线探伤机因射线源体积小，不需电源，可在狭窄场地、高空、水下工作，并可全景曝光，已成为射线探伤重要的和广泛使用的设备。但使用 γ 射线探伤机必须特别注意放射防护和放射同位素的管理。

γ 射线机由射线源、源容器、操作机构、支撑和移动机构四部分组成。

（1）γ 源。常用 γ 源有 Co60、Ir192、Se75 三种。源由不锈钢外壳严密封装，源与操作机构用导索连接，通过电动与手动机构拖动导索进退，实现对源由源容器到工作位置的传递。

（2）源容器的作用是屏蔽，使处于非工作状态的源不会对人体和照相工作产生影响，用铅（Pb）或贫化铀（U238）制成。用贫化铀可大大减轻源容器重量。为确保使用和运输安全，在容器上设置有闭锁装置，当源置于容器内时，不开锁源无法出来，以避免事故的发生。

（3）操作、支撑、移动机构操作机构的作用是将源推至工作位置或送回容器中。活度较大的源，一般有机械和电动两套操作机构。电动操作可在远离源的地方使用和操作，有源位指示灯和延时装置；手动操作可在无电源场合使用，也可远距离操作。移动和支撑机构的作用是承载射线源容器，调整和固定射线源的工作位置。它们虽然是 γ 射线探伤机的辅助性装置，但对于提高效率、方便操作、降低劳动强度，是十分必要的。

三、射线照相工艺要点

1. 照相操作步骤

一般把被检的物体安放在离 X 射线装置或 γ 射线装置 50cm 到 1m 的位置处，把胶片盒紧贴在试样背后，让射线照射适当的时间（几分钟至几十分钟）进行曝光。把曝光后的胶片在暗室中进行显影、定影、水洗和干燥。将干燥的底片放在观片灯的显示屏上观察，根据底片的黑度和图像来判断存在缺陷的种类、大小和数量。随后按通行的标准，对缺陷进行评定和分级。以上就是射线照相探伤的一般步骤。

按射线源、工件和胶片之间的相互位置关系，透照方式分为纵缝透照法、环缝外透法、环缝内透法、双壁单影法和双壁双影法五种。其中双壁单影法用于小直径的容器或大口径管子焊缝，双壁双影法用于 100mm 以下管子对接环焊缝。

2. 像质计（透度计）的应用

为了评定底片的灵敏度，需要采用像质计。像质计是用来检查透照技术和胶片处理质量的。衡量该质量的数值是像质指数，它等于底片上能识别出的最细钢丝的路线编号。我国标准规定使用粗细不同的几根金属丝等距离排列做成的线型像质计，用底片上必须显示的最小钢丝直径与相应的像质指数来表示照相的灵敏度。所谓射线照相的灵敏度是射线照相能发现最小缺陷的能力。射线照相灵敏度分为绝对灵敏度和相对灵敏度。绝对灵敏度是指射线透照某工件时能发现最小缺陷的尺寸，如JB/T4730标准中规定AB级照相，公称厚度2.0~3.5mm时，应能辨认出中0.1mm的钢丝，这就是绝对灵敏度表示法。射线照相的相对灵敏度K用透照方向上所能发现缺陷的最小厚度尺寸△D与该处的穿透厚度d的百分比表示。

目前标准规定的像质指数，换算成相对灵敏度，其值在1%~2%之间。

3. 底片评定

评片是射线照相最后一道工序，也是最重要的一道工序。通过观片灯观察底片，首先应评定底片本身质量是否合格。在底片合格的前提下，再对底片上的缺陷进行定性、定量和定位，对照标准评出工件质量等级，写出探伤报告。

对底片的质量要求包括以下方面：

（1）底片的黑度应在规定范围内，影像清晰，反差适中，灵敏度符合标准要求，即能识别规定的像质指数。现行的射线检测标准中，底片黑度下限一般规定为1.5~2.0，上限黑度一般为4.0~4.5。

（2）标记齐全，摆放正确。必须摆放标记有设备号、焊缝号、底片号、中心标记和边缘标记等。标记应距焊缝边缘5mm。

（3）评定区内无影响评定的伪缺陷。底片上产生的伪缺陷有划伤、水迹、折痕、压痕、静电感光、显影斑纹、霉点等。

四、射线的安全防护

1. 射线的危害

射线具有生物效应，超辐射剂量可能引起放射性损伤，破坏人体的正常组织出现病理反应。辐射具有积累作用，超辐射剂量照射是致癌因素之一，并且可能殃及下一代，造成婴儿畸形和发育不全等。

由于射线具有危害性，所以在射线照相中，防护是很重要的。

2. 辐射剂量及单位

辐射剂量是指材料或生物组织所吸收的电离辐射量，它包括照射量（单位为库每千克，C/kg）、吸收剂量（单位为戈，Gy）、剂量当量（单位为希，Sv）。

我国对职业放射性工作人员剂量当量限值做了规定：从事放射性的人员年剂量当量限值为50mSv。

3. 射线防护方法

射线防护，就是在尽可能的条件下采取各种措施，在保证完成射线探伤任务的同时，使操作人员接受的剂量当量不超过限值，并且应尽可能地降低操作人员和其他人员的吸收剂量。

主要的防护措施有以下三种：屏蔽防护、距离防护和时间防护。

屏蔽防护就是在射线源与操作人员及其他邻近人员之间加上有效合理的屏蔽物来降低辐射的方法。屏蔽防护应用很广泛，如射线探伤机体衬铅，现场使用流动铅房和建立固定曝光室等都是屏蔽防护。

五、关于射线照相法特点的概括

射线检测的优点和局限性概括如下：

1. 检测结果直接记录——底片

由于底片上记录的信息十分丰富，且可以长期保存，从而使射线照相法成为各种无损检测方法中记录最真实、最直观、最全面、可追踪性最好的检测方法。

2. 可以获得缺陷的投影图像，缺陷定性定量准确

各种无损检测方法中，射线照相对缺陷定性是最准的。在定量方面，对体积型缺陷（气孔、夹渣类）的长度、宽度尺寸的确定也很准，其误差大致在零点几毫米。但对面积型缺陷（如裂纹、未熔合类），如缺陷端部尺寸（高度和张口宽度）很小，则底片上影像尖端延伸可能辨别不清，此时定量数据会偏小。

3. 体积型缺陷检出率很高。而面积型缺陷的检出率受到多种因素影响

体积型缺陷是指气孔、夹渣类缺陷。一般情况下，射线照相大致可以检出直径在试件厚度 1% 以上的体积型缺陷，但在薄试件中，受人眼分辨率的限制，可检出缺陷的最小尺寸大致在 0.5mm。面积型缺陷是指裂纹、未熔合类缺陷，其检出率的影响因素包括缺陷形态尺寸、透照厚度、透照角度、透照几何条件、源和胶片种类、像质及灵敏度等。由于厚工件影像细节显示不清，所以一般来说厚试件中的裂纹检出率较低，但对薄试件，除非裂纹或未熔合的高度和张口宽度极小，否则只要照相角度适当、底片灵敏度符合要求，裂纹检出率还是足够高的。

4. 适宜检验较薄的工件而不适宜较厚的工件

检验厚工件需要高能量的射线探伤设备。300kV 便携式 X 射线机透照厚度一般小于 40mm，420kV 移动式 X 射线机和 1r192 γ 射线机透照厚度均小于 100mm，对厚度大于 100mm 的工件照相需使用加速器或 Co60，因此是比较困难的。此外，板厚增大，射线照相绝对灵敏度是下降的，也就是说对厚工件采用射线照相，小尺寸缺陷及一些面积型缺陷送检的可能性增大。

5. 适宜检测对接焊缝，检测角焊缝效果较差，不适宜检测板材、棒材、锻件

用射线检测角焊缝时，透照布置比较困难，且摄得底片的黑度变化大，成像质量不够好；射线照相不适宜检验板材、棒材、锻件的原因是板材、锻件中的大部分缺陷与板平行，也就是与射线束垂直，因此射线照相无法检出。此外棒材、锻件厚度较大，射线穿透比较困难，效果也不好。

6. 有些试件结构和现场条件不适合射线照相

由于是穿透法检验，检测时需要接近工件的两面，因此结构和现场条件有时会限制检测的进行。例如，有内件的锅炉或容器，有厚保温层的锅炉、容器或管道，内部液态或固态介质未排空的容器等均无法检测。采用双壁单影法透照，虽然可以不进入容器内部，但只适用于直径较小的容器或管道，对直径较大（如大于 1000mm）的容器或管道，双壁单影法透照很难实施。此外，射线照相对源至胶片的距离（焦距）有一定要求，如焦距太短，则底片清晰度会很差。

7. 对缺陷在工件中厚度方向的位置、尺寸（离度）的确定比较困难

除了一些根部缺陷可结合焊接知识和规律来确定其在工件中厚度方向的位置外，大多数缺陷无法根据底片提供的信息定位。

缺陷高度可通过黑度对比的方法做出判断，但精确度不高，尤其影像细小的裂纹类缺陷，其黑度测不准，用黑度对比方法测定缺陷高度的误差较大。

8. 检测成本高

射线照相设备和透照室的建设投资巨大：穿透能力 40mm（钢）的 300kV 便携式 X 射线机至少需要 8 万元，穿透能力 100mm（钢）的 420kV 移动式 X 射线机至少需要 60 万元，穿透能力 100mm（钢）的 Ir192 γ 射线机至少需要 6 万元，穿透能力大于 100mm（钢）的 Coγ 射线机至少需要 50 万元，加速器则需要 100 万元以上。透照室按其面积、高度、防护等级等设计条件的不同，建设费用在数十万乃至数百万元。此外，与其他无损检测方法相比，射线照相的材料成本（胶片、冲洗药液等）、人工成本也是很高的。

9. 射线照相检测速度慢

一般情况下，定向 X 射线机一次透照长度不超过 300mm，拍一张片子需 10min，γ 射线源的曝光时间一般更长。射线照相从透照开始到评定出结果需数小时。与其他无损检测方法相比，射线照相的检测速度很慢，效率很低。但特殊场合的特殊应用另当别论，如周向 X 射线机周向曝光或 γ 射线源全景曝光技术应用可以大大提高检测效率。

10. 射线对人体有伤害

射线会对人体组织造成多种损伤，因此对职业放射性工作人员剂量当量规定了限值。要求在保证完成射线探伤任务的同时，使操作人员接受的剂量当量不超过限值，并且应尽可能地降低操作人员和其他人员的吸收剂量。防护的主要措施有屏蔽防护、距离防护和时间防护。现场照相因防护会给施工组织带来一些问题，尤其是 γ 射线，对放射同位素的严格管理规定将影响工作效率和成本。

第二节　超声波检测

超声波检测主要用于探测试件的内部缺陷，它的应用十分广泛。所谓超声波是指超过人耳听觉、频率大于 20kHz 的声波。用于检测的超声波，频率为 0.4~25MHz，其中用得最多的是 1~5MHz。

利用声响来检测物体的好坏，这种方法早已被人们所采用。例如，用手拍拍西瓜听听是否熟了；敲敲瓷碗，看看瓷碗是否坏了，等等。但这些依靠人的听觉来判断的声响检测法，往往是凭人的经验，而且难于做出定量的表示。超声波探伤法是用仪器来进行检测的，比声响法要客观和准确，而且也较容易做出定量的表示。

金属的探测中用的是高频率的超声波。这是因为：超声波的指向性好，能形成窄的波束；波长短，小的缺陷也能够较好地反射；距离分辨力好，分辨缺陷的能力高。

超声波探伤方法很多，但目前用得最多的是脉冲反射法。超声信号显示方面，目前用得最多而且较为成熟的是 A 型显示。下面主要叙述 A 型显示脉冲反射超声探伤法。

一、超声波的发生及其性质

1. 超声波的发生和接收

声波是一种机械波，机械波是由机械振动产生的。声波的发生可以用电动扬声器。超声波是一种高频机械波。发生水下超声波可用磁滞伸缩换能器，而工业探伤用的高频超声波，是通过压电换能器产生的。压电材料主要采用石英、钛酸钡、钴钛酸铅和偏伣酸铅等。这些材料为什么能发生超声波呢？主要是因为它们具有压电效应，可以将电振动转换成机械报动，也能将机械振动转换成电振动。

要使压电材料产生超声波，可把它切成能在一定频率下共振的片子，这种片子叫作晶片。将晶片两面都镀上银，作为电极。当高频电压加到这两个电极上时，晶片就在厚度方向产生伸缩（振动），这样就把电报动转换成机械振动了。这种机械振动发生的超声波，可传播到被检物中去。

反之，将高频机械振动传到晶片上时，晶片就被振动，在晶片两电极之间就会产生频率与超声波相等、强度与超声波成正比的高频电压。这个高频电压可经放大、检波，显示在示波屏上。这就是超声波的接收。

通常在超声波探伤中只使用一个晶片，这个晶片既做发射又做接收。

2. 超声波的种类

超声波有许多种类，在介质中传播有不同的方式，波型不同，其振动方式不同，传播速度也不同。空气中传播的声波只有疏密波，声波的介质质点振动方向与传播方向一致，叫作纵波。在水中也只能传播纵波。可是在固体介质中除了纵波外还有剪切波，又叫横波。因固体介质能承受剪切应力，所以可在其中传播介质质点振动方向和波传播的方向垂直的波。此外，还有在固体介质的表面传播的表面波、在固体介质的表面传播的爬波和在薄板中的传播板波。它们都可用来探伤。

在超声波探伤中，通常用直探头来产生纵波，纵波是向探头接触面相垂直的方向传播的。横波通常是用斜探头来发生的。斜探头是将晶片贴在有机玻璃制的斜楔上，晶片振动发生的纵波在斜楔中前进，在探伤面上发生折射，声波斜射传入被检物中。通常使用的斜探头使斜射到被检物中的折射纵波反射不进入被检物，只有折射横波传入被检物中，这就是斜探头的横波探伤。

二、超声波检测的原理

超声波检测可以分为超声波探伤和超声波测厚，以及超声波检测晶粒度、测应力等。在超声波探伤中，有根据缺陷的回波和底面的回波进行判断的脉冲反射法，有根据缺陷的阴影来判断缺陷情况的穿透法，还有根据由被检物产生驻波来判断缺陷情况或者判断板厚的共振法。目前用得最多的方法是脉冲反射法。脉冲反射法在垂直探伤时用纵波，在斜入射探伤时大多用横波。把超声波射入被检物的一面，然后在同一面接收从缺陷处反射回来的回波，根据回波情况来判断缺陷的情况。纵波垂直探伤和横波倾斜入射探伤是超声波探伤中两种主要探伤方法。两种方法各有用途，互为补充，纵波探伤容易发现与探测面平行或稍有倾斜的缺陷，主要用于钢板、锻件、铸件的探伤，而斜射的横波探伤，容易发现垂直于探测面或倾斜较大的缺陷，主要用于焊缝的探伤。脉冲反射法的纵波和横波探伤原理如下：

1. 垂直探伤法

当把脉冲振荡器发生的电压加到晶片上时，晶片振动，产生超声波脉冲。如果被检物是钢工件的话，超声波以 5900m/s 的固定速度在钢工件内传播，超声碰到缺陷时，一部分从缺陷反射回到晶片，而另一部分未碰到缺陷的超声波继续前进，一直到被检物底面才反射回来。

因此，缺陷处反射的超声波先回到晶片，底面反射的超声波后回到晶片。回到晶片，上的超声波又反过来被转换成高频电压。电信号被接收和放大后进入示波器。示波器将缺陷回波和底面回波显示在荧光屏上。从这个图形上可以看出有没有缺陷、缺陷的位置及其大小。

对于脉冲反射式超声波探伤仪，荧光屏的时基线和激励脉冲是被同时触发的，即处于同步状态下工作。当探头被激励而向工件发射超声波时，激励脉冲也被馈致接收电路触发时基电路开始扫描，在时基线的始端出现一个很强的脉冲波，这个波称为“始波”，用 T 表示；当探头接收到底面反射回来的声波时，时基线上右边相应呈现一个表示底面反射的脉冲波，称为“底波”，用B表示。时基线由T扫描到B的时间正等于超声脉冲从探头到底面又返回探头的传播时间。因此，可以说从T到B之间的距离代表了工件的厚度。如果工件中有缺陷，探头接收到缺陷反射回来的声波时，时基线上相应呈现出一个代表缺陷的脉冲波，称为“缺陷波”或“伤波”，用F表示。显然，缺陷波所经时间短于底波所经时间。如果探伤仪的时基线良好，就可以利用T、F、B之间的距离关系，对缺陷定位。

另外，因缺陷回波高度h是随缺陷尺寸的增大而增高的。所以可由缺陷回波高度h来估计缺陷大小。当缺陷很大时，可以移动探头，根据显示缺陷的范围来求出缺陷的延伸尺寸。

2. 斜射探伤法

在斜射法探伤中，由于超声波在被检物中是斜向传播的，超声波是斜向射到底面，所以不会有底面回波。因此，不能再用底面回波调节来对缺陷进行定位。而要知道缺陷位置，需要用适当的标准试块来把示波管横坐标调整到适当状态。

三、关于超声波检测特点的概括

超声波检测的优点和局限性概括如下：

1. 面积型缺陷的检出率较高，而体积型缺陷的检出率较低，从理论上说，反射超声波的缺陷面积越大，回波越高，越容易检出。因为面积型缺陷反射面积大而体积型缺陷反射面积小，所以面积型缺陷的检出率高。实践中，对较厚（约30mm以上）焊缝的裂纹和未熔合缺陷检测，超声波检测确实比射线照相灵敏。但在较薄的焊缝中，这一结论不一定成立。

必须注意，面积型缺陷反射波并不总是很高的，有些细小裂纹和未熔合反射波并不高，因而也有漏检的例子。此外，厚焊缝中的未熔合缺陷反射面如果较光滑，单探头检测可能接收不到回波，也会漏检。对厚焊缝中的未熔合缺陷检测可采用一些特殊超声波检测技术，如TOFD技术、串列扫查技术等。

2. 适合检验厚度较大的工件，不适合检验较薄的工件

超声波对钢有足够的穿透能力，检测直径达几米的锻件，厚度达上百毫米的焊缝并不太困难。另外，对厚度大的工件检测，表面回波与缺陷波容易区分。因此相对于射线检测来说，超声波更适合检验厚度较大的工件。但对较薄的工件，如厚度小于8mm的焊缝和6mm的板材，进行超声波检测检验则存在困难。薄焊缝检测困难是因为上下表面形状回波容易与缺陷波混淆，难以识别；薄板材检测困难除了表面回波容易与缺陷波混淆的问题外，还因为超声波探伤存在盲区及脉冲宽度影响纵向分辨率。

3. 应用范围广，可用于各种试件

超声波探伤应用范围包括对接焊缝、角焊缝、T形焊缝、板材、管材、棒材、锻件，以及复合材料等。但与对接焊缝检测相比，角焊缝、T形焊缝检测工艺相对不成熟，有关标准也不够完善。板材、管材、棒材、锻件，以及复合材料的内部缺陷检测超声波是首选方法。

4. 检测成本低、速度快，仪器体积小，现场使用较方便

便携式手工探伤超声波仪器有模拟式和数字式两种，模拟式仪器 1 万 ~2 万元，数字式仪器 3 万 ~8 万元。检测过程消耗材料费用很少。正常情况下，1 名检测人员 1 天能检测数十米焊缝，检测结果当场就能得到。目前数字式仪器的体积只有词典大小，重 2~3kg，与射线仪器相比，现场使用要方便得多。

5. 无法得到缺陷直观图像，定性困难，定精度不高

超声波探伤是通过观察脉冲回波来获得缺陷信息的。缺陷位置根据回波位置来确定，对小缺陷（一般 10mm 以下）可直接用波高测量大小，所得结果称为当量尺寸；对大缺陷，需要移动探头进行测量，所得结果称为指示长度或指示面积。由于无法得到缺陷图像，缺陷的形状、表面状态等特征也很难获得，因此判定缺陷性质是困难的。在定量方面，所谓缺陷当量尺寸、指示长度或指示面积与实际缺陷尺寸都有误差，因为波高变化受很多因素影响。超声波对缺陷定量的尺寸与实际缺陷尺寸误差几毫米甚至更大，一般认为是正常的。

在超声波定性和定量技术方面有一些进展。例如，用不同扫查手法结合动态波形观察对缺陷定性、采用聚焦探头结合数字式探伤仪对缺陷定量，以及各种自动扫查、信号处理和成像技术等。但是，实际应用效果还不能令人满意。

6. 检测结果无直接见证记录

由于不能像射线照相那样留下直接见证记录，超声波检测结果的真实性、直观性、全面性和可追踪性都比不上射线照相。超声波检测的可靠性在很大程度上受检测人员责任心和技术水平的影响。如果检测方法选择不当，或工艺制定不当，或操作方面失误，便有可能导致大缺陷漏检。此外，对超声波检测结果的审核或复查也是困难的，因其错误的检测结果不像射线照相那样容易发现和纠正。这是超声波检测的一大不足。

有些便携式数字式超声波探伤仪虽然能记录波形，但仍不能算检测结果的直接见证记录。只有做到对检测全过程的探头位置、回波反射点位置，以及回波信号三者关联记录，才能算真正的检测直接记录。不过，发展的自动化数字式超声检测系统，以及带编码器的高级便携式超声波仪器已经能够实现上述要求。

7. 对缺陷在工件厚度方向上的定位较准确

这一条是相对射线照相说的。由于射线照相无法对缺陷在工件厚度方向上定位，射线照相发现的缺陷通常要用超声波检测定位。

8. 材质、晶粒度对探伤有影响

晶粒粗大的材料，如铸钢、奥氏体不锈钢焊缝，未经正火处理的电渣焊焊缝等，一般认为不宜用超声波进行探伤。这是因为粗大晶粒的晶界会反射声波，在屏幕上出现大量“草状回波”，容易与缺陷波混淆，因而影响检测可靠性。

有人对奥氏体不锈钢焊缝超声波探伤技术进行了专门研究，结果表明，如果采用特殊的探头（纵波窄脉冲探头）降低信噪比，并制定专门工艺，可以实施奥氏体不锈钢焊缝超声波检测，其精度和可靠性基本上是能够得到保证的。

9. 工件不规则的外形和一些结构会影响检测

例如，台、槽、孔较多的锻件，不等厚削薄的焊缝，管板与筒体的对接焊缝，直边较短的封头与筒体连接的环焊缝，高频法兰与管子对接焊缝等，会使检测变得困难。

对锻件，一般在台、槽、孔加工前进行超声波检测。管板与筒体的对接焊缝，直边较短的封头与筒体连接的环焊缝一类结构对超声波检测的影响，主要是探头扫查而长度不够。可通过增加扫查面，或采用两种角度探头，或把焊缝磨平后检测等方法来解决。不等厚削薄的焊缝或类似结构的问题，是扫查面不规则。对此可通过改变扫查面，或采用计算法选择合适角度探头和对缺陷定位等方法来解决。

对上述结构无论采用何种方法检测，都必须仔细检查是否做到所有检测区域 100% 被扫查到。检查可通过计算法或作图法进行。

10. 不平或粗糙的表面会影响耦合和扫查，从而影响检测精度和可靠性

探头扫查面的平整度和粗糙度对超声波检测有一定影响。一般轧制表面或机加工表面即可满足要求。严重腐蚀表面、铸、锻原始表面无法实施检测。用砂轮打磨处理表面要特别注意平整度，防止沟槽和凹坑的产生，否则将严重影响耦合及检测的进行。

第三节 磁粉检测

一、磁粉检测原理

自然界有些物体具有吸引铁、钴、镍等物质的特性。我们把这些具有磁性的物体称为磁体。使原来不带磁性的物体变得具有磁性叫磁化。能够被磁化的材料称为磁性材料。磁体各处的磁性大小不同，在它的两端最强。这两端称为磁极。每一磁体都有一对磁极即 N 极和 S 极。它们具有不可分割的特性，即使把磁体分割成无数小磁体，每个小磁体同样存在 N 极和 S 极。

1. 磁场与磁力线

如果把两块磁铁的同性磁极靠在一起，两个磁铁之间存在的相斥的力将使磁体分离。而把两个磁体的异性磁极靠近，则两块磁体之间存在的相吸的力将使磁铁靠在一起。这说明磁体周围空间存在有力。我们把磁力作用的空间称为磁场。

为了形象地描述磁场，人们采用了磁力线的概念，并且规定：磁力线密度表示磁感应强度大小，磁力线密度大的地方表示磁感应强度大，磁力线密度小的地方表示磁感应强度小；磁力线方向表示磁场的方向；磁力线永远不会相交；磁力线由磁铁的 N 极出发经外部空间到达 S 极，再由 S 极经磁体内部回到 N 级，形成闭合曲线。

2. 通电导体产生的磁场

当电流通过导体时，会在导体的周围产生磁场。通电导线产生的磁场方向与电流方向的关系可用右手定则来描述。

用右手握住导线，大拇指表示电流的方向，其余四指的弯曲方向即为导线产生的磁场方向。

二、磁粉检测设备器材

1. 磁力探伤机分类

按设备体积和重量，磁力探伤机可分为固定式、移动式、携带式三类。

（1）固定式探伤机、最常见的固定式探伤机为卧式湿法探伤机，没有放置工件的床身，可进行包括通电法、中心导体法、线圈法多种磁化，配置了退磁装置和磁悬液搅拌喷洒装置、紫外线灯，最大磁化电流可达 12kA，主要用于中小型工件探伤。

（2）移动式探伤机体积。重量中等，配有滚轮，可运至检验现场作业，能进行多种方式磁化，输出电流为 3~6kA，检验对象为不易搬运的大型工件。

（3）便携式探伤机体积小、重量轻；适合野外和高空作业，多用于锅炉压力容器压力管道焊缝和大型工件局部探伤，最常使用的是电磁轭探伤机。

电磁轭探伤机是一个绕有线圈的 U 形铁芯，当线圈中通过电流，铁芯中产生大量磁力线，轭铁放在工件上，两极之间的工件局部被磁化。轭铁两极可做成活动式的，极间距和角度可调。磁化强度指标是磁轭能吸起的铁块重量，称作提升力，标准要求交流电磁轭的提升力至少 44N，直流电磁轭的提升力至少 177N。

2. 磁粉与磁悬液

磁粉是具有高磁导率和低剩磁的四氧化三铁或三氧化二铁粉末。湿法磁粉平均粒度为 2~10μm，干法磁粉平均粒度不大于 90μm。按加入的染料可将磁粉分为荧光磁粉和非荧光磁粉，非荧光磁粉有黑、红、白几种不同颜色供选用。由于荧光磁粉的显示对比度比非荧光磁粉高得多，所以采用荧光磁粉进行检测具有磁痕观察容易、检测速度快、灵敏度高的优点。但荧光磁粉检测需一些附加条件：暗环境和黑光灯。磁悬液是以水或煤油为分散介质，加入磁粉配成的悬浮液。配制含量一般为非荧光磁粉 10~201g/L，荧光磁粉 1~3g/L。

三、关于磁粉检测特点的概括

磁粉检测的优点和局限性概括如下：

1. 适宜铁磁材料探伤，不能用于非铁磁材料检验

用于制造承压类特种设备的材料中，属于铁磁材料的有各种碳钢、低合金钢、马氏体不锈钢、铁素体不锈钢、镍及镍合金；不具有铁磁性质的材料有奥氏体不锈钢、钛及钛合金、铝及铝合金、铜及铜合金。

2. 可以检出表面和近表面缺陷，不能用于检查内部缺陷

可检出的缺陷埋藏深度与工件状况、缺陷状况及工艺条件有关，对光洁表面，如经磨削加工的轴，一般可检出深度为 1~2mm 的近表面缺陷，采用强直流磁场可检出深度达 3~5mm 近表面缺陷。但对焊缝检测来说，因为表面粗糙不平，背景噪声高，弱信号难以识别，近表面缺陷漏检的概率是很高的。

3. 检测灵敏度很高，可以发现极细小的裂纹及其他缺陷

有关理论研究和试验结果表明：磁粉检测可检出的最小裂纹尺寸大约为宽度 1μm、深度 10pm、长度 1mm，但实际现场应用时可检出的裂纹尺寸达不到这一水平，比上述数值要大得多。虽然如此，在 RT、UT、MT、PT 四种无损检测方法中，对表面裂纹检测灵敏度最高的仍是 MT。

4. 检测成本很低，速度快

磁粉探伤设备不贵，锅炉压力容器压力管道常用的磁轭式磁粉探伤机和用于荧光磁粉探伤的黑光灯都只有几千元，用于轴类工件直接通电检测的固定床式大功率探伤机也就几万元。至于消耗材料，费用更低，一台大型球僔探伤所消耗的材料成本只有几十元。磁粉检测速度很快，如使用交叉磁轭检测焊缝，每分钟检测速度可达 2m 左右，轴类工件直接通电检测，完成磁化只需数秒。

5. 工件的形状和尺寸对探伤有影响，有时因其难以磁化而无法探伤

磁粉探伤的磁化方法有很多种，根据工件的形状、尺寸和磁化方向的要求，选取合适的磁化方法是磁粉探伤工艺的重要内容。磁化方法选择不当，有可能导致检测失败。对不利于磁化的某些结构，可通过连接辅助块加长或形成闭合回路来改善磁化条件。对没有合适的磁化方法且无法改善磁化条件的结构，应考虑采用其他检测方法。

第四节　渗透检测

一、渗透检测的基本原理

渗透检测的原理：零件表面被施涂含有荧光染料或着色染料的渗透液后，在毛细管作用下，经过一定时间，渗透液能够渗进表面开口的缺陷中；经去除零件表面多余的渗透液后，再在零件表面施涂显像剂，同样，在毛细管作用下，显像剂将吸引缺陷中保留的渗透液，渗透液回渗到显像剂中；在一定的光源下（紫外线光或白光），缺陷处的渗透液痕迹被显示，（黄绿色荧光或鲜艳红色）从而探测出缺陷的形貌及分布状态。渗透检测的操作有以下四个步骤：

1. 渗透

首先将试件浸渍于渗透液中，或者用喷雾器或刷子把渗透液涂在试件表面。试件表面有缺陷时，渗透液就渗入缺陷。这个过程叫渗透。

2. 显像

把显像剂喷洒或涂敷在试件表面上，使残留在缺陷中的渗透液析出，表面上形成放大的黄绿色荧光或者红色的显示痕迹，这个过程叫作显像。

3. 观察

荧光渗透液的显示痕迹在紫外线照射下呈黄绿色，着色渗透液的显示痕迹在自然光下呈红色。用肉眼观察就可以发现很细小的缺陷。这个过程叫观察。

在渗透探伤中，除上述的基本步骤外，还有可能增加另外一些工序。例如，有时为了渗透容易进行，要进行预处理；使用某些种类显像剂时，要进行干燥处理；为了使渗透液容易洗掉，对某些渗透液要做乳化处理。

渗透探伤能检测出的缺陷的最小尺寸，是由探伤剂的性能、探伤方法、探伤操作的好坏和试件表面的状况等因素决定的，不能一概而论。但试验表明，使用好的渗透探伤技术与工艺能将深 0.02mm、宽 0.001mm 的缺陷检测出来。

二、渗透检测的分类

1. 根据渗透液所含染料成分分类

根据渗透液所含染料成分，可分为荧光法、着色法两大类。渗透液内含有荧光物质，缺陷图像在紫外线下能激发荧光的为荧光法。渗透液内含有有色染料，缺陷图像在白光或日光下显色的为着色法。此外，还有一类渗透剂同时加入荧光和着色染料，缺陷图像在白光或日光下能显色，在紫外线下又激发出荧光。

2. 根据渗透液去除方法分类

根据渗透液去除方法，可分为水洗型、后乳化型和溶剂去除型三大类。水洗型渗透法所用渗透液内含有一定量的乳化剂，零件表面多余的渗透液可直接用水洗掉。有的渗透液虽不含乳化剂，但溶剂是水，即水基渗透液，零件表面多余的渗透液也可直接用水洗掉，它也属于水洗型渗透法。后乳化型渗透法所用渗透液不能直接用水从零件表面洗掉，必须增加一道乳化工序，即零件表面多余的渗透液要用乳化剂“乳化”后方能用水洗掉。在溶剂去除型渗透法中，要用有机溶剂去除零件表面多余的渗透液。

按以上两种分类方法，可组合成六种渗透探伤方法，即：

（1）水洗型荧光渗透探伤法。

（2）后乳化型荧光渗透探伤法。

（3）溶剂去除型荧光渗透探伤法。

（4）水洗型着色渗透探伤法。

（5）后乳化型着色渗透探伤法。

（6）溶剂去除型着色渗透探伤法。

3. 显像法的种类

在渗透探伤中，显像的方法有湿式显像、快干式显像、干式显像和无显像剂式显像四种。

（1）湿式显像法

湿式显像法是把白色细粉末状的显像材料调匀在水中作为显像剂的一种方法。把试件浸渍在显像剂中或者用喷雾器把显像剂喷在试件上，当显像剂干燥时，在试件上形成了白色显像薄膜，由白色显像薄膜吸出缺陷中的渗透液而形成显示痕迹。这种方法适合大批量工件的探伤，其中水洗型荧光渗透探伤法用得最多。但必须注意，缺陷显示痕迹是会扩散的，所以随着时间的推移，痕迹大小和形状会发生变化。

（2）快干式显像法

快干式显像法是把白色细粉末状的显像材料调匀在高挥发性的有机溶剂中作为显像剂的一种方法。将显像剂喷涂到试件上，在试件表面快速形成白色显像薄膜，由白色显像薄膜吸出缺陷中的渗透液而形成显示痕迹。这种显像方法，操作简单，在溶剂去除型荧光渗透探伤和着色渗透探伤法中用得最多。但与湿式显像法一样，随着时间的推移，缺陷显示痕迹也会扩散。因此，必须注意显示痕迹的大小和形状变化。

（3）干式显像法

干式显像法是直接使用干燥的白色显像粉末作为显像剂的一种方法。显像时，直接把白色显像粉末喷洒到试件表面，显像剂附着在试件表面上并从缺陷中吸出渗透液形成显示痕迹。用这种方法，缺陷部位附着的显像剂粒子全部附在渗透剂上，而没有渗透剂的部分就不附着显像剂。因此，显像痕迹不会随着时间的推移发生扩散而能显示出鲜明的图像。这种显像方法在后乳化型荧光渗透探伤和水洗型荧光渗透探伤中用得较多。而着色渗透探伤法，其显示痕迹的识别性能很差，所以不适于干式显像法。

（4）无显像剂式

无显像剂式显像法是在清洗处理之后，不使用显像剂来形成缺陷显示痕迹的一种方法。它在用高辉度荧光渗透液水洗型荧光渗透探伤法中，或者在把试件加交变应力的同时在渗透探伤显示痕迹的方法中使用。这种方法与干式显像法一样，其缺陷显示痕迹是不会扩散的。

三、渗透检测的安全管理

渗透探伤所用的探伤剂，几乎都是油类可燃性物质。喷罐式探伤剂有时是用强燃性的丙烷气充装的，使用这种探伤剂时，要特别注意防火。它属于消防法规所规定的危险品。因此，必须遵守有关法规规定的贮存和使用要求。

渗透探伤所用的探伤剂一般是无毒或低毒的，但是如果人体直接接触和吸收渗透液、清洗剂等，有时会感到不舒服，会出现头痛和恶心。尤其是在密封的容器内或室内探伤时，容易聚集挥发性的气体和有毒气体，所以必须充分地进行通风。使用有机溶剂，应根据有机溶剂预防中毒的规则，限定工作场所空气中有机溶剂的含量。

在规定波长范围内的紫外线对眼睛和皮肤是无害的，但必须注意，如果长时间地直接照射眼睛和皮肤，有时会使眼睛疲劳和灼红皮肤。在探伤操作中，必须注意保护眼睛和皮肤。

四、关于渗透检测特点的概括

渗透检测的优点和局限性概括如下：

1. 渗透探伤可以用于除了疏松多孔性材料外任何种类的材料。工程材料中，疏松多孔性材料很少。绝大部分材料，包括钢铁材料、有色金属、陶瓷材料和塑料等都是非多孔性材料。所以渗透检测对承压类特种设备材料的适应性是最广的。但考虑到方法、特性、成本、效率等各种因素，一般对铁磁材料工件首选磁粉探伤，渗透探伤只是作为替代方法。但对非铁磁材料，渗透探伤是表面缺陷检测的首选方法。

2. 形状复杂的部件也可用渗透探伤，并一次操作就可大致做到全面检测。工件几何形状对磁粉探伤影响较大，但对渗透探伤的影响很小。对因结构、形状、尺寸不利于实施磁化的工件，可考虑用渗透探伤代替磁粉探伤。

3. 同时存在几个方向的缺陷，用一次探伤操作就可完成检测。为保证缺陷不漏检，磁粉探伤需要进行至少两个方向的磁化检测，而渗透探伤只需一次探伤操作。

4. 不需要大型的设备，可不用水、电。对无水源、电源或高空作业的现场，使用携带式喷罐着色渗透探伤剂十分方便。

5. 试件表面粗糙度影响大，探伤结果往往容易受操作人员水平的影响。工件表面粗糙度值高会导致本底很高，影响缺陷识别，所以表面粗糙度值越低，渗透探伤效果越好。由于渗透探伤是手工操作，过程工序多，如果操作不当，就会造成漏检。

6. 可以检出表面开口的缺陷，但对埋藏缺陷或闭合型的表面缺陷无法检出。由渗透探伤原理可知，渗透液渗入缺陷并在清洗后能保留下来，才能产生缺陷显示，缺陷空间越大，保留的渗透液越多，检出率越高。埋藏缺陷渗透液无法渗入，闭合型的表面缺陷没有容纳渗透液的空间，所以无法检出。

7. 检测工序多，速度慢。渗透检测至少包括以下步骤：预清洗、渗透、去除、显像、观察。即使很小的工件，完成全部工序也要 20~30min，因此大型工件大面积渗透检测是非常麻烦的工作。每一道工序，包括预清洗、渗透、去除、显像，都很费时间。

8. 检测灵敏度比磁粉探伤低。从实际应用的效果评价，渗透探伤的灵敏度比磁粉探伤要低很多，可检出缺陷尺寸要大 3~5 倍。即便如此，与射线照相或超声波检测相比，渗透探伤的灵敏度还是很高的，至少要高一个数量级。

9. 材料较费、成本较高。最常用的携带式喷罐着色渗透探伤剂，每套可探测的焊缝长度为十多米。由于检测工序多、速度慢，人工成本也是很高的。

10. 渗透检测所用的检测剂大多易燃有毒，必须采取有效措施保证安全。为确保操作安全，必须充分注意工作场所通风，以及对眼睛和皮肤的保护。

第五节　无损检测

一、概述

无论是常规五大类无损检测方法，还是广义的无损检测方法，对不同的检测对象都存在一定针对性和局限性，各类检测方法既存在互补性，也存在不可替代性。

对机电类特种设备同样存在适用于自己的专用无损检测技术和方法，本节将重点介绍适用于电梯、起重机械、客运索道、大型游乐设施、场（厂）内机动车辆的专用无损检测技术，由于常规五大类无损检测方法在机电类特种设备中的应用在第二篇已做了专门介绍，所以此处不再赘述。

1. 电梯无损检测技术

垂直升降的电梯占总量的大多数，且各种无损检测技术在电梯中的应用在垂直升降的电梯中也得到了集中体现，因此下面将以垂直升降的电梯为主来阐述电梯的无损检测技术。

垂直升降电梯的检验主要包括技术资料的审查、机房或机器设备区间检验、井道检验、轿厢与对重检验、曳引绳检验与补偿绳（链）检验、层站层门与轿厢检验、底坑检验和功能试验等项目。其检测方法主要是目视检验，同时辅以必要的仪器设备，进行必要的测量、检验和试验。而超声、射线和磁粉等常用无损检测技术在电梯检验中几乎不使用。

（1）电梯导轨的无损检测技术

电梯导轨是供电梯轿厢和对重运行的导向部件，导轨的直线度和扭曲度直接影响着电梯运行的舒适度，因此电梯导轨在生产与安装过程中都需要对它的直线度和扭曲度进行检测。常用的导轨检测方法有线锤法和激光测试法两种。

1）线锤法

该方法是采用 5m 磁力线锤，沿导轨侧面和顶面测量，对每 5m 铅垂线分段连续测量，每面分段数不少于 3 段。检查每列导轨工作面每 5m 铅垂线测量值间的相对最大偏差是否满足规定要求。

2）激光测试法

该方法运用了激光良好发集束和直线传播的特性，在检测过程中，将装有十字激光器的主机固定在导轨的一端，将光靶安装在导轨上，使光靶靶面面向主机发光孔，在导轨上移动光靶，并将光靶上的激光测距仪测量的距离信号传送到电脑中，经计算处理后转化为导轨的直线度和扭曲度。

（2）电梯曳引钢丝绳的漏磁检测技术

电梯曳引钢丝绳承受着电梯全部的悬挂重量，在运转过程中绕曳引轮、导向轮或反绳轮呈单向或交变弯曲状态，钢丝在绳槽中承受着较高的挤压应力，因此电梯曳引绳应具有较高的强度、挠性和耐磨性。钢丝绳使用过程中，由于各种应力、摩擦和腐蚀等，使钢丝产生疲劳、断丝和磨损，当强度降低到一定程度，不能安全地承受负荷时应报废。

早期的仪器主要是检测钢丝绳的局部缺陷，即 LF 检验法（主要是断丝定性和定量检测）。金属截面积损失检测法，此法弥补了 LF 检测不能检测磨损和锈蚀的不足，但对局部缺陷（小断口断丝和变形）检测灵敏度低。为弥补这两种方法检测时的不足，出现了 LF 和 LMA 双功能检测仪器，满足 LF 和 LMA 两条曲线的同时检测并与距离对应。

目前，国内外生产电梯钢丝绳检测仪器的型号有我国的 MTC、TCK 和 KST 系列，波兰的 MD 系列，美国 LMA 系列，以及俄罗斯的 INTROS 系列等。

（3）功能试验中的无损检验技术

功能试验是检测电梯各种功能和安全装置的可靠性，多是带载荷和超载荷的试验。在功能试验中需采用不同的检测技术进行各项测试。

1）电梯平衡系数的测试

电梯平衡系数是关系电梯安全、可靠、舒适和节能运行的一项重要参数。曳引驱动的曳引力是由轿厢和对重的重力共同通过钢丝绳作用于曳引轮绳槽产生的。对重是曳引绳与曳引轮绳槽产生摩擦力的必要条件，曳引驱动的理想状态是对重侧与轿厢的重量相等，此时曳引轮两侧钢丝绳的张力相等，若不考虑钢丝绳重量的变化，曳引机只要克服各种摩擦阻力就能轻松地运行。但实际上轿厢侧的重量是个变量，随着载荷的变化而变化，固定的对重不可能在各种载荷情况下都完全平衡轿厢侧的重量。因此，对重只能取中间值，按标准规定只平衡 0.4~0.5 倍的额定载荷，故对重侧的总重量应等于轿厢自重加上 0.4~0.5 倍的额定载重量。该倍数即为平衡系数 K，即 K=0.4~0.5。当 K=0.5 时，电梯在半载的情况下其负载转矩将近似为零，电梯处于最佳运行状态。电梯在空载和满载时，其负载转矩绝对值相等而方向相反。在采用对重装置平衡后，电梯负载在零（空载）与额定值（满载）之间变化时，反映在曳引轮上的转矩变化只有 ±50%，减轻了曳引机的负担，减少了能量消耗。

电梯平衡系数测试时，交流拖动的电梯采用电流法，直流拖动的电梯采用电流—电压法。测量时，轿厢分别承载 0.25%、50%、75% 和 100% 的额定载荷，进行沿全程直驶运行试验。分别记录轿厢上下行至与对重同一水平面时的电流、电压或速度值。对于交流电动机，通过电流测量并结合速度测量，做电流—载荷曲线或速度—载荷曲线，以上、下运行曲线交点确定平衡系数，电流应用钳型电流表从交流电动机输入端测量；对于直流电动机，通过电流测量并结合电压测量，做电流—载荷曲线或电压—载荷曲线，确定平衡系数。

2）电梯速度测试技术

电梯速度是指电梯 Z 轴（上下方向）位移的变化率，由电梯运行控制引起，监督检验时一般采用非接触式（光电）转速表测量。其基本原理是采用反射式光电转速传感器，使用时无须与被测物体接触，在待测转速的转盘上固定一个反光面，黑色转盘作为非反光面，两者具有不同的反射率，当转轴转动时，反光与不反光交替出现，光电器件间接地接收光的反射信号，转换成电脉冲信号。经处理后即可得到速度值。

3）电梯起、制动加速度和振动加速度测试技术

电梯起、制动加速度是指 Z 轴速度的变化率，由电梯运行控制引起。振动是指当大于或小于一个参考级的加速度值交替出现时，加速度值随时间的变化。电梯运行过程中的加速度及其变化率是影响电梯运行舒适性的主要因素，主要表现在两个：一是电梯起动和制动过程中加速度变化引起的起重感和失重感；二是电梯在稳速运行时的振动。电梯振动产生的原因很多，如电梯安装时导轨安装质量不高、电梯曳引机齿轮啮合不良、变频器的控制参数调整不当、电梯轿厢的固有振动频率与主机重合产生共振等。

加速度的测试主要采用位移微分法。测试时，使用电梯加、减速度测试仪，将传感器安放在轿厢地面的正中，紧贴轿底，分别检测轻载和重载单层、多层及全程各工况的加、减速度值与振动加速度值。

4）电梯噪声测试技术

噪声测试采用了测量声压的传感器，取 10 倍实测声压的平方与基准声压的平方之比的常用对数为噪声值。

当电梯以正常运行速度运行时，声级计在距地面高 1.5m，距声源 1m 处进行测量，测试点不少于 3 点，取噪声测量值中的最大值。

轿厢内噪声测试：电梯运行过程中，声级计置于轿厢内中央，距地面高 1.5m 测试，取噪声测量值的最大值。

开、关门噪声测试：声级计置于层门轿厢门宽度的中央，距门 0.24m，距地面高 1.5m，测试开、关门过程中的噪声，取噪声测量值中的最大值。

（4）电梯综合性能测试技术

电梯综合性能测试技术通过一台便携式设备实现多种性能测试。电梯在运行中，利用专用电子传感器采集信号，经专用软件分析处理，能够得到电梯安全参数的测试结果。

德国检验机构 TUV 开发的 ADIASYSTEM 电梯诊断系统以专用电子传感器、数据记录仪及 PC 机获取与在线电梯安全相关的参数，是一种测量、存档有关行程、压力、质量、速度或加速度、钢丝绳曳引力和平衡力、电梯门特征及安全钳设置的综合测试设备。可快速准确地测量和处理相关安全数据，测量结果可方便地进行存储并与特定准则进行比较。

2. 起重机械无损检验技术

起重机械根据载荷运载形式的不同，有不同的主体结构。主体结构由各种钢结构件连接构成，操作、控制和驱动等电气结构安装在钢结构的各个功能部件中。起重机械的金属结构主要由焊接和螺栓连接。

根据起重机械材料、焊缝及易出现的缺陷类型，可选用相应的无损检测方法，如对整

机的金属结构、电气控制和安全防护装置等可用目视检测方法；对零部件和机构，如母材或焊缝内部缺陷主要用射线和超声方法；表面裂纹等缺陷主要用磁粉或渗透方法，也可采用漏磁裂纹检测装置；壁厚减薄可用卡尺等度量工具测量，也可用超声测厚仪进行测量；漆层厚度可用涡流膜层厚度测量仪测量；金属磁记忆检测仪可对钢结构的应力状况进行检测；声发射技术可检测起重机械材料内部因腐蚀、裂纹等缺陷产生的声发射（应力波）情况；应力应变测试可对整机静态和运动等状态下的应力分布及变化情况进行测试；振动测试可对整机的自振频率和振型分析进行测试。随着无损检测技术的发展，可用于起重机械上的无损检测技术和方法也将越来越多。

起重机械种类繁多，不同的起重机械应按设计、制造、检验、试验和验收等技术条件进行检测。主要针对不同部件和特殊结构易产生缺陷的类型采用相应的无损检测方法，并以相应的检测工艺和标准进行探伤与评价。

起重机械的所有零部件，如吊钩、电磁铁、真空吸盘、集装箱吊具及高强螺栓、钢丝绳套管、吊链、滑轮、卷筒、齿轮、制动器、车轮、锚链和安全钩等，以及金属结构的本体和焊缝，如主梁腹板、盖板和翼缘板等对接焊缝等，均不允许存在裂纹等损伤，各机构在试验后也不允许出现裂纹和永久变形等损伤；大部分摩擦部件，如抓斗铰轴和衬套、吊具、钢丝绳、吊链环、滑轮、卷筒、齿轮、车轮等表面磨损量也都有严格的规定；某些部件及其焊缝，如吊钩、真空吸盘、集装箱吊挂金属结构、金属结构原料钢板、各机构焊接接头等内部缺陷的当量尺寸也有明确规定；某些专用零部件，如钢丝绳等，也有专用的质量要求；有的对表面防腐涂层厚度也有规定。具体要求可参考各种起重机械及零部件的技术规范，必须根据相应的技术要求针对不同的检测对象采用适当的检测方法和检测工艺。

起重机械的检测方法如下：目视检测、电磁检测（包括涡流膜层测厚、漏磁裂纹检测和钢丝绳探伤等）、金属磁记忆检测、声发射检测。应力应变测试和振动测试主要在安装和定期检验中采用，射线检测主要在制造和安装中采用，超声、磁粉和渗透检测在制造、安装及定检中都有应用。

（1）电磁检测

1）涡流膜层测厚

起重机械的表面漆层厚度测量主要利用涡流的提离效应，即涡流检测线圈与被检金属表面之间的漆层厚度（提离）值会影响检测阻抗值，对于频率一定的检测线圈，通过测量检测线圈阻抗（或电压）的变化就可以精确测量出膜层（提离）的厚度值。涡流膜层测厚受基体金属材料（电导率）和板厚（与涡流的有效穿透深度相关）影响，为克服其影响，一般选用较高的涡流频率，当频率＞5MHz 时，不同电导率基体材料和板厚对检测线圈阻抗的影响差异将变得很小。涡流是空间电磁耦合，一般无须对检测表面进行处理，但为使膜层厚度的测量更加精确，建议对测量表面进行适当的清理，以去除可能对检测精度有影响的油漆防护层上的杂质。

2）裂纹检测

电磁法检测裂纹时，用一交变磁场对金属试件进行局部磁化，试件在交变磁场作用下，也会产生感应电流，并生成附加的感应磁场。当试件有缺陷时，其表面会产生泄漏磁场梯度异常，用磁敏元件拾取泄漏复合磁场的畸变就能获得缺陷信息，如裂纹的位置和深度等。此种裂纹检测方法快速准确，并能对裂纹进行定性和半定量评估。受集肤效应影响，波形幅度与裂纹深度呈非线性关系，在工程应用中，可用人工对比试样来得到更加准确的深度信息。相关标准有《焊缝无损检测——用复平面分析的焊缝涡流检测》。探伤结果与裂纹的走向有关，为防止漏检，按标准推荐的操作方法，应以至少两次相互垂直的扫查方向进行探伤。

裂纹检测的空间电磁耦合，一般无须对检测表面进行处理，并可穿透非导体防护涂层和铁锈，甚至较薄的非铁磁性金属覆盖层，可用于对钢结构母材及焊缝的裂纹检测，检测精度与常规磁粉相当，适合对起重机械进行快速裂纹扫查。但该方法依据磁场信号进行判定，若磁粉检测后未进行有效的退磁操作，将对检测部位的磁场信号产生干扰，故检测时机应选在磁粉检测之前。

3）钢丝绳检测

起重机械用钢丝绳属易损件，钢丝绳运行得安全与否，直接关系到起吊重物和设备的安全。钢丝绳检测仪根据缺陷引起的磁场特征参数（如磁场强度和磁通量等）的变化情况对钢丝绳的缺陷情况进行判别，并可进行定性（断丝或腐蚀等）和定量（断丝数或横截面积损失量）分析。

钢丝绳检测时一般无须对不影响钢丝绳在检测上正常行走的油污和灰垢进行清理，但对于因钢丝绳与滑轮和卷筒等构件摩擦而使钢丝绳股间夹杂大量铁磁性颗粒的情况，应对钢丝绳进行清洗或对检测结果进行适当修正。

（2）金属磁记忆检测

金属磁记忆是对金属结构的应力集中状况进行检测的。通过测量金属构件处磁场切向分量的极值点和法向分量的过零点来判断应力集中区域，并对缺陷的进一步发生和发展进行监控与预测。

磁记忆是一种弱磁检测方法，无须对工件进行磁化，其应力集中部位在地磁场的作用下即可显示出磁记忆信号。但是一旦对工件进行了磁粉检测而又未进行有效的退磁操作，则微弱的磁记忆信号将被磁化后的剩余磁场信号湮没，所以检测时机应放在磁粉检测之前。

（3）声发射检测

起重机械声发射检测时，在设备的关键部位，一般选择设计上的应力值较大或易发生腐蚀、裂纹或实际使用过程中曾出现过缺陷（如裂纹）的部位布置传感器。对起重设备施加额定载荷（动载）和试验载荷（静载），起重机械则正常运行或保持静止，此时材料内部的腐蚀、裂纹等缺陷源会产生声发射（应力波）信号，信号处理后将显示出产生声发射信号的包含严重结构缺陷的区域，频谱分析等手段还可为起重机械的整体安全性分析提供支持。声发射检测相对于其他无损检测技术而言，具有动态、实时、整体连续等特点，声发射技术不仅可以对是否存在缺陷进行检测，还可以对缺陷的活度进行判断，进而为起重机械的有效安全监测提供准确的依据。

（4）应力测试

应力测试是型式结构试验的主要项目，通过测试起重机械结构件的应力和变形，来确定结构件是否满足起重性能和工作要求。

静态应力测试在加载后结构应制动或锁死，动态应力测试一般在额定载荷下按测试工况运行，各部件的最大应力不超过设计规定值。测试前由结构分析确定按危险应力区类型，即均匀高应力区、应力集中区和弹性挠曲区，并据此确定测试点和应变片的位置与种类，制订测试方案。根据应力状态和类型选择电阻应变片，一般单向应力单向应片，二向应力、扭转应力和应力集中区等必须用由三个应变片组成的应变花，应变片标距为 1~30mm，以尽量小为宜，灵敏系数必须明确。各测点部位需磨光并用丙酮清洗，再粘贴应变片，粘贴前后电阻值相差≤ 2%，应变片与被测件绝缘电阻要求＞ 100~200MQ，将电阻应变仪调整到零应力状态后加载，卸载后必须回零。并应再多次加载和卸载，使电阻应变片达到稳定，因自重无法消除而得不到零应力状态时，在测试中加进计算的自重应力。超载工况时的应力值仅做结构完整性考核用，不作为安全判断依据；额定载荷时的结构最大应力按危险应力区的类型作为安全判断的依据。

（5）振动测试

振动特性（动刚度）是指起重机的消振能力，通常以主梁自振周期（频率）或衰减时间来衡量。自振频率（特别是基频）和振型是综合分析与评价结构刚度的重要指标。主梁在载荷起升离地或下降突然制动时，会产生低频率大振幅的振动，影响司机的心理和正常的作业，对电动桥门式起重机，当小车位于跨中时的满载自振频率要求 N2Hz。

振动测试时，在主梁跨中上（或中下）盖板处任选一点作为垂直方向振动检测点，小车位于跨中位置，把应变片粘贴在检测点上，并将引线接到动态应变仪输入端，输出端接示波器，起升额定载荷到 2/3 的额定起升高度处，稳定后全速下降，在接近地面处紧急制动，从示波器记录的时间曲线和振动曲线上可测得频率，即为起重机的动刚度（自振频率）。

3. 客运架空索道无损检测技术

客运索道主要通过抱索器将吊具安装在钢丝绳上，钢丝绳架高在支架上，经由机电设备驱动钢丝绳运动来运输人员。支架和吊架的金属结构常用壁厚 N5mm 的开口型材或壁厚 N2.5mm 的钢管材及闭口型材制成，环境温度＜减－ 20Y 时，主要承载构件应用镇静钢。一般支架为高度在 6~12m 的塔柱或塔架式、四边形桁架结构式或四边形封闭式等结构。由于制造中金属结构大都采用焊接连接，故常规检查焊缝的无损检测方法在生产和安装及运行的检验中都可应用，抱索器需要用在低温下有良好冲击韧性的优质钢制造，内、外抱卡通常用锻造方法制造，不得采用铸造方法，其检测通常采用磁粉方法。

客运索道的零部件一般在车间制造或直接外购，然后在现场根据设计要求进行组装。

因为现有客运索道的标准规范中除对抱索器磁粉检测和钢丝绳检测的要求外，没有对无损检测方法进行详细规定，主要由检验人员根据设计要求对重点部件，如支架、吊架、钢丝绳和抱索器等，选择适当的无损检测方法。一般制造检验常采用射线、超声、磁粉、渗透和涡流检测等方法；安装检验常采用射线、超声、磁粉、渗透、涡流和漏磁检测等方法；在用定期检验常采用超声、磁粉、渗透、涡流、漏磁、磁记忆、声发射和振动测试等方法。下面就对这些无损检测方法的运用时机和技术要领逐一进行介绍。

（1）涡流检验

涡流检测主要用于制造检验中对于原材料钢管检验及安装检验和在用定期检验时对母材或焊缝的表面裂纹进行检测。

钢管进料检验时，应按管材壁厚和外径选择合适的外穿式探头，因为客运索道通常采用铁磁性钢管制作支架和吊架，所以宜选磁饱和装置或远场涡流探头，根据标准在标样管上制作相应规格的人工缺陷调整检测灵敏度，同时将检测信号幅度和相位做缺陷性质、当量和位置的判定依据。

利用涡流方法进行裂纹检测，采用的是空间电磁耦合方法，一般无须对检测表面进行处理，并可穿透非导体防护涂层、铁锈甚至较薄的非铁磁性金属覆盖层，可用于对钢结构母材及焊缝的裂纹检测，检测精度与常规磁粉相当，适合进行快速裂纹扫查。但该方法依据磁场信号进行判定，若磁粉检测后未进行有效的退磁操作，将对检测部位的磁场信号产生干扰，故检测时机应在磁粉检测之前。检测时，应以至少两次相互垂直的扫查方向进行探伤作业。在工程应用中，可用人工对比试样来得到更准确的深度信息。

（2）钢丝绳漏磁检测

钢丝绳是客运索道的关键部件之一，是安装和在用定期检验中必不可少的检验项目。检测时，根据钢丝绳的类型和外径选择合适的探头，既保证钢丝绳能顺利通过探头，又要保证相对较大的填充系数。以相对均匀的速率使钢丝绳在探头中通过，钢丝绳上断丝、磨损和腐蚀等缺陷情况将引起磁场特征参数（如磁场强度和磁通量等）的变化，根据磁场参数的变化情况可以对钢丝绳的缺陷情况进行判别，并可进行定性（断丝或腐蚀等）和定量（断丝数或横截面积损失量）分析。检测时一般无须对不影响钢丝绳在检测仪上正常行走的油污和灰垢进行清理，但对于因钢丝绳与滑轮或卷筒等构件摩擦而使钢丝绳股间夹杂大量铁磁性颗粒的情况，应进行清洗或对检测结果进行适当修正。

钢丝绳检测仪一般都采用钢丝绳通过式，无法对有鞍座支承的密封钢丝绳进行一次性检测，一般都必须分段检测。

（3）金属磁记忆检测

金属磁记忆效应可对金属结构的应力集中状况进行检测，并对缺陷的进一步发生和发展进行监控与预测，主要用于对支架和吊架端部长期经受疲劳载荷与扭矩作用的部位进行测试，是在用定期检验中一个很好的辅助检测手段。

磁记忆是一种弱磁检测方法，无须对工件进行磁化，其应力集中部位在地磁场的作用下即可显示出磁记忆信号。但是一旦对工件进行了磁粉检验而又未进行有效退磁操作，则微弱的磁记忆信号将被磁化后的剩余磁场信号湮没，所以检测时机应放在磁粉检测之前。

（4）声发射检验和振动检测

声发射检测和振动检测主要用于在用定期检验时对客运架空索道设备中的重要旋转机械零部件进行状态监测和故障诊断。例如滚动轴承和齿轮等部件，运行负荷大且长期经受连续交变载荷易产生疲劳损坏。用该方法可以早期发现故障征兆，并及时采取适当措施防患于未然。声发射技术作为一种无损检测技术的特点是可以监测到裂纹产生及扩展等信号，从而能早期、及时发现故障，还可判断出其位置和评价其危害程度；振动技术的特点是振动特征可与旋转机械的多种故障现象相对应，并且反应比较快，能迅速做出诊断，诊断的故障范围较宽。结合二者优势的声发射振动检测诊断技术对提高监测诊断的灵敏性、准确性、可靠性具有重要意义。

进行声发射和振动测试时，将带有磁性座的声发射传感器放在轴承座等关键测点上，能同时检验多个通道的声发射、振动和转速等信号，并能对声发射和振动信号进行自动诊断。在设置声发射信号采样参数时，应选择适当的偏置电平、放大倍数、采样点和采样频率，在采集滚动轴承和齿轮箱振动信号时，一般选择频率＞ 8kHz，截止频率取最高值 2.8kHz，采样点数为 2048。

4. 游乐设施的无损检测技术

游乐设施主要由钢结构、行走线路、动力、机械传动、乘人设备、电器和安全防护装置七大部分组成。金属部件一般以轧制件、焊接件、锻件和铸件做坯件，经机械加工制成。轧制件、焊接件和锻件主要采用碳素结构钢、优质碳素结构钢或低合金结构钢。使用的主要材料为型钢、钢棒、钢管、钢板和钢锻件，常用的钢材主要是普通碳素钢 Q235，需减轻结构自重时可采用 15Mn 或 15MnTi，轴类使用的常用材料为 45Cr 和 40Cr 等。游乐设施金属结构的连接方式主要为焊接和螺栓连接。而无损检测技术在游乐设施的制造、安装和检验过程中得到广泛使用，对质量控制起到十分关键的作用。

目前，在游乐设施制造和安装过程中，只采用上述法规标准规定的射线、超声、磁粉和渗透四种常规检测方法，没有技术难点。但在实际开展游乐设施定期检验过程中，根据游乐设施的失效特点，还采用一些新的快速检测方法，如采用电磁方法来快速检验钢部件的表面裂纹和钢丝绳的断丝，采用磁记忆检测方法来快速检测铁磁性金属受力部件的疲劳损伤和高应力集中部位，采用应力测试方法测试结构件的应力和变形等。

另外，一些游乐设施的大轴或中心轴，一旦安装投入使用很难进行拆卸，因此十分需要对这些大轴进行不拆卸的无损检测与评价方法。

（1）电磁检测

1）铁磁性材料表面裂纹电磁检测

如上所述，在定期检验中检测铁磁性表面和近表面裂纹最常用的无损检测方法为磁粉和渗透检测，该方法灵敏度高，但在检测过程中必须对检测区域的表面进行打磨处理，去除表面的油漆、喷涂等防腐层和氧化物。考虑到检测所需的时间和费用，目前一般进行20% 的抽查。然而，在实际的定期检验中，有 90% 以上的游乐设施在经过焊缝表面打磨和磁粉或渗透检测后未发现任何表面裂纹，即使发现表面裂纹，一般也是只存在几处，占焊缝总长的 1% 以下，因此大量的打磨大大增加了游乐设施停止运行的时间和油漆的费用。

基于复平面分析的金属材料焊缝涡流（电磁）检测技术，在有防腐层的情况下，也可采用特殊的点式探头对焊缝表面进行快速扫描检测，可以快速检测铁磁性材料存在的表面和近表面裂纹，并可对裂纹深度进行测量。该方法快速准确，并能对裂纹进行定性和半定量评估。受集肤效应影响，波形幅度与裂纹深度呈非线性关系，在工程应用中，可用人工对比试样来得到更准确的深度信息。该方法检测结果与裂纹的走向有关，为防止漏检，按标准推荐的操作方法，应以至少两次相互垂直的扫查方向进行探伤扫查。

裂纹检测的空间电磁耦合，一般无须对检测表面进行处理，并可穿透非导体防护涂层、铁锈甚至较薄的非铁磁性金属覆盖层，可用于对钢结构母材及焊缝的裂纹检测，检测精度与常规磁粉相当，适合对游乐设施进行快速裂纹扫查。但该方法依据磁场信号进行判定，若磁粉检测后未进行有效的退磁操作，将对检测部位的磁场信号产生干扰，故检测时机应在磁粉检测之前。

2）钢丝绳检测

钢丝绳是游乐设施常用部件，对其一般采用漏磁方法进行检测，探头对进入其中的钢丝绳进行局部饱和和磁化技术磁化，根据缺陷引起的磁场特征参数（如磁场强度和磁通量等）的变化情况对钢丝绳的缺陷情况进行判别，并可进行定性（断丝或腐蚀等）和定量（断丝数或横截面积损失量）分析。

钢丝绳检测时一般无须对不影响钢丝绳在检测仪上正常行走的油污和灰垢进行清理，但对于因钢丝绳与滑轮和卷筒等构件摩擦而使钢丝绳股间夹杂大量铁磁性颗粒的情况，应对钢丝绳进行清洗或对检测结果进行适当修正。

（2）金属磁记忆检测

金属磁记忆检测（MMMT）技术是一种检测材料应力集中和疲劳损伤的无损检测与诊断的新方法。鉴于许多在用游乐设施零部件的失效是由疲劳裂纹引起的，因此该技术特别适用于游乐设施铁磁性金属重要焊缝和轴类零部件的快速检测。

磁记忆是一种弱磁检测方法，无须对工件进行磁化，其应力集中部位在地磁场的作用下即可显示出磁记忆信号。但是一旦对工件进行了磁粉检测而未进行有效退磁操作，则微弱的磁记忆信号将被剩余磁场信号湮没，所以检测时机应放在磁粉检测之前。

5. 场（厂）内专用机动车辆无损检测技术

《厂内机动车辆监督检验规程》规定，场（厂）车的检验主要包括整车检验、动力系统检验、灯光电气检验、传动系统检验、行驶系统检验、转向系统检验、制动系统检验、工作装置检验和专用机械检验等项目。其检测方法主要是目视检验，同时辅之以必要的仪器设备，进行必要的测量、检测和试验。必要时，也可采用超声检验（UT）、磁粉检测（MT）和渗透检测（PT）等无损检测方法。检测过程中使用的检验仪器设备、计量器和相应的检测工具，属于法定计量检定范畴的，必须经检定合格，且在有效期内。

（1）噪声测试技术

噪声测试采用了测量声压级的传感器，取 10 倍实测声压的平方与基准声压的平方之比的常用对数，即为噪声值。

场（厂）车的噪声一般采用声级计测试。声级计是一种便携式测量噪声的仪器。它包括测量传感器、放大器、计权网络、衰减器、检波器和指示电表等几个部分，一般不包括带通滤波器。但近代精密声级计还常和倍频带甚至 1/3 倍频带滤波器相联结，构成较完整的频率分析系统，这样便可测出对应于中心频率所代表的各频段的声压级。

声级计一般都有 A、B、C 三种计权网络，其显示计数通常称之为声级，单位为 dB，但要标明所用的计权网络名称，如 85dB(A）即 A 声级为 85dB。C 声声级主要用于测定可闻声频范围内的总声压读数。B 声级已很少使用，最常用的是 A 声级。在噪声测量中，利用 A、B、C 三档声级计数可大致地估计出所测噪声的频谱特性，如果 B、C 声级计数相近但小于 A 声级计数，$L_A > L_B > L_C$，则表明噪声中的高频较突出；如果 $L_B > L_C > L_A$，则表明中频成分略强；如果 $L_C > L_B > L_A$，则表明噪声呈低频特性。

（2）转向测试技术

转向轻便性是场（厂）内专用机动车辆比较重要的测试项目之一，它直接关系到车辆的操纵性和稳定性。在转向测试时，通过一台以微电脑为核心的智能化测试仪器实现，该仪器由力矩传感器、转向编码器、微电脑和打印机组成。在测试过程中，计算机自动完成数据采集、贮存、显示、运算、分析和输出，能够实现对转向力矩和转角的自动判向，对测量开始和结束能自动判别。

（3）速度测试技术

监督检验时，一般采用非接触式测速仪。该仪器主要由非接触式光电速度传感器、跟踪滤波器和主机三个部分组成。如 FC-1 非接触式测速仪，其传感器采用大面积梳状硅光器做敏感元件。使用时将其安装在车辆上，用灯照明地面，当车辆行驶时，地面杂乱花纹经光学系统成像到光电器件上并相应运动，经光电转换和空间滤波后，探测头输出一个接近正弦波的随机窄带信号，信号频率随转速变化，正弦波的每一周期严格对应地面上走过的一段距离，经过测频可知其行驶速度。如果将信号经跟踪带通滤波器和整形电路转换为脉冲输出，经计数和微机处理后可实时显示速度、距离和时间。

（4）应力应变测试技术

在检测测试中，通过应变和应力的测量可以分析、研究零部件与结构的受力情况及工作状态，验证设计计算结果的正确性，确定整机工作过程中的负载谱和某些物理现象的机理，确保整机安全作业。

应用电阻应变片和应变仪器测定构件的表面应变，然后再根据应变与应力的关系式，确定构件表面应力状态是最常见的一种实际应力分析方法。应变仪一般由电桥、放大器、相敏检波器、滤波器、振荡器、稳压电源和指示表等主要单元组成。

根据被测应变的性质和工作频率不同，所用的应变仪可分为静态电阻应变仪和动态电阻应变仪。静态电阻应变仪用以测量静载作用下的应变，其应变信号一般变化十分缓慢或变化后能很快静止下来；动态电阻应变仪与光线示波器、磁带记录仪配合，用于 0~2000Hz 的动态过程测试及爆炸、冲击等瞬态变化过程测试。

（5）负荷测量技术

负荷测量是场（厂）车检验的一个重要指标。负荷测量车是在室外测定场（厂）车的牵引性能的重要设备。在牵引性能试验时，它由被测车辆牵引前进，用来施加平衡的阻力，并能测量和记录表征被测车辆牵引性能的有关参量。

目前，负荷测量车大多用拖拉机或汽车底盘改装。它主要由加载装置、各种传感器和相应的电测量仪器、记录仪器、自走驱动装置等组成。

当负荷测量车由被测车辆牵引等速前进时，动力传递的情况恰与车辆正常工作的情况相反。由驱动轮与路面间的附着所产生的切向驱动力 P 在驱动轮上将造成一个驱动力矩，通过相应的传动系统，该力矩最后传到加载装置的轴上，并与加载装置的阻力矩 Mb 相平衡。因此可以说，加载装置的作用就是在负荷测量车的轮上造成一个阻力矩，调节就能对牵引它的车辆造成不同的牵引阻力。

（6）液压系统综合测试技术

液压传动系统已成为场（厂）车的重要组成部分，因此液体压力和流量是两个主要的被测参数。液压系统综合测试技术主要用于液压系统的原位检测和车辆作业中的监测，能在不拆卸管路的情况下测试液压系统各回路的流量、压力和泵的转速，据此进行故障诊断和技术状况检查。

二、ADIASYSTEM 电梯检测系统

（一）ADIASYSTEM 电梯检测系统的用途与特点

ADIASYSTEM 是一个专门的软件系统程序，被安装在笔记本电脑上，与专用的电子传感器和测量装置一起应用成为一种智能的检测工具，全部的部件被安装在一个重约 8kg 的设备上。

1.ADIASYSTEM 电梯检测系统的用途

ADIASYSTEM 电梯检测系统主要适用于曳引电梯、液压电梯、升降机、扶梯检验，可以对电梯的多项特性参数进行测量，如距离、速度、曳引力、平衡系数、加（减）速度、安全钳特性、电梯门关门动能及速度、液压电梯压力等，而且测得的数据可以保存并由计算机处理以曲线图显示。

2.ADIASYSTEM 电梯检测系统的特点

（1）ADIASYSTEM 用测量手段替代了传统的靠加载检测的方法，得到的结果可以很清楚地与所需要的规范标准值进行比较。

加载检测通常是检测运行电梯在极端情况下的安全性。在电梯上装载上 125% 或 150% 的设计载荷，试验时要搬运沉重的彼码，一方面费时费力，另一方面这种检测只是简单地表明合格或不合格。ADIASYSTEM 用一种精确的测量手段替代了以前那种靠加载检测的方法，得到的结果可以很清楚地与所需要的规范标准值相比较，传统的安全检测方法中有一些不能确定的东西，而现在可以由 ADIASYSTEM 检测出来。

（2）专用软件可把测试结果转化为数字和图表，把得到的全部信息储存在硬盘中。第二次检测的结果也可以很容易地与第一次的记录相比较。

（3）ADIASYSTEM 是在总结了许多在电梯检测这个特殊的领域中专家的大量经验和专业知识的基础上开发研制的全面检测电梯的数字化产品。检测过程快速、准确，劳动强度低。

（4）数据采集、存储、分析全部由计算机进行，实现全数字化检测。

（5）配置有距离 / 速度测量仪、数字测力计、压力传感器、测力称重仪、电梯门测试仪等专用测量传感器和装置，可以快速测量多项电梯特性参数，并可以不断开发、增加、改善传感器和装置的功能。

（二）ADIASYSTEM 电梯检测系统的工作原理和性能

1.ADIASYSTEM 电梯检测系统的配置与性能

（1）ADIASYSTEM 电梯检测系统的配置与结构

由装有专用软件的电脑和一组测量用传感器和装置组成。

（2）检测项目

检测项目包括速度、液压电梯压力测试、加 / 减速度、液压电梯平层测试、距离、轿厢质量、时间、卷帘门闭合力、振动、电梯门闭合力、安全钳测试、电梯门撞击速度与动能、曳引力测试、平衡测试、微小位移等。

（3）传感器和测量装置

传感器和测量装置主要包括距离 / 速度测量仪、测力计、电子压力传感器、测力称重仪、电梯门测试仪等。

1）距离 / 速度测量仪

距离 / 速度测量仪可以应用在所有种类的距离和速度测量上，它有一个传感器放在一个方形塑料盒子里，盒子的一侧伸出一个滚轴，滚轴外覆盖软胶垫。这个软胶垫在指定的检测点被挤压在运动的钢丝绳上，并由此传递速度和位移，由盒子里的传感器产生脉冲信号，通过线缆传送到计算机上进行分析而得出具体的速度或者位移。

2）测力计

测力计用来测量钢丝绳拉力，可以做曳引力试验、平衡试验。老的测力计包括以下几部分：一个弹簧秤、一套板簧、一个数字刻度尺。弹簧秤由两个彼此由螺栓连接的U形的铝质材料组成，在U形材料中间距连接螺栓规定距离处安装有一套金属板弹簧。金属板弹簧有两套可供调换：普通弹簧（N）和硬度弹簧（H）。在数字刻度尺内部有一个均匀的塑料圆盘，圆盘通过两个光栅产生增加或减少的脉冲信号，然后由集成的电子系统对这些信号处理而得出距离和方向。该数字刻度尺的分辨率为200pulses/cm。通过有效的杠杆关系：着力点—弹簧—数字刻度尺，高强度的拉力可以通过一根小的弹簧传送到刻度尺一段小的滑移上。

3）电子压力传感器

电子压力传感器可以用来测量液压电梯系统的压力。传感器安装在一个专门的钢容器内（履行IP65保护要求），通过一个完整的O形环来进行密封。传感器的标准测量范围是0~100bar，另外也可以使用250bar范围的传感器。传感器的最大测量速率是100Hz，制造商保证0.5%的精确度，通常的精确性明显比这要好。因此，压力传感器是一种适合检测液压电梯各个领域的理想工具。

4）测力称重仪

测力称重仪用于测量电梯门的关门力或电梯附件的重量。最大测量范围可到40000N或4000kg。

5）电梯门测试仪

电梯门测试仪用来验证电梯门闭合的动力学参量是否符合适用标准中的要求，标准规定了电梯门闭合时可允许的最大的动能值和最大持久闭合力。这些参数也和电梯门关闭速度有关。只要把装置的两端都放置在正在关闭中的一侧门板边缘和另一侧门板中间的滑动结构之间，就可以很容易地测量到所有这些数据。电梯门测试仪包括两个独立的传感器。力学传感器为按压式，在仪器右侧，它的最大测试范围可达到1000N。左边的位移传感器用于速度的测量。速度确定以后，力学传感器会自动以200Hz的采样频率进行5s的数据记录，测量之后结果立即显示。非易失性内存可以存储27组测量值。

（4）数据记录仪ADILOG

数据记录仪用于测试电梯系统的加/减速度。它是独立的，由微处理器控制，带有加速度传感器，可用来对±10g范围内的加速度或减速度进行测量，提供12位全刻度的分辨率，是具有很高灵敏度的高科技测量仪器。数据记录仪可以选择不同的采样频率，最高可达5000Hz，所以能快速和高精度地记录和评价。数据记录仪几乎适用于所有日常的工作领域，并且坚固耐用，操作简单又准确，使用该设备还可以对电梯做安全钳、乘坐舒适性等方面的测试。

2.ADIASYSTEM电梯检测系统的工作原理

ADIASYSTEM电梯检测系统检测中主要是通过计算机连接不同的传感器来实现不同

的功能测量。这里重点介绍几个比较有特点的测量。

（1）平衡系数 K 值的测量

在对电梯进行验收检验时，最费时，也最费人力、物力的，便是检测电梯的平衡系数。按检验规定，必须在轿厢分别承载 0.25%、40%、50%、75%、110% 额定载荷下，测定电梯运行的载荷——电流曲线，取其上、下行曲线的交汇点的载荷系数，便是该梯的平衡系数，交汇点在 40%~50% 范围内为合格。虽然现在检验规定对平衡系数的测量有所减轻，但为了测定这一参数，除了两名检验人员，还需要多名来回搬运彼码的工人。而 ADIASYSTEM 电梯检测系统测量平衡系数是利用一套测力装置，空载测量。主要测量原理是把测力装置装在轿厢测，测量时松开抱闸，用人力在手盘轮上感觉曳引轮两侧的力矩平衡与否。

该方法的优点是无须加载瑟码，空载测量，测试简便、快捷，调整迅速，节省人力、物力；电梯处于静止状态，避免因轿厢运动而造成的阻力矩误差；对于电梯验收，以既定的平衡系数设置值为载荷，直接验证或调整对重达到要求，避免盲目性，保证 K 值符合设计要求。

（2）曳引力测试

曳引力是牵引电梯的能力，即驱动轮槽的摩擦力驱动钢丝绳能力，安全规范规定电梯安全操作曳引力最小和最大的值。

测量牵引系数，依靠牵引轮两侧钢丝绳力的有效比（轿厢侧与配重块侧），足够的曳引力防止钢丝绳在牵引轮上滑动。原理上，如果电梯的轿厢上有额定的载荷，摩擦力必须足够防止钢丝绳在牵引轮上滑动。通用的方法，测量曳引力是按照指定的规范，以计算为基础。然而，实际上有效的曳引力受许多因素影响，不能够被计算覆盖，如钢丝绳的结构和类型、润滑剂的数量、驱动轮和钢丝绳的材料、制造公差、轿厢和配重块等。

因此，电梯在服役过程中，采用过载试验这种传统的方法已经证明基础的曳引力要求。规定轿厢过载的百分比的要求，可适应电梯安全规范或标准。

ADIASYSTEM 曳引力测试的概念，是测量附加在钢丝绳上的力，相当于加载的电梯轿厢，检查该力是否在牵引轮上产生滑移。试验仅在一根钢丝绳上，故在配重块侧的绳的张力小，曳引力也小。因此，该试验程序对于电梯的组件绝对没有任何过载的风险。实践中，增加钢丝绳的力非常容易，跨过 125% 的载荷标准，直到足够高的曳引力。典型情况，检验员总是使曳引力系数至少达到 200%。这将极大地增加接收的程度，不仅补偿单根绳上的简单测试程序和避开激烈的争论，而且比指定的安全规范具有更高的信任度。到目前为止，传统的过载测试不能提供任何具体的量化的测试结果，仅仅给出一个抽象的是否结论，从来不能辨别任何存在的安全余量。需要特别注意的是，使用该方法的一个重要性是能够很容易地知道那些安全性能不足的特点。

ADIASYSTEM 不仅能够检验是否满足 125% 载荷标准，而且能够量化超过曳引力的余量、钢丝绳的结构、润滑剂的数量、牵引轮和绳的材料或制造公差。对于严格的文档，决定实际的测量是适合的。

（3）安全钳测试

安全钳是电梯最后的安全装置，在电梯投放市场和投入运行之前，EN81 过载试验的目的是检查安装、设置和装配的正确性，组装轿厢、安全钳、导轨及将它们固定在建筑物上，当轿厢向下、装载 125% 的额定载荷、以额定速度运行时进行试验。

此外，轿厢盛装额定载荷，在自由落体情况下，规范规定优质的安全钳的平均减速度应该在 0.2~1.0g。规定了这两个极限，一方面确保最小的刹车力使满载荷的轿厢在合理的停止距离内完全停止；另一方面最大的减速度防止轿厢中的乘客由于从自由落体状态停止受到伤害。

没有任何的规范规定空轿厢和 125% 额定载荷的轿厢的减速度，另外如果满足规定的允许的减速度的范围在 0.2~1.0g，规范也没有明确定义如何验证验收试验，很难从 125% 的额定载荷到自由落体的试验中得出结论。

从法律的观点看，安全钳在被允许作为电梯的安全部件之前，必须通过强制的形式试验。然而，现场的安全钳的正确作用，不仅依赖于制造厂的适当调节弹簧力，而且也受现场各种参数的影响，如导轨的机械加工、润滑油等，因此无论形式认可的程序怎样，都覆盖了安全和可靠性的问题，最初的验收试验中，验证正确的设置是必要的。

通常，当安全钳停止空轿厢时，减速度大于 1g。在这种情况下，配重块通过地球引力（lg）减速。电梯轿厢与配重块具有不同的停止速度，在短时间内其间的绳产生松弛，直到轿厢停止。在此瞬间，只影响轿厢的力是安全钳的刹车力，因此空轿厢通常在自由落体状态停止。为满足该假设，对于安全钳的测试，所有与快速刹车有关的装置（机械制动、断绳等）必须解除。

准自由落体的减速度测试，记录对导轨摩擦有影响的所有的不同系数，如润滑油、速度等。该评估基于有效的平均减速度，时间从安全钳完全启动到轿厢完全停止，EN81 标准中要求的允许减速度，也是在整个停止距离中减速度的平均值。

ADIASYSTEM 电梯检测系统是通过数据记录器用于记录空轿厢的减速度，将该记录的信息下载到电脑上，转换成图表后，通过 ADIASYSTEM 分析、计算实际测量的减速度的平均值。另外程序预测额定载荷下的减速度，假设安全钳有同样的刹车力制动轿厢质量加上额定的载荷。所以，预测额定载荷的减速度，是基于一般的物理条件，测量空轿厢和额定载荷的减速度都是通过程序显示，另外，下面的不可变的信息与测试值存在一起：测量日期、测量时间、使用测量装置的系列号码、测量率、探头的测量范围和被测电梯的质量参数。这些数据像测量的指纹一样，是真实文件的一部分。

额定载荷的轿厢的自由落体是最坏的情况，因此对于该非常的情况，EN81 规范规定为强制的减速度要求；在交工测试时，验证安全钳的正确设置是非常重要的。

在试验中，安全钳的制动力远远独立于速度，ADIASYSTEM 的运算方法允许安全钳测试以低于额定速度情况预测等值的制动力。在实践中，使用该方法，以额定速度通常运行空轿厢进行安全钳测试。然而，对于额定速度大于 2m/s 时，建议降低测试速度，以防配重块弹起。

三、钢丝绳电磁无损检测方法

（一）钢丝绳电磁无损检测的用途与特点

钢丝绳是机电类特种设备承载所必需的主要柔性构件，电梯、起重机械、客运索道均大量使用了钢丝绳。钢丝绳的性能、质量关系到设备和人员的安全。钢丝绳在使用过程中主要因为各种载荷而承受高强度的力学作用，从投入运行开始就伴随产生各种缺陷，如疲劳、断丝、磨损、锈蚀、脆变和形变等，缺陷的积累最终导致整绳断裂的严重后果。

钢丝绳结构的复杂性、运行环境的多样性及检测方法的局限性，使得对钢丝绳缺陷的检测非常困难，并因此导致了钢丝绳在使用过程中“隐患、浪费、低效”的问题。整整一个世纪以来，世界各国科技工作者一直在探索检验钢丝绳的各种方法，努力使钢丝绳既延长寿命，又要确保在发生断裂之前被及时地更换下来。

从 20 世纪初南非研制出世界上第一台钢丝绳探伤仪至今，已有 100 多年的历史。国内外已有的钢丝绳无损检测技术方法包括磁或电磁检测法、超声波检测法、声发射检测法、电涡流检测法、射线检测法、光学检测法等。除电磁检测技术外，其余无损检测技术依然限于实验室研究。以加拿大矿业能源技术中心为主的研究小组通过强磁励磁技术条件下的电磁检测探头，实现了对钢丝绳显著缺陷的定性及半定量检测，并通过对钢丝绳断绳事故的深层原因连续深入分析及对检测仪器的机理研究，定义了目前普遍采用的钢丝绳性能检测指标：LF（钢丝绳局部缺陷）和 LMA（钢丝绳金属截面积损失）。以此为原型的检测仪器在国内外一些技术服务机构和工业现场得到了推广与应用。

1. 电磁法钢丝绳无损检测的用途

采用电磁、磁通、漏磁、剩磁或不同方法组合的仪器来检测铁磁性钢丝绳的状态，检测钢丝绳内外部断丝、磨损、锈蚀、疲劳、变形、松股、跳丝等各种损伤，评估被测钢丝绳的剩余承载能力、安全系数和使用寿命。可广泛应用于机电类特种设备、矿山、海运等领域。

2. 电磁法钢丝绳无损检测的特点

目前，已提出的钢丝绳无损检测方法有超声波检测法、渗透检测法、射线检测法、声发射检测法、涡流检测法、电磁检测法等。但除电磁检测技术在实践中得以应用外，其他检测方法依然仅限于实验室研究，电磁检测法是目前公认的最可靠的钢丝绳检测方法。

（1）电磁检测法的特点

1）能够检测出钢丝绳内部缺陷，并能定量检测钢丝绳金属截面积。

2）可实时在线全绳检测，检测效率高，基本不受人为因素的影响。

3）结合人工检查和检测数据定量分析可评估钢丝绳损伤程度及强度损伤情况。

4）还不能完全定量检测断丝数量和断丝截面积减少量，还很难仅通过检测数据分析各种缺陷的性质和程度。

（2）电磁法钢丝绳检测仪的特点

1）简单化的仪器

这类设备操作简单，对人员基本没有太高要求，比较适合现场检测人员使用。设备检测效率高，但不能给出全绳的详细检测数据，只能给出简单的损伤或缺陷统计数据，协助检测人员发现可疑的损伤，不能准确定量和分析损伤性质。这种设备只能提示检测人员注意，最终钢丝绳损伤到何种程度需要人工核查确认。

2）多功能仪器

这类设备采用多种传感器和多种方式，尽可能多地反映钢丝绳损伤状况信息，通过不同方法和不同传感器优势互补、取长补短，尽可能全面地反映钢丝绳损伤状况，从而达到对钢丝绳科学而准确的检测。这类设备因为可以存储和事后对检测数据进行分析，所以对人员有一定的要求，使用人员需要学习如何来分析检测数据。这类设备的特点是检测效率高，检测精度、准确性高，能给出全绳的详细检测数据，能定量检测钢丝绳金属截面积损失，定量分析断丝，还能根据检测曲线的发展趋势分析钢丝绳损伤的速度和趋势，进而准确地预测钢丝绳的使用寿命。

3）网络化的仪器

这类设备通过网络对钢丝绳检测远程集中管理和检测，将钢丝绳检测作为整个设备监控的一部分，提供了整个设备的安全性。

（二）钢丝绳电磁无损检测的工作原理

1. 交流电磁法

交流电磁类检测仪器的工作原理类同于变压器原理，初级和次级线圈环绕在钢丝绳上，钢丝绳犹如变压器的铁芯。初级（激励）线圈的电源为10~30Hz的低频交流电。初级（探测）线圈测定钢丝绳的磁特性。钢丝绳磁特性的任何关键变化会通过次级线圈的电压变化（幅度和相位）反映出来。电磁类仪器通常在较低磁场强度的条件下工作，因此在开始检测前，有必要将钢丝绳彻底退磁。此类仪器主要用于检测金属横截面积变化。

2. 直流和永磁（磁通）法

直流和永磁类仪器提供恒定磁通，通过传感器头（磁回路）磁化一段钢丝绳。钢丝绳中的轴向总磁通，能通过霍尔效应传感器、环绕（感应）线圈或其他能有效测定磁场或稳恒磁场变化的适当装置来测定。传感器输出的是电信号，在磁回路和感应范围内，其输出的电压与钢含量或金属横截面积变化成正比。此类仪器用于测定金属横截面积变化。

3. 漏磁法

直流或永磁类仪器提供恒定磁通，通过传感器头（磁回路）来磁化一段钢丝绳。钢丝绳中不连续（如断丝）所引起的漏磁，能用不通传感器（如霍尔效应传感器、感应线圈或其他适当装置）来检测。传感器输出的是电信号，并被记录。此类仪器用于测定 LF。但它不能明确给出有关损伤的确切数量方面的信息，只能给出钢丝绳中断丝、内腐蚀和磨损等是否存在的提示性信息。

4. 剩磁法

直流或永磁类磁化装置对钢丝绳磁化后，在确保外加磁场已移去或无外磁场影响的情况下，利用铁磁性钢丝绳的剩磁特性，采用能有效测定剩余磁场变化的适当检测装置，来测定钢丝绳内剩磁场的变化。此类仪器能用于测定金属横截面积的变化和局部损伤的存在。

5. 电磁法钢丝绳无损检测存在的局限性

（1）仅限于检测铁磁性钢丝绳。

（2）较难检测出钢丝绳端部或接近端部和铁磁性钢连接处的损伤。

（3）不易辨别纯金属学性质（脆性、疲劳等）引起的退化。

（4）给定大小的传感器头仅适用于有限直径范围的钢丝绳。

（5）电磁和磁通方法的固有局限性：

1）仪器所测得的金属横截面积变化，只能表示这是相对于仪器校准基准点处的变化。

2）这些方法的灵敏度，随损伤离钢丝绳表面的深度增大和断丝处断口的减小降低。

（6）漏磁方法的固有局限性：

1）不大可能辨别出较细的断丝、小断口断丝或接近于多断丝处的单根断丝，不大可能辨别出带有蚀坑的断丝。

2）由于纯金属学性质引起的退化不易辨别，当钢丝绳是否报废是基于断丝增加的百分率时，在检测发现有断丝后，有必要增加检测的频次。

（7）剩磁方法的固有局限性：

1）仪器所测得的金属横截面积变化，只能表示这是相对于仪器校准基准点处的变化。

2）对于引起金属横截面积变化程度较小的磨损和锈蚀，剩磁类仪器可能不易辨别。

3）由于剩磁通常比较微弱，在有外磁场干扰的情况下进行检查可能失效。

4）剩磁的大小通常随时间而有所变化，不同时间段的检查结果可能会不同。

5）剩磁方法不适用于相对磁导率很低的铁磁性材料。

（三）钢丝绳电磁法无损检测在机电类特种设备检验中的应用

1. 电磁法钢丝绳无损检测在电梯检验中的应用

曳引钢丝绳是电梯重要的悬挂装置，承受着轿厢和对重的全部重量，并依靠曳引轮槽的摩擦力驱动轿厢升降。在电梯运行过程中，曳引钢丝绳绕着曳引轮、导向轮或反绳轮单向或交变弯曲，会产生拉应力。所以，要求曳引钢丝绳有较高的强度和耐磨性，其抗拉强度、延伸率、柔性等均应符合《电梯用钢丝绳》的规定。正是由于曳引钢丝绳的损伤程度及承载能力直接关系到人的生命和财产的安全，在使用过程中如何对其进行正确的定期检验和润滑维护显得尤为关键。

曳引钢丝绳为一组，检测时，可以布置单探头，也可采用成组专用探头检测。

2. 电磁法钢丝绳无损检测在起重机械检验中的应用

起重机械用钢丝绳属易损件，钢丝绳运行得安全与否，直接关系到起吊重物和设备的安全。下面是用波兰 Zawada 公司生产的 MD20 检测起重机械的案例。要想在各种情况下正确操作起重机，安全地搬运货物，就需要定期检查钢丝绳，以在问题发生之前修正或更换。

MD20 是一款简单化的仪器，电池供电，以声光报警的方式指示缺陷的存在，且携带操作都很简单，只需要设置报警门槛（断丝数或截面损伤量）就可快速检测整条钢丝绳的整体状况，特别适合起重机使用前的快速检测。使用 MD20 检测时，只需把开关打到 ON 位置，然后调节灵敏度开关到预设门槛值即可。当被检钢丝绳无缺陷时，只有 OK 灯亮绿色，其他三个灯不亮，当钢丝绳中有超过预设门槛值的缺陷时，D 灯以黄色闪烁，并伴有报警声，且 MD 等以红颜色灯亮起。

3. 电磁法钢丝绳无损检测在客运索道检验中的应用

索道钢丝绳是索道设备关键部件，是索道设备的生命线。索道钢丝绳技术状态检查与监测是索道设备安全工作的重要一环，架空客运索道钢绳技术状态检查与监测采用人工目测检查和仪器无损探伤相结合的检查方式。

索道钢丝绳比较特殊，绳径粗，长度达数千米，受客观条件的限制，其制造、运输、安装难度相对较大，在制造、运输、安装过程中，钢丝绳难免会出现缺陷与损伤，其中绝大多数缺陷诊断靠人工目测是无能为力的，特别是对于索道钢丝绳的致命缺陷（如锈蚀、磨损、断丝、断面缩小和变形等）的诊断。因此，利用仪器对钢丝绳进行无损探伤显得尤重要。

下面是国内某检验单位利用波兰某公司生产的 MD120B 检测缆车索道，MD120B 采用的是永磁体磁化钢丝绳进行在线检测的方法，结构上采用的是主机 + 探头的配置模式，用户可以根据不同的需要选配不同的探头。其特点是应用范围广，检测钢丝绳直径 8~90mm，根据不同的钢丝绳直径可以选择合适的传感器；检测信息显示多样化，既可以现场实时打印波形数据，直观初步判断结果，又可以把检测数据存储到内存卡，把数据传输到计算机中用专用软件进行分析；检测结果可靠，重复性好。

如该设备配上 GP 系列探头就是一台多功能钢丝绳检测仪。一般使用的 GP 系列探头具有 4 个测量记录通道，其中通道 1 和 2 是感应传感器（内置和外置线圈），用来探测断丝和点腐蚀局部损伤，两个通道的记录值之间的关系可以揭示钢丝绳内部缺陷的深度；通道 3 是霍尔效应传感器信号通道，用来探测金属横断面上的面腐蚀、磨损和擦伤；通道 4 是感应传感器（内置线圈）信号积分通道，用来探测沿钢丝绳长规定范围的局部损伤总量。

索道钢丝绳接头有绳股断头和股对接头、钢丝绳横截面积的增大和减小，均类似为断丝性缺陷类型和腐蚀性缺陷类型。另外在编结钢丝绳接头过程中容易产生断丝性缺陷。

（1）积分通道记录曲线：积分范围长度为 1m，记录了各个 1m 长度范围内局部损伤的总量。

（2）霍尔效应传感器记录曲线：完整记录了钢丝绳横截断面积的增大和减小的变化情况，对小的断丝性缺陷无记录。

（3）内置和外置感应线圈传感器记录曲线：从第一个钢丝绳接头绳股断头到最后一个绳股断头，完整记录了 8 个钢丝绳接头的绳股断头和股对接头。中间有 5 个小的断丝性缺陷。

四、声发射检测方法在起重机械检验中的运用

声发射检测方法在起重机械检验中的研究与应用实现了对机电类特种设备结构缺陷进行实时、整体、快速检测，对安全隐患预知、事故预防具有重要意义。

（一）声发射方法的原理与特点

1. 声发射方法的原理

声发 M（AE）又称为应力波发射，是材料受外力或内力作用产生变形或断裂，以弹性波形式释放出应力应变能的现象，大多数材料变形和断裂时都有声发射发生。用仪器探测、记录、分析声发射信号，并利用声发射信号对声发射源的状态做出正确判断的技术称为声发射检测技术。

声发射检测技术是利用探测仪器接收声发射源发出的弹性波引起的表面振动信号，并转换为电信号，然后再被放大、记录和处理，分析与推断材料产生的声发射机制，以此来判断材料是否完整可靠。

一般声发射检测主要包括以下几个部分，即声发射源、传感器、信号放大器、信号采集处理和记录系统。引起声发射的材料局部变化称为声发射事件，而声发射源是指声发射事件的物理源或发生声发射波的机制源。

2. 声发射检测方法的特点

相比常规无损检测方法，其优点主要有以下几个方面：

（1）安全性好。声发射检测中仅需布置有限的几个测点，减少了检验的辅助工作，且对结构的损伤较小。

（2）整体快速检测 / 监测。声发射对构件的几何形状不敏感，可以检测其他检测方法受限制的检测对象，在一次试验中，声发射检测能够探测和评价整个结构中活性缺陷的状态。

（3）缩短检验时间。声发射检测可以实现缺陷的在线监测，减少停机带来的损失，也可以缩短检验周期。

（4）对活性缺陷的检测。活性缺陷的存在是设备安全运行的重要隐患，声发射技术是一种动态无损检验方法，即在构件或材料内部结构出现缺陷或潜在缺陷处于运动变化的过程中进行检测。

（5）抗干扰强。通过声发射传感器采集的信号频率高，不易受周围环境噪声的干扰，能早期、及时发现异常并诊断出故障。

（6）可定量分析。采用声发射技术不但能定性地分析威胁完整性的裂纹等缺陷，同时也可以进行定量分析。

（二）声发射技术在起重机械结构裂纹检测中的应用与研究

围绕起重机声发射检测中需要解决的热点和难点问题，中国特种设备检测研究院主持开展了起重机声发射检测技术的研究，研究起重机械中存在的声发射源及其特性，研究起重机声发射检测结果评价方法，在国际上首次提出声发射源等级分级、有缺陷声发射源严重度级别评定等多项创新方法，制定《桥式/门式起重机声发射检测结果及评价方法》国家标准（草案），并制定起重机声发射检测作业指导书。项目研究对推动声发射技术在起重机行业的应用开展、提高检验效率和可靠性、保障起重机械的安全运行具有重要意义和实用价值，建立的在线检测源性质识别新方法达到了国际领先水平。

1. 起重机械声发射检测方法概述

起重机械声发射检测的主要目的是检测其金属结构件母材和焊缝表面及内部缺陷产生的声发射源，并确定声发射源的部位并评定其等级。

检测中，在被检结构表面布置声发射探头，接收来自活动缺陷产生的声波并将其转换成电信号，通过检测系统进行信号采集、处理、显示、记录和分析，最终给出声发射源的特性参数、位置及级别。检测出的声发射源应根据发射源的综合等级划分结果决定是否采用其他无损检测方法复验。

起重机械声发射检测过程主要包括以下几个方面：

（1）资料审查

在检测前，应对被检对象的技术参数、运行情况和历次检验情况等进行审查。

（2）技术准备

技术准备主要包括现场勘测，尽可能设法排除噪声源；确定加载程序和传感器布置阵列等。

（3）仪器调试

仪器调试主要内容有灵敏度测量、衰减测量、定位调试与验证。

灵敏度测量是指在检测开始之前采用断铅或其他模拟源对每个通道进行灵敏度的测量。模拟源发射部位距探头100mm左右，表面打磨漏出金属光泽或防腐层致密完好无锈蚀，每个通道响应的幅度值与所有通道的平均幅度值之差要求不大于4dB。

衰减测量主要是指试验前应进行与声发射检测条件相同的衰减特性测量。如果已有检测条件相同的衰减特性数据，可不再进行衰减特性测量。

定位调试与验证是指在试验前应对被检测区域内传感器阵列的定位性能进行验证，声发射模拟源的信号应能被接收并定位结果唯一。

（4）检测

检测主要包括背景噪声测定、加载过程、声发射源部位的确定和检测记录。

1）背景噪声测定

加载检测前，应进行背景噪声的测量，建议检测背景噪声的时间不少于 15min。如果背景噪声大于所设定的门槛值时，应设法消除背景噪声的干扰或中止检测。加载过程中，应注意下列因素对检测结果的影响：加载速率过高、机械振动、机械摩擦、电磁干扰和天气情况，如风、雨的干扰。

2）加载过程

应根据有关特种机械安全技术规范、制造标准及实际使用现状与用户协商确定最高试验载荷和加载程序。加载时，空载小车停放在跨度中间，缓慢起吊载荷离地 100~200mm，悬空保持载荷时间一般应不小于 10min。

一般应进行两次加载循环过程，每次加载均应在设计载荷与试验载荷下进行保载，第二次加载循环最高试验载荷应不超过第一次加载循环最高试验载荷的 97%。

新制造起重机检测，一般试验载荷不小于额定载荷的 1.25 倍；在役起重机检测，一般试验载荷不小于额定载荷或最大工作载荷的 1.1 倍；当工艺条件限制声发射检测所要求的试验载荷时，其试验载荷也应不低于额定载荷或最大工作载荷。

检测时应观察声发射撞击数随载荷或时间的变化趋势，声发射撞击数随载荷或时间的增加呈快速增加时，应及时停止加载，在未查出声发射撞击数增加的原因时，禁止继续加载。检测中如遇到强噪声干扰，应暂停检测，排除强噪声干扰后再进行检测。

3）声发射源部位的确定

需进一步确认的声发射源都应通过模拟源定位来确定声发射源的具体部位。确定方法是在起重机金属机构表面上某位置发射一个模拟源，若得到的定位显示与检测到的声发射源部位显示一致，则该模拟源的位置为检测到的声发射源部位的位置。

4）检测记录

应详细记录设备的有关技术参数、加载史、缺陷情况、整个检测过程、源的结果分析和评价等。

2. 起重机械声发射源结果的评定方法

起重机械声发射检测后，需要对检测结果进行评价，其目的是划分声发射源的级别，确定需要采用其他无损检测手段进行复检的危险源。其主要内容包括声发射源区的确定，源的活度、强度的划分，源综合等级的评定和声发射源的复检。

（1）声发射源区的确定

采用时差定位时，以声发射源定位比较密集的部位为中心来划定声发射定位源区，间距在探头间距 10% 以内的定位源可被划在同一个源区。采用区域定位时，声发射定位源区按实际区域来划分。

（2）声发射源的活度划分

1）如果源区的事件数随着加载或保载快速增加时，则认为该部位的声发射源为强活性。

2）如果源区的事件数随着加载或保载连续增加时，则认为该部位的声发射源为活性。

3）如果源区的事件数随着加载或保载断续出现，则声发射源的活度等级评定。

（3）声发射源的强度划分

源的强度 Q 可用能量、幅度或计数参数来表示。源的强度计算取源区前 5 个最大的能量、幅度或计数参数的平均值（幅度参数应根据衰减测量结果加以修正）。

3. 研究内容及成果

（1）研究了 Q235 钢母材和焊缝试件拉伸过程的声发射特征，并对两种试件进行了对比分析，结果表明，试件拉伸过程中会产生声发射定位事件，定位信号为突发型信号，频率分布范围广，主要能量分布在 200kHz 以下，且在 150kHz 有明显峰值；采用声发射有效值电压（RMS）曲线和能量率曲线能够清晰地观察到屈服点的出现，可以观测到焊缝试件拉伸过程中出现了多次屈服现象，这是应力—应变曲线中所不能发现的；母材试件屈服过程中出现了大量幅度低于 45dB 的声发射信号，但比其他阶段相同幅度下的声发射信号能量更大、持续时间更长，但焊缝试件没有。

（2）通过在大型结构件上制造真实的焊接表面裂纹，研究了起重机箱形梁破坏性试验过程中裂纹扩展的声发射特性，克服了在小型试样上模拟试验结果与起重机工作现场上采集到数据的差异，获取了大型结构件中表面裂纹扩展和塑性变形的典型声发射信号数据。试验结果表明，箱形梁破坏性试验过程中的声发射现象与应力测试结果、挠度检测结果基本对应，但声发射更灵敏，能动态监测；起重机箱形梁结构上表面裂纹的扩展过程会出现大量的声发射信号，并且可以采用线形定位方法进行正确的定位，裂纹扩展的声发射定位事件 85% 以上产生于第一次加载过程，表面裂纹扩展的声发射信号为突发型信号，其主要频带为 100~500kHz，且在 130kHz、350kHz、460kHz 附近有峰值；箱形梁结构塑性变形过程中会产生大量的声发射信号，材料屈服后塑性变形的声发射信号可以被定位，定位信号既有突发型信号，也有突发型和连续型混合的信号，其频带主要集中在 200kHz 以下，在 140kHz 处有峰值；表面裂纹扩展和塑性变形声发射信号的参数关联特征相似，不能从参数关联图将二者区分开来。

（3）通过在现场进行多台起重机的声发射检测和针对性试验研究，首次系统获取并分析了桥 / 门式起重机试验过程中可能出现的各种典型的声发射源数据，主要有小车 / 大车移动噪声、起升 / 下降制动噪声、结构摩擦、氧化皮 / 漆皮剥落、雨滴噪声、电器设备噪声等，并对各种声发射源的定位特征、参数特征和频谱特征进行了分析与总结。

（4）通过起重机现场声发射检测，研究了起重机箱形梁结构中声发射线形定位方法的可行性，获取了现场起重机箱形梁和桁架结构主梁的声发射衰减特性，提出了基于时差线定位的桥式和门式起重机检测方法。现场检验表明，该方法可以确定起重机械关键结构部件上在加载期间产生活性声发射源的部位，定位声速的设定影响到定位结果的准确性。

（5）研究了起重机声发射检测的结果评定问题，首次提出了桥式与门式起重机声发射检测结果的评定方法，通过引入声发射源活度和强度的概念，提出将起重机械声发射源的综合等级总共划分为六个级别，并最终提出了《桥式 / 门式起重机声发射检测结果及评价方法》国家标准（草案），制定了起重机声发射检测作业指导书。

五、振动检测方法在大型游乐设施检验中的运用

（一）振动检测方法的原理与特点

1. 振动检测方法原理

振动是自然界中一种很普遍的运动，机械振动是指物体在一定位置附近所做的周期性往复运动。机械振动信号中包含了丰富的机器状态信息，它是机械设备故障特征信息的良好载体。机械设备故障主要是由旋转件的不平衡、负载的不均匀、间隙、润滑不良、支撑松动等造成的。

振动检测就是通过对正在运行的机械设备所表现出的外部振动信号，通过各种振动传感器方便地获得振动信号，并采用分析仪器对信号进行分析、处理，提取机械故障的特征信息，从而判断机械内部磨损、松动、老化、碰撞、破坏等故障现象，并预测其寿命。

振动检测系统包括测振传感器、信号调理器、信号记录仪、信号分析与处理、故障判断、预测和决策。振动测量部分：检测并放大被测系统的输出信号，并将信号转换成一定的形式（通常为电信号），它主要由传感器、放大器组成。分析记录部分：将振动部分传来的信号记录下来供分析处理并记下处理结果，它主要由各种记录设备和频谱分析设备（或计算机）组成。

2. 振动检测方法

振动检测方法主要适用于连续作业和流程作业中设备、停机或存在故障会造成很大损失的设备、故障发生后会造成环境污染的设备、维修费用高的设备、没有备用机组的关键设备、价格昂贵的大型精密和成套设备、容易造成人身安全事故的设备、容易发生故障的设备。

其主要特点如下：

（1）方便性。利用各种振动传感器及分析仪器，可以方便地获得振动信号。

（2）在线性。振动监测可在现场不停机的情况下进行。在线监测技术能对机械设备运行状态做监测及分析，通过实时监测和分析机械设备的故障状态及随后的发展，不仅可以随时反映机械设备的故障及故障程度，而且可以预示今后什么时间机器的故障达到不可接受的程度而应停机维修，从而能对机械设备履行先进的预知维护，代替传统的以时间为基础的预防性维护，为安全生产提供科学保障。

（3）无损性。在振动监测过程中，不会对被测对象造成损伤。

（4）追溯性。通过数据记录和信号分析，在事故发生后为事故分析提供有力的证据，能够减少判断故障的时间，减少事故停机造成的损失。

（5）状态识别。根据理论分析结合故障案例，采用数据库技术所建立起来的故障档案库为基准模式，把待检模式与基准模式进行比较和分类，即可区别设备的正常与异常。通

过趋势分析和对异常信号的检测，能够早期发现设备潜在的故障，及时采取预防措施，避免或减少事故的发生，延长使用期限，提高设备可用率。

（6）预报决策。经过判别，对属于正常状态的设备可继续监视；对属于异常状态的设备则要查明故障情况，做出趋势分析，估计其发展和可继续运行的时间及提出控制措施和维修决策。

（7）动态诊断。在设备运行中或基本不拆卸设备的情况下，监测设备运行的状态，预测故障的部位和原因及其对设备未来运行的影响，从而找出对策的一门技术。

（二）典型故障振动信号特征

1. 齿轮典型故障振动信号特征

造成齿轮异常的原因很多，主要包括制造原因、装配原因及齿轮本身的损伤等。在制造方面，在加工过程中由于工艺等原因导致偏心、齿形误差及齿距偏差等；齿轮装配不当，比如有些装配不能很好地、平稳地传递动力，装配不平行，与轴的装配不良等均可能产生齿轮的异常现象；而齿轮本身的损伤情况很复杂，包括设计不当、制造误差、装配不良等都可能造成齿轮的齿面烧伤、色变、点蚀、剥落、塑性变形、磨损、胶合、波纹、隆起、断裂等损伤情况发生。而其中的某一方面结果也会导致其他的异常现象。

齿轮故障特征在很大程度上直接或间接地在振动和噪声信号中体现出来，这些振动和噪声信号我们可以通过相关的测量仪器采集，包括传感器、放大器等，然后对这些信号进行处理、分析，提取我们感兴趣的特性信息。虽然频域分析与识别是目前最为有效的方法，但在许多情况下，可以从齿轮的啮合波形直接观察出故障。

（1）正常齿轮的振动由于受刚度的影响，在波形表现为周期性的衰减，而且低频信号具有近似正弦波的啮合波形。

（2）当齿轮发生均匀磨损时，在运行过程中不会有明显的冲击现象，由于齿侧间隙增加，啮合频率和谐波分量不会有太大的变化，但幅值会受到影响。

发生此均匀磨损，会使齿侧间隙增大，所以本来就近似的正弦波形发生变形，但是其啮合频率和谐波分量保持不变，但其幅值改变会相对较大。

（3）当齿轮磨损比较严重时，有可能会导致出现分数谐波，而且很容易在转速发生变化的情况下出现振动跳跃，这种跳跃呈非线性并没有规律。

（4）齿轮出现偏心时，其振动波形由于偏心的影响被调制，产生调幅振动。由于几何偏心，前面详细地分析到以齿轮的旋转频率为特征的附加脉冲幅值加剧，导致以齿轮旋转周期的载荷波动，引发调幅现象，这时的调制频率为齿轮轴旋转频率，但比所调制的啮合频率相对小得多。

（5）局部异常也是以齿轮轴旋转频率为基本频率，通常的局部异常包括裂纹、折断和齿形误差等，还包括一些磨损，通常这些都会影响频率结构及该频率处的振幅情况。

（6）当齿轮存在质量不平衡问题时，在不平衡力的作用下，会产生相应的不平衡振动，这些振动以调幅为主、调频为辅。在频域特征表现为啮合频率及其谐波的边频族，而且在相应的旋转频率及其谐波处的幅值也将增加。

2. 滚动轴承故障振动特征

当滚动轴承的内环（圈）、外环（圈）或滚动体有损伤，而设备在工作时，零部件在接触运转过程中会发生机械冲击，导致产生冲击脉冲变动幅度较大的力，这种冲击会激起轴承内环（圈）、外环（圈）或滚动体的固有频率，而滚动体的固有频率一般都非常高，超过一般的振动加速度传感器能够测量的频率范围，所以此固有频率对故障诊断方面不能提供有效的信息。而轴承的内环和外环固有频率附近出现边频带，也就是时域信号反映出的调制现象。

设备中滚动轴承发生故障时其能量相对于齿轮产生的振动能量要小得多，因而也是诊断的难点。

引起滚动轴承振动，除其本身固有的振动外，构造、加工工艺原因引起的波纹、损伤等都可能引发其振动。又由于滚道与滚动体的弹性接触来承载，所以两者之间弹性和刚度都相对较高，当润滑出现问题时会导致非线性的振动。所以，引起滚动轴承振动的原因也相对复杂，这里不详细研究。

当滚动轴承出现故障时，比如内、外圈及滚动体等出现疲劳剥落和点蚀，在频谱图上表现为在外圈固有频率处出现调制现象，它是以固有频率为载波、轴承故障频率为调制频率，该振动产生的能量相对于齿轮振动产生的能量较小，解调谱中调制幅值较小，一般只出现 1 阶。

滚动轴承中激励内圈的固有频率需要较大能量，一方面是由于内圈和轴的过盈配合，另一方面是与自由状态下计算的频率也不尽相同。但是由于外圈在工作中受到的载荷较大，滚动体和内圈受到的振动也容易影响到外圈，能量也传递给外圈，在设备轴系工作一段时间后，外圈与轴承座也相对变得松动，所以很容易激励外圈的固有频率发生调制现象，其载波频率为外圈的各阶固有频率，而调制频率为相对应的故障频率。

滚动轴承故障产生的振动能量比齿轮或轴产生的能量要小得多，所以故障的特征不明显，给提取特征和状态评价带来一定的困难。

第六章　特种设备的安全评定

特种设备有着广泛的用途，在每一种不同的情况下，都有相对应的安全评定方法。本章主要对电梯、压力管道、压力容器以及锅炉各种常见的情况进行相应的安全评定介绍。

第一节　电梯安全评定

1. 前期准备工作要充分

电梯的安全隐患往往不是表面上能看出来的，所以，想通过一两次现场勘查就对电梯的整体情况进行评估是不现实的，所以，在进行评估之前，和使用部门的沟通十分必要，因为使用部门对电梯的日常使用情况最为了解。

通过和使用部门沟通和查看电梯应急维修记录，了解电梯近期运行情况，对于存在的问题进行分析，能让评估工作少走许多弯路，避免评估工作出现疏漏。

2. 日常维护保养不易查到的地方必须检查

检查电梯供电线路绝缘及检查老化问题；检查供电线路接零接地是否分开情况以及接地线锈蚀情况；检查电梯轿厢吊架、轿厢壁板、轿厢底部、轿厢顶部、轿厢架等机械部件的紧固及锈蚀情况，检查客梯轿厢底部胶垫老化情况，检查曳引机蜗轮蜗杆的磨损情况。

3. 不适应现行标准的项目需要综合考虑

由于老旧电梯的制造期较早，很多方面与现行标准不符，所以，在进行电梯评估时应当遵循现行要求。

4. 对于一些结构性差的部件进行检查

比如老旧电梯的轿门和层门，结构形式已经比较落后，拖动方式往往为直流电驱动电阻调速，传动部分为链条式，对于这些部件通过保养和维修往往难以达到降低故障率和提高安全性能的目的，因此需要通过更换部件达到降低故障提高安全性的目的。此外，对电梯曳引力没有布置在电梯轿厢中心线的结构形式进行检查，如 10 吨电梯，最好的解决方案是将机房中的电梯曳引机及承重梁进行重新布置，使曳引机对应在电梯轿厢中心线内，确保受力情况合理化。

对于施工方案就必须要考虑周全，对于更换部件与原来的控制方式需要考虑兼容性和适配性，确保施工方案周全、适用、有效。

5. 对于电梯导向的部件进行检查

电梯的导轨不容易磨损，但经过长期使用及安全钳误动作划伤及试验，会对其工作面产生一定的磨损，因此，需要进行认真检查，对于有划伤的部位进行修复。此外，不单检查其垂直度和工作面的共面度、导轨间距，还要检查紧固件是否牢固。对于 3 片以上垫片部分，需要使用电焊进行加固。对于电梯对重导轨主要检查垂直度、间距和共面度。

6. 电梯安全评估流程

电梯安全评估检测机构（一般是由当地质监部门担当）受理电梯评估申请后，应当组成评估组，评估组由三人以上（含三人）有电梯检验资格的电梯检验人员或电梯相关领域技术专家组成，根据规范的规定对电梯的安全状况进行评估。

进行电梯安全评估时，使用单位应当向电梯安全评估检测机构提供电梯相关的安全技术档案，安排管理和维保人员配合现场评估，并提供相关的评估条件。

根据安全评估结果，出具如下评估结论：电梯安全运行风险较低，建议电梯使用管理者在满足当前法规的要求下继续使用电梯；电梯安全运行风险偏大，建议电梯使用管理者对电梯相关系统采取必要的风险降低措施；电梯安全运行风险高，建议电梯使用管理者对电梯整机进行更新。

第二节　压力管道安全评定

一、在役油气输送管道体积型缺陷安全评定方法

由于制造、安装、使用及管理等因素，在役油气输送管道常常存在着超过制造及安装验收标准的缺陷，这些缺陷的存在必然会使管道承载能力降低，甚至导致管道泄漏，尤其是腐蚀坑和机械损伤这类体积型缺陷。对于制造运输和安装过程中在管道表面造成的凿痕、槽痕、刻痕和凹痕等有害缺陷，可按照设计技术文件的规定进行修磨、修补或更换。但对在役油气输送管道，无论是腐蚀坑、机械损伤，还是其他表面缺陷打磨后形成的凹坑，虽然比裂纹安全得多，但由于壳体几何上的不连续，管道原来的应力分布状态发生改变，因此，对这些体积型缺陷不能简单地采用剩余壁厚进行强度校核的方法来确定是否允许其存在。由于油气输送管道具有埋地敷设、长距离输送及管理难度大的特点，因此如果这些超标的体积型缺陷一律不允许存在，那么进行返修或更换管段不但需要付出大量的人力、物力，还会因施工前排放介质中断油气输送而造成更大的经济损失。

随着科学技术的进步，以断裂力学、塑性力学为基础，以合乎使用为原则的一种全新的评价方法逐步得到认可和应用。它是在对管道缺陷定量评价的基础上，通过力学计算，按照合乎使用原则，评价管道在最大允许工作压力下，缺陷是否危害管道的安全性和可靠

性，并对其发展及可能造成的危险做出判断。对于不会对安全生产造成危害的缺陷将允许存在；对于虽不能构成威胁但可能会进一步发展的缺陷，允许监控使用或降级使用；至于对安全生产构成危险的含缺陷管段，必须立即采取措施，进行返修或更换。

二、长输油气管道焊缝无损检测标准分析评定

对陕西省境内约 3000km 长输油气输送管道的安装安全质量进行监督检验。通过监督检查实践，深切体会到，长输管道的安装质量很大程度上取决于施工现场的焊接质量。而最终判断焊接质量最有效的手段是无损检测，那么所用的无损检测标准和验收级别就非常重要。但是，目前在输气管道焊缝无损检测执行标准方面尚存在一些问题，必须引起管道建设、设计、安装施工及监督检验单位的重视。

为了更好地控制长输油气管道焊接质量，笔者提出以下建议：

1. 加快《长输管道安全技术监察规程》的制定，明确长输管道焊缝无损检测执行标准。

2. 在目前情况下，建议长输管道建设单位对管道的设计、施工适当提高无损检测要求，对具有一定危险性的线性缺陷不应放得太宽。

3. 监检人员在对长输管道对接焊缝无损检测结果抽查时，应严格把握未熔合、条状缺陷、根部未焊透以及根部内凹这几种线性缺陷的评定。根据射线底片黑度对比，对黑度较大的气孔（柱状气孔）也应从严评定，同时要引起对射线底片中存在的内咬边的重视。

三、PE 管热熔焊接缺陷及质量控制要点

PE 管因其耐腐蚀、柔性好、寿命长、施工方便等特点，广泛应用于城镇燃气管网。通过热熔和电熔焊接方法将母材与焊缝熔融为一体，增加了焊接的可靠性，且操作简便、自动化程度高、效率高。正因为如此，焊接作业未能引起操作人员的足够重视，常因不能严格按规范操作、责任心不强等原因造成焊缝成型不良、气孔、未焊透、裂纹等缺陷，同时因检测方法和手段的缺乏，导致缺陷不能被及时发现，给管道的运行带来安全隐患。因此，对 PE 管焊接常见缺陷的认识和了解及对焊接质量控制要点的掌握显得尤为重要。本节仅就 PE 管热熔焊接进行描述，供实际工程施工时参考。

（一）PE 焊接常见缺陷

PE 管的热熔焊接，适用于 DN（公称直径）>63mm 或 S（公称壁厚）≥ 6mm 且具有相同 SDR 的管道元件之间的焊接。焊接存在的缺陷大致分以下三种：

1. 焊口成型缺陷

焊口成型缺陷主要是指卷边的几何形状和结构存在偏差。

（1）焊接端面存在污渍或异物、焊口端面两侧壁厚存在偏差，使熔融时受热不均匀而导致的卷边沿圆周方向不平滑，对称尺寸不均匀饱满或出现切口或缺口状缺陷。

（2）因焊口端面潮湿或有水汽存在，焊接时表面出现海绵状浮渣或明显气孔。

（3）因管材椭圆度超标或对口时不同轴，导致焊口错边量超标。

（4）因夹具行程不够或融熔对接时温度及压力偏低、时间短等原因，导致焊缝中心高度低于母材；因夹具移动速度过快或融熔对接时温度及压力偏高时间长，导致焊缝高度偏高、宽度不足。

2. 微观缺陷

微观缺陷指焊接过程中形成的焊口内部缺陷，主要有裂纹、开裂、未焊透等缺陷。

（1）因采用熔体质量流动速度偏差大于 0.5g/10min（190℃，5kg）的管材或不同 SDR 的管材进行对接，熔融温度偏低、偏高或焊接环境温度不符合要求等原因导致的接口熔接不充分造成的裂纹、裂缝缺陷。

（2）管端端面不平行或端面未充分接触加热器板面导致的局部未充分熔接造成的未焊透缺陷。

3. 显微缺陷

主要是因加热温度过高或时间过长，管材受到热氧化破坏甚至碳化，造成的材质劣化。各种缺陷之间是相互关联的，焊接操作人员的技能、责任心，焊接设备的性能及工况，管材之间的互熔性，焊接工艺、焊接环境和气候等为影响焊接质量的主要因素。

（二）焊接质量控制

对于 PE 管的焊接质量控制主要是对人、机、物料环进行控制。焊接质量的检验手段以非破坏性试验的宏观检查为主，配合卷边切除、背弯抽查，对质量有怀疑或争议时进行拉伸性能测定等破坏性试验。以宏观检查为主的检验方法，对埋藏的未焊透、裂纹等缺陷无法发现。目前，相控阵超声波检测技术的应用虽可进行内部质量检测，但还未得到广泛的推广和应用。因此必须在焊接前和施焊过程中加强质量控制，焊后进行多方面的质量检验及验证，以利于保证 PE 管的焊接质量。

1. 焊接前质量控制要点

（1）焊工资质

焊接人员应具有有效的特种设备作业人员资质证。热熔焊接 DN ≤ 250mm 的管子应具有 BW-1 合格项目，焊接 DN>250mm 的管子应具有 BW-2 合格项目。

（2）焊接设备性能

使用的热熔焊接应采用全自动焊机，且应同时具备以下功能：

1）工作参数实现自动输入或环境温度自补偿功能。

2）焊接过程实现全自动，加热、成边、降压、吸热、切换、加压、保压、冷却自动完成。

3）具有数据记录和储存功能，可控制监视并记录焊接过程主要参数，至少可储存 250 个焊口数据。

4）具有自动检查、测量、检测功能，能自动检查焊口是否夹装牢固；可自动测量拖动压力及自补偿拖动压力；自动检测加热板温度，超过时停止工作。

5）报警功能，不符合焊接参数要求时自动中断焊接并报警。

（3）焊接工艺评定覆盖焊接工艺情况

对于热熔焊接，焊接工艺评定能否覆盖焊接工艺，应重点关注影响工艺评定的因素：管材公称直径、级别、熔体质量流动速度及施工环境。存在下述情况之一，应重新进行焊接工艺评定：

1）公称直径不能覆盖。

比较焊件与试件的公称直径，若试件公称直径为 110mm ≤ DN ≤ 250mm 范围内任一规格，可适用焊件公称直径范围 DN ≤ 250mm；试件公称直径为 250mm<DN ≤ 630mm 范围内任一规格，可适用焊件公称直径 250mm<DN ≤ 630mm。否则不能覆盖。

2）材料级别不能覆盖。

比较试件与焊件材料级别，若焊件级别与试件级别不同，不能覆盖；若焊件为 PE80 与 PE100 互焊，级别为 PE80 或 PE100 焊接工艺评定均不能覆盖。

3）熔体质量流动速度偏差超标。

核查材料的质量证明书，比较试件与焊件材料的熔体质量流动速度，若差值超过 0.5g/10min（190℃，5kg），不能覆盖。

4）施工环境与焊机工作环境存在较大差距。

这主要指焊接时环境温度与焊机工作温度（-10℃ ~40℃）存在较大差异，需按施工环境温度重新调整焊接工艺参数。

（4）焊接工艺参数

焊接前，应按评定合格的焊接参数编制焊接工艺。影响焊接质量的关键性工艺参数如温度、压力、时间，应引起足够重视。焊接温度一般控制在 200℃ ~235℃，并根据材料和环境温度适当调整。温度太低熔融不充分，太高会造成卷边尺寸增大或材料热氧化破坏。

（5）管材、管件

焊接前，应对管材、管件进行外观检查并核对质量证明书。

1）核查管材、管件标记与质量证明书的一致性，生产厂家应具有相应特种设备制造许可证。

2）管材、管件材质标准号、规格、级别、SDR 值与设计是否相符。

3）查看管材的生产时间，按规定，管材生产时间与使用时间应不超过 1 年，管件应不超过 2 年。若存放时间超过规定，应进行性能试验后再判定是否可用。

4）管材、管件表面无明显划痕或大面积划伤，划伤深度应不大于壁厚的 10%。

（6）焊口准备

1）在切削作业后、熔融作业前，焊接端面应平齐并彻底清理，不得有油渍、污渍、汗渍，保证焊接端面清洁干燥。

2）焊口表面因存放形成的氧化层应彻底刮除。

3）焊接端面两端保持同心度。

2. 焊接过程质量控制

（1）环境温度超出焊机工作温度－10℃～40℃范围时，不得进行焊接工作。雨雪、大风、尘土飞扬天气或环境温度低于5℃时焊接，应采取防范措施并对焊接温度进行适当调整；焊接管材的温度与焊接环境温度大致相同。

（2）严格按焊接工艺操作，焊机数据记录应齐全、正确。

（3）保证对接焊机足够的夹具行程，行程余量以不少于20mm为宜；对碰时夹具速度不宜太快，应控制机具移动速度均匀。

（4）焊缝的冷却必须在保持压力下进行。在保压冷却期间，不能对焊件进行移动，也不能继续施加外力。

（5）焊接过程中保持加热板表面清洁。

3. 焊后质量检验

对接接头的质量检验以焊接数据审查、外观检查、翻边切除抽查、焊缝分割试验抽查、耐压试验为主，必要时进行拉伸性能测定抽查、无损检测。

（1）检查焊机焊接数据的打印记录

全自动焊机可自动监控焊接步骤并记录相关参数，为热熔对接接头质量判断提供依据。数据信息可分为两大类：一类主要是工程管理信息，主要有工程编号、焊口编号、生产厂家等信息，这些参数主要是实现施工质量的可追溯性，便于落实责任、进行施工质量跟踪；另一类为工艺参数信息，主要为SDR值、PE材质管径等，这些数据与全自动焊机的焊接数据设置密切相关，错误输入将直接影响焊接质量。焊接数据审查主要包括三方面：一是焊口数是否与实际相符；二是显示焊接失败的焊口是否重新进行焊接；三是焊接接头的工艺参数是否符合工艺及标准要求。

（2）外观检查

接头连接完成后，应对接头进行100%的翻边对称性、接头对正性检查。

1）翻边对称性试验。接头应有整个圆周平滑对称的翻边，表面应饱满，无气孔、鼓泡和裂纹。

2）接头对正性检验。焊缝两侧紧邻翻边的外圆周的任何一处错边量不应超过管材壁厚的10%。

（3）翻边切除抽查

使用专用工具，在不损伤管材和接头的情况下，切除外部的焊接翻边。为了加强对焊工焊接质量的控制，建议对每个焊工的焊口进行抽查，抽查比例一般为10%且不少于5个。翻边切除检验应符合以下要求：

1）翻边应是实心圆滑的，根部较宽。

2）翻边底部不应有杂质、小孔、扭曲和损坏。

3）每隔50mm进行180℃的背弯试验，不应有开裂、裂缝，接缝处不得露出熔合线。

4）当抽样检验的焊缝全部合格，则认为抽样所代表的该批焊缝合格；若出现不符合上述条款的情况，则判定本焊缝为不合格，并应按下列规定加倍抽样检验：

每出现一道不合格焊缝，对该焊工当日所焊的同批焊缝加倍抽检；第二次抽检仍出现不合格焊缝，则应对该焊工当日所焊的同批焊缝全部进行抽检，仍存在不合格焊缝，则认为该批焊缝不合格，应割口重焊。

（4）焊缝分割试验抽查

对每个焊工焊接的前三道焊缝进行分割试验。沿焊缝方向横向分割成四份或更多，检查内部存在的未焊透、裂纹、裂缝等缺陷。若存在此类缺陷，应及时调整工艺并严格按规范操作。通过接口的分割检查，可预防和减少焊接缺陷。

（5）拉伸性能测定抽查

通常对焊接质量有争议时或有怀疑时考虑进行拉伸性能测试，抽样数量根据存在的问题确定。存在下述情况之时，可考虑进行拉伸性能测定：焊接成型质量良好，但焊机自动记录数据中的工艺参数存在异常；焊接过程中环境温度风力发生了很大改变，但对焊接温度未进行修正，焊接过程中电压存在波动，外观及抽样检验存在大量有问题焊缝，存在加热温度过高或加热时间较长的焊缝；焊接过程中出现的其他异常情况，检验人员对焊接质量有怀疑时。

（6）无损检测

常规的无损检测方法主要有超声波、射线磁粉、渗透、涡流。PE 材料为非铁磁性材料，不适用磁粉、涡流进行检测；渗透检测适用于检测近表面开口型缺陷，对内部缺陷无法检测，存在局限性；射线探伤方法虽可检测内部缺陷，但目前无非金属材料的检测标准；采用超声波进行无损检测便成了最佳选择。目前 PE 管无损检测采用相控阵超声波检测技术，具有探测灵敏度高、空间分辨力强的特点，同时还可以用图像的方式直观地显示内部缺陷，并且可以利用现代信号分析处理技术对缺陷进行定量分析；但该研究成果暂未标准化，实际工程中还未得到广泛的推广和应用，一般情况下，设计图纸也未做此要求。

（7）强度及严密性试验

通过对管线分段进行强度及严密性试验，验证焊缝的承压能力和严密性。分段试压后的连头质量经外观检查合格后可不进行强度试验，但应进行严密性试验。所有未参加严密性试验的设备、仪表、管件应在严密性试验合格后复位，然后按设计压力对系统升压，并检查其与管道的连接处有无泄漏。

（三）质量控制要点

随着 PE 管在城镇燃气管网的普遍应用，保障 PE 管网的安全性成为当务之急。PE 管安装质量的有效检测、运行时的安全监测及定期检验实施的科学有效性是一大难题。对接头质量的有效控制是保证燃气管网安全的一个重要环节，为有效提高 PE 管焊接质量，除加强焊接过程的质量控制外，应加快 PE 管无损检测技术的开发和应用，完善检验检测标准体系，促进 PE 管道施工质量的整体提高。

四、埋弧焊钢管制造监督检查若干问题讨论

《压力管道元件制造监督检验规则》（以下简称《监督检验规则》）的颁布实施，标志着我国压力管道元件制造监检工作开始有章可循、走向正轨。由于埋弧焊钢管大批量、流水线、不间断的生产特点以及制造工艺的固有特性，其监检工作与锅炉、压力容器产品的单台监督检查存在很大区别。总结埋弧焊钢管制造监检工作，可以不断完善、逐步协调和规范此工作，使监检工作既坚持原则，又切合实际，顺利实施。

1. 制造监督检查主要问题

（1）监检组批与制造组批

《监督检验规则》规定："对于埋弧焊钢管按同一机组、同一牌号、同一外径、同一壁厚、同一工艺、生产周期不超过一周，且数量不超过200根为一批"，并且要求制造监督检查按批进行。实际上，企业已形成了按订单、按机组安排生产，按验收标准和订货技术条件要求确定试验频次的生产、质量管理模式。试验频次既有按重量确定的，也有按数量确定的，还有按材料熔炼批确定的。由此可见，制造单位在制造时，首先必须按照产品验收标准以及订货技术条件的要求，根据生产投料、机组安排等生产实际，确定各项试验项目的频次，执行《监督检验规则》的组批规定，这就要求监检人员必须对生产用料单、各类试验报告认真分析，理清监督检查批次与各类试验批次的关系，确认各项试验频次是否符合要求。制造单位也应逐步向《监督检验规则》的组批规定靠拢。

（2）设计文件确定

在《监督检验规则》中，"设计文件"项目为A类监检项目。然而，什么是埋弧焊钢管的设计文件，设计文件应包括哪些内容，《监督检验规则》中并未做出解释。从工程上来讲，具有设计单位名称、设计审批签署的图样、设计说明、技术条件等均可视为设计文件。大多数情况下，企业是按照订货协议所确定的产品标准及附加技术条件的要求进行钢管生产的，产品的材质、规格均处于标准框架内。此时，并不存在真正意义上的钢管设计文件，因此可将订货协议中有关产品标准、规格、材质的技术要求作为设计文件，再按照《监督检验规则》的具体要求进行监检。而对于标准以外的产品，由于投入生产时应当进行型式试验，而型式试验内容中已包含设计文件的审查，因此，该项目监督检查时，通过对型式试验报告的审查即可。

（3）不合格管子（降级管）控制

在钢管的工序检验（含无损检测、水压试验）和车间所进行的成品检查（终检）中，对判定为不合格或可疑的管子来不及处理时，为了不影响机组正常生产，予以记录，暂时流转下道工序，待后复查。经复检、返修后，一部分管子质量符合验收要求，即按合格管子对待，另一部分管子质量仍不符合验收要求，沦为降级管。另外，在以后转运过程中，都有可能产生超标的摔坑、管口变形等损伤，也做降级管处理。再者，按标准要求需抽样

进行的各项理化及性能试验，车间只负责取样满足工艺要求的频次，具体试验是由质量检测部门进行，试验结果往往滞后，其结果也决定着合格管子的数量。还有一些项目的测试时机也可能影响合格管子的数量。对焊接钢管，产品分析用试样可以从成品钢管上截取，这样做虽然可避免钢卷拆封取样对人员所带来的安全隐患，节约材料，但应考虑一切分析结果不符合要求导致使用本卷钢材制造的管子不合格的风险。另外，将本该钢卷拆封矫平后的超声检测以钢管管体超声检测替代，同样应考虑其风险性，因为曾发生过因钢板夹层导致生产的管子不合格的情况。我们在监督检查过程中，曾出现过批管子在运出车间后近一个月内仍断断续续有降级管出现，导致出具监检证书的时间大大滞后。因此，降级管信息是否及时、准确，对能否确定合格管号、及时出具监检证书十分重要。

（4）出厂文件和存档文件界定

《监督检验规则》规定：逐批审查出厂文件，审查质量证明书（含合格证）、使用说明书的内容是否齐全正确，是否符合要求。由于埋弧焊钢管生产的连续性和制造工艺的固有特性，管子经车间成品检验后，需要及时清运出车间。当多机组同时生产时管子运出车间后，往往容易混放。之后，再经过 2~3 次的转运码放，等待出厂的管子已无法按照监督检查批次码放。也就是说，装车发货时，所装车的管子已不是同一监督检查批次的，而是按照入库后的钢管堆放次序随机组批（由多个批次的管子组成）。这时，随车所带的出厂质量证明文件也同样不是按监督检查批次出具的，而是按照装车管子的实际信息出具的，导致监检人员无法按照《监督检验规则》的规定对出厂质量证明文件进行审查，同时也造成监督检验证书无法与出厂质量证明书对应。为了保证出厂管子可追踪，要求质量证明书中必须明确管子的管号及所用材料的炉批号，由此即可追踪到成品入库验收单，进而可追踪到车间的成品检验记录及各项试验报告。因此，在最终确定监督检查批次合格管子的前提下，将成品入库验收单、车间的成品检验记录、本监督检查批次内各项试验报告（降级管除外）视为合格管子的出厂文件进行确认，而不以安装车发货情况出具的质量证明书作为出厂文件进行确认。这样既切合实际，又可达到对出厂管子质量证明书进行监检的目的。埋弧焊钢管的存档文件（质量档案），至少应包括出厂文件、原材料质量证明书、材料入库验收记录、生产用料单、切管记录、工序检验记录（含无损检测记录、水压试验记录）、成品检查（终检）记录、化学分析力学及工艺性能试验报告等。基于上述同样原因，存档文件是按订单、按机组整理的，而不是按监督检查批次归档的，更无法按照装车情况归档，只要保证该监督检查批次的产品安全性能有可追踪性、本批次要求检验项目符合标准规定即可。

（5）制造单位的认识与配合

过去由于国家对埋弧焊钢管产品未实施监督检验，对产品的监督大多是由客户自愿提出由第三方驻厂进行监造的要求。在监督检查初期，曾遇到过某企业对监检工作认识不到位、不理解，产生误解，甚至提出由监造代替监督检查的问题。为此，我们耐心地向企业宣传国家有关法规政策，加之陆续有管道施工中要求使用具有监检证书的埋弧焊钢管的需求，逐步使企业认识到具有法定检验性质的监督检验与企业自主行为的驻厂监造之间存在着本质上的不同，最终统一了认识，消除了误解。

在监检收费上，考虑到企业虽然产量大、但钢管生产利润低的实际情况，本着服务企业、服务社会的宗旨，我们按照“循序渐进、逐步到位”的收费原则。经过双方的共同努力，监检工作逐步理顺，逐步走向正常化。

监检工作顺利进行，制造单位的配合非常重要。按时提供月生产计划，以便监检机构提前安排人力。对本企业生产的焊接材料能够及时提供合格证和质量证明书，设法解决钢材质量证明书滞后的问题，并在提供质量证明书的同时及时提供钢材入厂验收记录，以便及时对原材料进行监检。及时提供生产用料单、配合监检人员进行称重抽查，配合无损检测过程监督检查并按机组、按台班提供无损检测报告，以便按时完成管子在出车间前的监检项目。及时提供化学分析、力学及工艺性能试验报告，及时正确地提供降级管子的编号，有条件地向监检人员开放有关管理数据库，为监督检查确认和最终确定合格管号提供条件。

2. 需要重视的问题

（1）关于出口钢管的监督检查

随着我国制造业的发展和经济全球化，焊接钢管出口逐年增长。仅宝鸡石油钢管有限责任公司生产的埋弧焊钢管已出口至印度、沙特阿拉伯、土库曼斯坦、哥伦比亚等 20 多个国家和地区。出口压力管道元件是否必须实行监督检查，现有的法规、安全技术规范中并无明确规定。《压力管道元件制造许可规则》适用于“境内使用”的压力管道元件制造许可，企业由此解释为出口的压力管道元件不需监督检验。出口产品的安全与否，不但影响着企业的声誉，更重要的是影响着整个产业发展和国家的声誉，因此，应重视出口压力管道元件的监督检查问题，出台相应的监督管理办法。

（2）关于厂内防腐的监督检查

关于埋弧焊钢管的防腐项目，在《监督检验规则》中没有涉及。在压力管道安装监检中，要求对压力管道的防腐质量进行监检。在安装厂内防腐管子时，只能对管道的补口、补伤过程进行监检，而管件本身防腐质量的监检出现空缺。因此，建议修订《监督检验规则》时增加厂内防腐的监检项目，以有效控制防腐安全质量。

3. 问题讨论

（1）压力管道元件制造监督检查相对于锅炉、压力容器而言，是一项全新的监检工作，通过监检单位和制造单位共同努力相互配合，才能使埋弧焊钢管制造监检工作顺利开展。

（2）监督检查时应根据埋弧焊钢管工艺的固有特点、生产管理和质量控制方式，确定具体监督检查项目的接口对象和见证确认资料。要特别关注监督检查批次内的管子编号、材料入库编号和不合格管子的数量，并核查各类检查、检测、试验的项目、比例（频次）以及结果（含返修复检结果）是否符合标准及技术条件的要求，确保质量可追踪，防止混淆和监督检查失控。针对各类质量文件质量形成和归档的特点，在监控到位确保质量安全的前提下，合理界定设计文件、出厂文件和存档文件的内容。

（3）建议按照《监督检验规则》有关组批、出厂文件、存档资料、许可标志的要求，修订埋弧焊钢管产品标准。建议对出口压力管道元件实行监督检验，提高出口压力管道元件安全质量。建议增加厂内防腐的监检项目，以便防腐安全质量得到有效控制。

第三节 压力容器安全评定

一、对液化石油气储存设备残渣分析评定

液化石油气储存设备包括液化石油气铁路罐车、汽车罐车和储罐，罐体底部或多或少有一些粉末状黑色附着物，即罐内表面覆盖的片状氧化层。一个液化气罐内，一般可清理出约 $0.3m^3$ 左右的残渣。这些残渣极具危害性，必须进行妥当处理，以免酿成事故。

1. 残渣的主要成分及来源

残渣的主要成分为硫化亚铁（FeS），另有少量的粉尘、氧化亚铁、炭黑、苯和萘等。液化石油气中存在着硫化氢、水和少量细小杂物（主要是锰镁、钙离子化合物），还有 FeS、FeS_3、FeO、Fe_2O_3 等主要物质。对罐车而言，随着罐车在运输和使用过程中的颠簸，罐壁上的硫化亚铁逐渐剥落沉至罐底累积，即形成了残渣。

2. 残渣的物理化学特性

残渣中的硫化亚铁以粉末状结晶体存在，具有很大的分散度，因此，其比表面积很大，自由焓也相应很大，故残渣有很强的表面吸附能力。在罐内，残渣所吸附的是沉在罐底的液化石油气残液，其主要成分是戊烷、戊烯等 C_5 以上的烷、烯烃，因为它们的沸点较高（27~36℃），在常温常压下呈液态。残渣对残液的吸附属固体表面单分子层物理吸附现象，遵从朗格缪尔（Langmuir）的吸附理论，吸附是一个动态的可逆过程，同时存在解吸现象，即被吸附在固体表面的液体分子因受热运动的影响，可以摆脱固体表面。吸附与解吸的能力均受环境条件如压强温度、外力等因素的影响。当得到热量，温度升高时，解吸能力就会大大加强。残液从残渣中解吸出来后，部分挥发成气相扩散入空气中。

3. 残渣的危害性分析

（1）可燃物质发生燃烧或爆炸必须同时具备三个条件（燃烧三要素）：可燃物质——液化气，助燃物质——氧气或空气，达到着火点温度。在夏季，罐内温度可达到 50℃以上，如果罐内残渣未清理或清理不彻底，残渣会挥发出大量的可燃气体，罐内液化石油气浓度随之增加。这时若进行罐体气密性试验，罐体容积 V2 为 V，气密性试验压力 P2 为 2.16MPa 表压（50℃饱和蒸汽压大于 1.62MPa 时；或其他情况下，P2 为 1.77MPa 表压），大气压 p1 约为 0.1MPa（绝压），根据玻—马定律 $p1V1=p2V2$ 可得，试验时充装至罐内空气量为 $V1=p2V2/P1=(2.16+0.1)V/0.1=22.6V$ 或 $V1=(1.77+0.1)V/0.1=18.7V$。假设试验前可燃气

体的体积为 0.5V（罐体容积的一半），则在做气密性试验时可燃气体的浓度（按体积百分比）为：0.5V/22.6V × 100%=2.21%，或 0.5V/18.7V × 100%=2.67%，恰好在液化石油气爆炸极限范围（1.5%~9.5%）内，遇到火源会立即引起爆炸。

火源的产生有两种可能：静电引起火花。在向罐体内充装压缩空气时，高速流动的气流与罐壁间因摩擦而产生静电荷并逐步积累形成高压，产生火花放电；罐体内的硫化亚铁在干燥状态下被氧化，生热增温，达到混合气体所需要的燃爆点。

（2）清理人员进罐前，罐体虽已经蒸汽吹扫、置换，且取样分析符合有关要求，但随着环境温度的升高，尤其在夏天，锈层和黑色附着物内逐渐会发出硫化氢和大量的液化石油气，而这两种气体较空气比重大，所以在取样分析后，如不及时清理，可能污染环境且使人员中毒。残渣不加处理地乱倒或浅埋地下，会使周围草木枯萎，周围居民慢性中毒。当残渣中的硫醇化合物在空气中的体积分数为（0.13~30）× 10-6 时，会使人产生头痛、恶心、呕吐、眩晕等慢性中毒症状；当空气中的硫醇化合物的体积分数达到 5 × 10-4 时，人员在场待 5min，就会使人表现兴奋、头痛、神志不清、呼吸衰竭，继而死亡，呈现“闪电样”中毒。

（3）在装卸液化石油气时，锈层可能夹在装卸阀密封垫和紧急切断阀阀瓣上，造成装卸阀、紧急切断阀密封不严，产生泄漏，严重时将影响罐体继续使用。

（4）根据美国金属学会主编的《金属手册》，对于 16MnR（大部分罐体都是这种材料）这种低合金中强度钢，在室温条件下溶于水溶液中的硫化氢及硫化物杂质，更能引起和加速应力腐蚀开裂。残渣的存在，加快了对使用中液化石油气罐体的腐蚀，最终影响罐的安全使用。

4. 残渣的清理

由上述可见，为免残渣引发燃烧或爆炸事故，必须充分认识残渣在储罐检修过程中的危害，制定科学的管理和作业程序，对罐内的残渣进行妥当处理。特提出以下几点措施和意见，供参考：

（1）罐体必须经蒸汽吹扫、清洗置换等处理。蒸汽吹扫时，使罐壁任何部位的温度达到 80℃以上，并吹扫 8h；静置，使罐壁温度降至常温，罐内加水，直至水从安全阀口溢出为止；确保残气、残液被清洗置换干净（不能简单地只以清水进行浸泡置换，因为它很难置换出深层残渣吸附的残液，特别是气温较低的时候），经取样分析可燃气体含量小于 0.2% 后，才可进行清渣。

（2）罐内气相分析符合有关规定后，才可进行作业。排水后，进罐清渣前应测含氧量，含氧量须在 18%~21%，并有化验报告且经确认后取得进罐许可证（此时不可发动火许可证）后方可进罐进行清渣作业。人员进罐作业时，罐外必须同时有人监护。监护者要随时注意观察作业者情况和罐内外动向，一旦发现异常现象，应立即报警并协助罐内人员撤出。在罐内连续作业时间不得超过 2h，进罐作业时还应有良好的通风设备。

（3）残渣清理应彻底。清渣时让残渣保持一定湿度，以尽量避免硫化亚铁在干燥状态下与氧气发生氧化反应。残渣必须彻底清理干净，清完后，罐底擦洗一遍。清出的残渣立即进行安全处理。

（4）清渣后不可直接进行打磨。打磨前应进行可燃气体含量的测定，着重监测需要打磨处及筒体两端，确认可燃气体含量小于 0.2% 并取得入罐动火通知书后方可打磨。打磨时最好穿阻燃工作服。

（5）用热空气吹扫罐体，使罐壁保持干燥。

5. 残渣的开发利用

通过对液化石油气残渣的分析，把残渣经过适当的化学处理，去除其中无效成分，制成一种可燃液体，既安全又实惠，既可防止残渣的负面效应，又可带来较大的经济效益，具有较大的市场和推广利用价值。

（1）残渣有害成分分析。残渣中含有硫化氢硫醇、脂肪族硫醚等主要物质。

（2）残渣的化学处理。根据残液的有毒成分，探索出几种化学试剂与其发生化学反应，使之中和生成低毒的盐类、络合物凝胶和一层油类物质，然后使之沉淀把下层低毒的盐类及络合物凝胶去除，剩下无毒的上层清油可加以利用。

（3）残渣的利用。残渣经过化学处理后，可分离成低毒的盐类及络合物凝胶和净化油：

1）低毒的盐类和络合物凝胶已危害甚微，把它掺到沥青中用于铺路等。

2）净化油则是要加以利用的。

它是含有 5~7 个碳原子的碳氢化合物，常温、常压下呈液体状态，沸点一般在 36~69℃，经过处理即可变成可燃气体。利用这一特点，加一些助燃挥发的化学试剂，即可制成液体燃料。

二、高压医用氧舱燃烧爆炸事故分析评定与控制

1. 事故经过

发生燃烧爆炸事故的这家医院的氧舱是用纯氧加压的单人氧舱，据报道事故发生时医院早上刚上班，患者进入氧舱仅几分钟，氧舱内就突然起火，而操舱人员一见氧舱起火，慌忙向氧舱操作室外跑去，延误了宝贵的抢救时间，使患者被活活烧死。

2. 原因分析

氧舱的事故分析，应着重从设备是否合格、医务人员的操作是否符合规章制度，以及患者的行为是否规范等三个方面来着手进行分析。

（1）发生燃烧爆炸事故的氧舱是刚刚投用不到半年的新氧舱，发生事故后氧舱制造厂派人到事故现场与国家有关部门专家对氧舱做了检查，氧舱本身质量合格。

（2）氧舱操舱人员应经过国家有关部门培训考核并取得相应的合格证，才能进行氧舱操作。发生事故时的氧舱操舱人员其证件是否合格有效，应做进一步核查。

（3）按照高压氧舱治疗的操作工艺，每次治疗时间共 80min，前 20min 为洗舱升压阶

段，中间 40min 为治疗阶段，后 20min 为减压阶段。患者进入氧舱前，氧舱进氧气的阀门处于关闭状态，这时舱内全部为空气。当一切准备工作就绪后，患者进入氧舱，舱门关好后，才打开进氧阀门升压，其升压速度是很缓慢的，在几分钟时间内氧舱的氧气浓度远达不到正常治疗时舱内氧气的浓度。如果这时舱内发生起火，应迅速关闭进氧阀门，打开紧急排气阀门，使舱内氧气迅速排出，然后打开舱门，抢救伤者。而这家医院的操舱人员发现氧舱起火时，没能采取有效措施，切断火源，抢救患者，而是慌忙向氧舱操作室外跑去，延误了宝贵的抢救时间，其操作明显不符合规程的要求。

（4）引起燃烧所必备的三大要素：可燃物质、助燃物质、火源缺一不可。由于氧舱的特殊性，舱内先天已具备可燃物质：患者所穿的全棉衣裤、患者所盖的棉被，另外，助燃物质和治疗用的氧气两大要素也具备。而此时氧舱内绝对不允许出现火源，所以杜绝火源是保证氧舱安全的重要措施。

（5）患者行为是否规范也是引发燃烧的主要原因。一些患者在氧舱内情绪烦躁，产生不同程度的紧张、焦虑、恐惧心理，因而不停地翻动，与氧舱内壁发生摩擦，有可能产生数千伏甚至上万伏的静电，座椅或治疗床的碰撞等都有可能产生火花及提供最小的着火能量，如果适合着火条件，便会引起燃烧形成火灾。

（6）氧舱内的导静电装置是将患者和舱体内产生的静电导入大地、保证氧舱安全、保护患者的重要装置。为防止患者扯断导静电装置的连线，这台氧舱导静电装置设计成圆环状套在患者的手腕上，使患者由于摩擦产生的静电可顺利导入大地。事故发生后，经有关人员检查，这台氧舱导静电装置没有与患者连接，以致患者在氧舱内产生的静电荷无法导向大地，静电荷能量聚集到足够大时，就会发生放电，产生火花，这也可能是引发燃烧的一个因素。

（7）事故发生后，经有关人员检查，给患者所盖的被子不是全棉制品，患者若在舱内不停地翻动，与被子的摩擦也会产生静电，而导静电装置又未与患者连接，以致舱内因摩擦产生的静电无法导向大地，这是引发燃烧的又一个因素。

（8）加湿设备是该氧舱消除静电的另一个重要装置，它的作用是保持舱内一定的湿度，减少静电的产生。事故发生后，经有关人员检查，这台氧舱加湿设备也没有启用，这又是引发燃烧的一个因素。

（9）一般医院对进入高压氧舱治疗有严格的规定，患者要经过医生严格的检查，必须更衣换鞋，换上纯棉衣服才能进舱。这次氧舱发生燃烧爆炸后，经有关人员检查。在氧舱更衣室内未找到患者的袜子，患者是否未脱袜子进入氧舱，给事故埋下了隐患，应做进一步核实。

3. 控制措施

（1）由于高压氧舱治疗时舱内的纯氧含量高达 75% 左右，进入高压氧舱治疗是绝对不允许病人带打火机等易燃用品的，患者必须穿纯棉质衣裤进入氧舱，不能穿着尼龙、涤纶等易产生静电的化学纤维衣裤，也不能穿有铁钉的鞋。

（2）制定严格的规章制度并监督实施也是防止燃烧爆炸的一个措施。由于高压氧舱治疗的特殊性，有关部门应对生产氧舱设备的厂家进行资格认定，对操舱人员应进行培训，使其获得国家有关部门颁发的资格证书才能上岗。

（3）操舱人员的操作是否符合规范是防止事故的关键。曾有过患者进入氧舱时，由于天气寒冷，患者与操舱人员商量可不可以不换内衣，操舱人员没有坚持让患者更换内衣就让其进入氧舱内，结果患者所穿化纤内衣由于摩擦产生静电而引起燃烧，使患者被活活烧死。

（4）患者行为是否规范也是引发燃烧爆炸的另一原因。按照规定，患者进入高压氧舱前必须更衣换鞋，换上纯棉衣服，要用清水打湿头发，以防可能产生静电。进舱前应对患者做心理辅导，消除患者的恐惧心理，并告诫患者在舱内安静治疗，不要来回翻转，更不要拉扯氧舱内的装置。

（5）氧舱在设计、制造时充分考虑了其特殊性，新出厂的氧舱都设有加湿装置，是氧舱消除静电的另个重要装置。对于没有加湿装置的老氧舱，在舱内适当加放水盆以增加舱内湿度，尤其是在秋冬季节，以防止舱内因环境干燥产生静电。

（6）操舱人员应严格执行治疗方案，不随便延长对患者的治疗时间，因易（可）燃物质的自燃除与舱内氧气浓度及治疗压力有关外，还与该物质在此环境下的氧化时间有关。在高压环境下，氧化时间越长，易（可）燃物越容易产生自燃。

（7）做好氧舱接地。为了保证氧舱的安全使用，新氧舱在安装时应尽量装在 1 楼，每台氧舱都应有单独的接地线，氧舱的接地电阻值应小于 42。

（8）高压氧舱日常管理和维护不善，往往也是产生事故隐患的原因，因此医用氧舱的使用单位应配备取得国家有效资格的氧舱维护人员，以加强氧舱的日常维护和管理，把事故隐患消灭在萌芽状态。

（9）氧舱在运行使用过程中多少都会出现一些问题。氧舱每年的定期检验，是发现隐患、消除事故的重要手段。在检验中经常发现一些氧舱内壁漆皮脱、落底部锈蚀等，应立即对其进行维修，杜绝一切安全隐患，确保氧舱处于良好的工作状态。

（10）使用氧舱的医院要制订应急处理预案，经常对医务人员进行事故演练、危急情况处理演习，当意外事故发生时，医务人员应做到沉着冷静，遇事不慌，严格按操作规程进行操作，确保患者的生命安全。

高压氧治疗是以人的生命、健康为对象的高风险医疗行为，要求医务人员具备应有的素质和高度的责任心。纯氧加压舱虽然比空气加压舱具有更大的危险性，但医务人员只要严格按操作规程的要求进行操作，杜绝违规行为，加强氧舱的日常管理与维护，对氧舱实行严格的定期检验制度，使氧舱设备始终处于完好状态，对防止氧舱发生燃烧和爆炸事故是完全可行的。

三、天然气缓冲罐裂纹分析评定及改进

某天然气公司压气站压气机组在安装运行1000多小时后发现有天然气泄漏。经运行人员检查，发现进气缓冲罐排气接管与筒体补强圈焊缝处有一条沿着与筒体轴线大致平行的裂纹。该缓冲罐在有制造资质的企业对其进行修理时，将裂纹区域的补强圈切割掉，在用碳弧气刨的方法消除裂纹的过程中，在接管角焊缝大约“1”点的位置（正上方为“12”点）处发现有两处夹渣。

该缓冲罐最大工作压力为5.6MPa，工作温度为室温，罐体材料为SA-106B，外径为635mm，壁厚为24.6mm；接管采用插入式结构，出口接管材料为SA-106B，外径为304.8mm，壁厚为12.7mm，补强圈宽为85mm。制造时环缝经100%射线检测（无纵缝），接管角焊缝、补强圈角焊缝经100%磁粉检测。

针对此裂纹，以下从设计、制造、安装、运行等方面来综合分析其产生的原因，并提出改进建议。

1. 裂纹形成原因分析

（1）大开孔结构

感测该缓冲罐采用美国ASME第VII卷第一分册《锅炉及压力容器规范》进行设计和制造，该规范规定：容器内径小于等于1520mm时，开孔可为容器直径的1/2，但不超过508mm；容器内径超过1520mm时，开孔可为容器直径的1/3，但不超过1000mm。该缓冲罐的内径为585.8mm，而其接管开孔为304.8mm，显然超过规范的规定，对于超过这些限制的开孔，ASME规定均需要按大开孔的要求进行补强。

大开孔应避免用于有脉动载荷的场合，而实际上该缓冲罐直接连接在压缩机进、出气口处，在使用时受到来自压缩机的强烈振动及气流脉动，因此该缓冲罐大开孔结构在此运行条件下工作存在不适宜性。

（2）开孔部位应力集中

缓冲罐在承受内部压力时，最大应力出现在接管根部内壁面，此处的应力集中系数最大，随着距接管根部距离的增大，应力集中程度迅速衰减，当距离大约为接管直径时，开孔引起的应力集中就会消失。

（3）机组振动带来的交变载荷

根据现场勘察，压缩机曲轴箱固定在基础底座上，进、出口所处的机头无支撑点，属悬臂结构，进气缓冲罐在进气端下部有一钢架支撑，排气缓冲罐下部的支撑也仅能限制罐体向下运动，进、排气缓冲罐与压缩机的连接端为自由端。压气机组在运行时，连杆活塞的往复运动产生的水平振动，使得整个机组处于振动状态，同时将振动传递给进、排气缓冲罐，因此，机组工作时缓冲罐接管角焊缝部位承受着较大的交变载荷。

（4）安装不当导致较大的附加应力

现场从使用单位了解到，在该机组安装时，缓冲罐进气接管法兰与系统管道法兰连接为最后安装碰口，两法兰间错口量达到 20mm，因此该缓冲罐接管存在较大的安装附加应力。

（5）接管角焊缝存在的内部缺陷在外力作用下成为裂源

在制造过程中，尽管缓冲罐接管角焊缝采用磁粉检测，但磁粉检测只能检测出表面及近表面的缺陷，而角焊缝内部的埋藏缺陷则不能被测出。因此，焊接过程中在接管和补强圈的角焊缝内部形成的未焊透、夹渣等缺陷在外力作用下就容易成为裂源。

该缓冲罐接管角焊缝缺陷位置接近的接管根部，此处的环向应力集中比较大，加上安装不当产生的安装附加应力以及系统本身的结构应力，使得此处应力状况更加恶劣。再加之机组运行时产生剧烈的振动，使得此部位承受着很大的交变载荷。在这几个因素共同作用下，接管角焊缝内部的未焊透、夹渣等缺陷处首先形成微裂纹，在交变载荷的作用下微裂纹就会快速扩展，裂纹扩展的方向逐渐与振动的方向垂直。

综上所述，缓冲罐接管角焊缝内部的未焊透、夹渣等制造缺陷，是运行过程中形成裂纹的内在因素，而缓冲罐在工作状态下的应力集中、安装附加应力、系统结构应力以及交变载荷是裂纹形成的外部因素，缓冲罐受到的交变载荷则是裂纹快速扩展的主要因素。

2. 改进建议

根据对裂纹的形成原因分析，为避免裂纹再次发生，应采取以下措施：

（1）采取插入式厚壁管补强结构，使有效补强面积集中在开孔边缘，提高补强效果，同时使接管角焊缝远离应力集中区域。

（2）将补强圈设计成拼接结构，最大限度地改善焊接环境。接管角焊缝采用全焊透结构，制定合理焊接工艺，严格控制裂纹、未熔合、未焊透、夹渣等缺陷，保证焊接接头的质量。

（3）合理安排安装顺序，严格控制管件几何尺寸误差，使与压缩机连接的连接口安装时处于自由状态，以减少强力组装等人为的附加应力。

（4）改善机组减振条件，强化机组基础、相关支承部位增加橡胶垫等，最大程度地减少振动带来的影响。

四、压力容器氢腐蚀原因分析评定及预防

1. 试验方法及结果

（1）硬度检测

利用 HLN-11A 型金属里氏硬度计对压力容器筒体内表面、外表面及心部进行硬度检测，发现筒体内表面平均硬度为 HB96，外表面平均硬度为 HB135，心部平均硬度为 HB118。由此可见，自压力容器筒体外表面至内表面平均硬度逐渐降低，内表面比外表面

硬度降低约 30%。因此，可以怀疑压力容器筒体在此工作环境下发生了脱碳现象。

（2）光谱分析

利用 Are-Met8000 型便携式全谱直读光谱仪对压力容器筒体相应部位的内表面外表面以及心部进行光谱分析。材料的化学成分中 C、Si、Mn 元素的含量都符合 16MnR 的规定，可 S、P 的含量比标准规定的含量要高，但是在压力容器的内表面及心部都不同程度地发生了脱碳，其中内表面碳含量最低，脱碳最严重，其次为筒体心部。

（3）金相分析

对压力容器筒体相应部位的内表面、外表面以及心部进行金相检测。同时利用 VMS-2000 型金相分析软件对相应部位的显微组织及组织含量进行分析。由此可见，压力容器筒体相应部位内表面组织为铁素体和少量珠光体，珠光体中大部分渗碳体发生转变，珠光体含量最低约为 15.61%；外表面组织为铁素体和珠光体，珠光体含量最高可达 36.10%；心部组织为铁素体和珠光体，珠光体内渗碳体开始发生转变，珠光体含量相对比较低，约为 25.88%，少量晶粒有沿晶裂纹和穿晶裂纹。

（4）力学性能测试

鉴于检验时压力容器筒体厚度增加、硬度降低以及脱碳的现象，取样分别对筒体材料内表面、外表面及心部进行力学性能测试。经试验发现，材料的各项机械性能指标均处于标准规定的下限值附近，虽然仍处于标准规定的合格范围，但材料受到了较严重的损伤，力学性能明显劣化，如继续使用难以避免事故的发生。

2. 原因分析

以上检测结果表明该台压力容器筒体内表面及心部都发生了脱碳，以内表面脱碳最为严重，但内表面的脱碳并没有产生微裂纹，而心部脱碳导致少量晶粒有沿晶及穿晶微裂纹的产生。这是因为该台压力容器的材料使用环境接近 API941 标准中 Nelson 曲线规定的极限操作条件，经过多年使用，介质中氢分子分解成氢原子逐渐渗入到压力容器筒体的内表面及心部，与材料组织中的渗碳体发生反应，生成甲烷气体；而甲烷气体在筒体材料的内表面可以释放出来，但在压力容器筒体材料的心部，所生成的甲烷气体很难经过内表面溢出，因而在材料内部晶界空穴、夹杂物等部位逐渐聚集，当这些部位的甲烷气体产生的局部应力很高时，便可形成沿晶或穿晶微裂纹，从而其力学性能发生了显著劣化。另外可以从材料的光谱分析结果看出，材料中 S、P 含量比较高，在材料内部有利于夹杂物的生成，而夹杂物又促进了甲烷的聚集和显微裂纹的形成。

压力容器筒体增厚是由于在 280~300℃、3.0MPa 的高温临氢环境下，氢和钢中的渗碳体发生还原反应生成甲烷，它沿晶界空穴或夹杂物等部位扩展导致形成微裂纹。材料基体由于脱碳致使超声波在其晶间传播引起衰减反射而影响声波的传播，也就是说，晶间受到破坏，改变了超声波的传播方向，造成声程加大，测量数值增大，造成壁厚虚拟增大。

3. 预防措施

由于本台压力容器已经发生氢腐蚀，为了避免事故的突然发生造成人员伤亡或经济损失，压力容器必须进行更换。对于类似工作环境下的压力容器，应该从以下几个方面采取措施，防止氢腐蚀的发生：

（1）对于高温临氢环境下工作的压力容器，一方面，在设计时按照最新的 Nelson 曲线选择材料，压力容器工作条件必须位于材料的 Nelson 曲线左下方；另一方面，尽量选择含有铬、钼、钒、钛、铌、钨等强碳化物形成元素的材料，这些元素在材料中可以形成非常稳定的碳化物，即使有高温氢环境的存在也不易发生还原反应形成甲烷，同时材料中 S、P 等杂质元素的含量尽可能降低，以最大限度地降低材料中夹杂物的形成，避免为甲烷气体的聚集提供必要的场所。选择这样的材料制造的压力容器在其工作条件下就很难发生高温氢腐蚀。

（2）设计时采用耐火衬里或其他措施以降低压力容器的使用壁温，降低发生高温氢腐蚀的风险。

（3）在压力容器的实际使用中，材料的应力状态往往非常复杂，既有初次应力，也有二次应力，包括热应力、冷加工的残余应力、焊接残余应力等，它们对抗高温氢腐蚀的性能有重要影响。另外，在机械加工、焊接等造成的残余应力较高的情况下，材料抗高温氢腐蚀的性能也会下降。因此，在容易发生高温氢腐蚀的工况中，一定要消除压力容器表面的凹槽等缺陷，避免应力集中。

（4）热处理状态对材料的抗高温氢腐蚀的性能也有重要影响。焊后热处理可以消除材料中存在的残余应力，并且可以稳定低合金碳化物，从而提高材料抗高温氢腐蚀的能力。

（5）在压力容器使用过程中，避免提高压力容器的工作条件（温度和压力）来满足某些工艺要求，这样可以有效防止高温氢腐蚀的发生。

（6）在压力容器的早期检验中，应对母材进行硬度、金相、超声波测厚、超声波直探头扫查等检测，及时掌握压力容器的高温氢腐蚀状况，避免氢腐蚀事故的发生。

五、压力容器热处理变形原因分析评定及预防措施

1. 压力容器制造过程调查

该压力容器的设计、制造、检验、验收严格按照标准及规范的要求进行。压力容器制造工艺路线为：备料—领料—下料—坡口加工—卷筒—焊接—校圆—检测—组对—焊接—检测—热处理—水压试验。

制造时选用检验合格、厚度为 54mm 的 Q345R 材料钢板，为了避免在制造过程中引起材料混用的现象，该钢板经材料标记移植后下料，按照焊接工艺卡中坡口形式在铣边机上加工“U”形坡口，坡口钝边 10mm，然后按照工艺规程要求在卷板机上滚卷钢板，筒体 A 类焊接接头组对错边量不大于 3.375mm，棱角度不大于 5mm。筒体纵缝延长部位点固定试板、引息弧板，定位焊长度 20~50mm，间距 150~200mm。将卷好的筒节按照焊接工艺的要求加工坡口，坡口两侧 30mm 范围内清理污物，然后按焊接工艺用埋弧焊机施

焊。焊接完毕清除熔渣及焊接飞溅，检查外观质量，补焊凹坑、咬边、弧坑等缺陷并修磨。然后将焊接好的筒节在卷扳机上校圆，要求最大、最小直径差不大于25mm，棱角度不大于5mm。筒节经过校园合格后对焊接接头按照无损检测工艺进行检测，A类焊接接头进行100%射线检测。焊接接头射线检测合格后再进行100%超声波检测，各个筒节经无损检测合格后按照以上工艺步骤对照筒体排版图要求组对，筒体B类焊接接头组对错边量要求不大于6.75mm，棱角度不大于5mm，筒体直线度不大于H/1000mm，然后按照相同的焊接工艺及无损检测要求进行焊接及无损检测。无损检测合格后将筒体进行消除应力热处理。

上段筒体消除应力热处理在热处理电阻炉里进行，该热处理炉长25m、宽10m、高10m，在炉墙左右两侧高度5m处均匀布置各10根热电偶，炉顶均匀布置4根热电偶以保证炉膛各处温度的均匀性，各热电偶均在检定有效期内。上段筒体消除应力热处理前在右数第一个筒节处采取钢管支撑加固，然后卧置放入热处理炉内进行热处理。

消除应力热处理严格按照热处理工艺的要求进行。通过查阅相关的热处理记录及热处理曲线，没有发现热处理过程异常现象，热处理过程符合热处理工艺的要求。

2. 试验结果

对该压力容器原材料和热处理后筒体右数第一、第二节分别进行金相检测。可以看出，各部位金相组织都为珠光体加铁素体，晶粒细小均匀，珠光体以聚集形态存在，清晰可见。热处理后的筒节金相组织和原材料的金相组织相同，未发生因热处理超温而导致的金相组织异常的迹象，所以筒节的显微组织正常。

3. 变形原因分析

通过对该压力容器用材料的光谱分析可以看出，所使用的材料符合设计要求，没有发生错用材料的情况。从现场核查热处理记录、热处理曲线及金相检测分析结果可以看出，热处理过程符合热处理工艺的要求，没有发生超温的现象。

上段筒体在进行消除应力热处理时，仅在右数第二筒节内采取钢管支撑，可以说是单根管子支撑整个筒体上下两部分。一方面，由于筒体热膨胀系数与管子热膨胀系数不同，当温度升高到一定温度时，管子受热膨胀，而管子自身强度降低，使得管子因膨胀而发生变形；另一方面，由于筒体质量大（上段筒体的质量可达十八九吨），使得管子无法支撑筒体的自重而发生严重的扭曲变形，从而导致筒体上部下垂造成变形。因此，此次上段筒体热处理变形的主要原因是加固措施不当造成的。

4. 筒体变形的解决方法及预防措施

（1）筒体的矫形措施

先将筒体上所有支撑管割掉，然后将设备放置于滚轮架转动，转动至椭圆度超差最高点静置3h左右，自然释放一定应力，通过筒体的自重将筒体变形进行初步调节。测量每个筒节初步调校后的椭圆度偏差。在设备内对每个筒节进行刚性支撑，用钢管、钢板制作成米字加弧度板形式的固定支撑。然后配合千斤顶将筒节局部椭圆度变形调节至规范允许的范围内。待调校完毕后，在距离设备端口 400mm 左右位置增设双层加强级外箍圈，外箍圈内径与筒体外径相同，然后将上段筒体回炉二次热处理消除应力。由于这次变形属于弹性变形，采取以上措施基本上可将上段筒体变形调校至规范要求范围内。

（2）筒体热处理变形的预防措施

制造单位对大型压力容器设备的热处理，特别是分段式大型压力容器设备卧式热处理的经验欠缺，尤其是该设备上段热处理属于分段式大型设备卧式热处理方法的首次应用，对加固措施方面未做周全考虑，从而造成热处理较大变形。

对于后续的大型压力容器设备分段热处理需要采取卧式方法时，为保证热处理工作的顺利进行，必须针对每个压力容器设备实际情况编制详细的加固措施方案并落实到位，必要时由设计者进行相应强度校核，经过审批后备案。

为了避免大型压力容器设备热处理时的变形造成的不必要的损失，制造企业应积极吸取此次热处理变形的经验教训，应该对筒体采取全面的加固措施（可以根据每个筒节长度决定是否需要对每个筒节都进行加固）。在压力容器设备筒体中心部位用钢板制作一个圆盘，然后将支撑管一端焊在圆盘上，另端焊接支撑弧板与筒体相连。设备加热时，筒体上部的力可以通过圆盘均匀地传输给每根接管，从而可以避免钢管受力失衡，减少变形量。针对大型接管，应在大型开孔接管处的筒体内壁加设加强弧板。支撑钢管选用厚壁管，钢板厚度应在 20mm 以上，详细情况根据压力容器设备整体构造形式进行核算选材。

热处理之前，仔细检查热处理控制仪器、热电偶等设备仪器处于完好状态，对压力容器设备热处理前各个工序的完成情况进行检查。热处理时要严格按照热处理工艺的要求执行，严禁出现超温现象，尤其是温度超过材料的临界温度。

六、不锈钢封头开裂分析评定及对策

304 奥氏体不锈钢压制封头较普遍，但开裂情况较罕见。为此，本文针对 304 奥氏体不锈钢失效情况，从几方面进行分析研究，找出开裂产生的原因和失效机理，提出解决对策。

1. 检查与试验

取封头直边和圆弧部位沿垂直于封头端面方向开裂处，进行光谱分析、力学性能、弯曲性能和金相分析。

（1）封头开裂的宏观形貌

封头的材料为 304 奥氏体不锈钢，规格为 01500mm × 8mm 和 01400mm × 8mm，封头直边和圆弧部位沿垂直于封头端面处开裂。

（2）金相分析

可以看出，两个部位的金相组织均为奥氏体和形变马氏体，晶粒度 6~7 级，清晰可见。压制前金相组织应该是奥氏体（含孪晶）+ 碳化物 + 少量铁素体。

2. 结果讨论

（1）材料分析

经原厂家提供的《产品质量证明书》表明交货状态为：固溶、酸洗、热轧。由于304钢是奥氏体钢，应该是无磁或弱磁性的，但原材料均呈较强磁性，断裂端面结晶状小刻面呈“放射状”，因此，材料中可能会有较多铁素体或不利于冷成型的马氏体，材料因受拉应力作用沿着某些严格的结晶学平面分离的过程为解理断口。

（2）工艺分析

由于冶炼时成分偏析或轧制后热处理不当，会造成304不锈钢中出现少量的马氏体，化学成分和机械性能均有不同程度的超标，材料就会出现磁性，强度高于标准下限值很多；因此，已经说明原材料的组织发生了变形，不属严格意义上奥氏体不锈钢类别，具备了奥氏体—马氏体的强度、脆性、磁性的特性，不适合冷成形或冷加工后做一定处理。

（3）裂纹发生原因及失效机理

奥氏体不锈钢在经过固溶处理后具有良好的韧性，如若固溶处理不当或经过其他工艺后，部分奥氏体发生了组织变化，使材料含有马氏体且具有磁性，材料强度加大、韧性降低，影响材料的冷拉伸性能，即使化学成分和机械性能均在标准范围之内，也不一定完全满足封头冷拉伸成型的需要。在经过封头压制过程，再经过冷拉伸后，部分奥氏体又转化为马氏体或铁素体，材料的强度进一步加大，韧性变差，同时由于冬季天气比较冷，拉伸后的静置过程，相当于一次简单热处理。

马氏体不锈钢在正常淬火温度下处于 γ 相区，但 γ 相仅在高温时稳定，Ms点一般在300℃左右，冷却时转变成为马氏体，具有较高的强度和磁性，有较好的热加工性，适合采用热成型。由于它的韧性差，冷加工成型不好，因而马氏体不锈钢应该采用完全退火热成型，加热温度在850~900℃，成型后空冷。

在奥氏体不锈钢中含有较多扩大 γ 相区和稳定奥氏体的元素，在高温时均为 γ 相，冷却时由于Ms在室温以下，因此在常温下具有稳定的单相奥氏体组织。由于加热时没有相变发生，因此不能通过热处理相变使之强化，只能通过冷加工变形的方法，利用加工硬化作用提高它们的强度。经过固溶处理的奥氏体不锈钢，由于所有的碳化物充分分散在晶体中，且经过快速冷却又固定在其中，因此具有最低的强度、最高的塑性和优良的耐腐蚀性。

该钢薄板材料冷加工以后，从微观角度看，滑移面及晶界上将产生大量位错，致使点阵产生畸变。变形量越大时，位错密度越高，内应力及点阵畸变越严重，使其强度随变形而增加，塑性降低（加工硬化现象）。当加工硬化达到一定程度时，如继续形变，便有开裂或脆断的危险；在环境气氛作用下，放置一段时间后，工件会自动产生晶间开裂（通常称为“季裂”）。所以304不锈钢在冲压成型过程中，一般都必须进行工序间的软化退火（中间退火），以降低硬度，恢复塑性，以便能进行下一道加工。304不锈钢通常用作冲压板材，其冲压件上各部分材料的变形程度各不相同，大致在15%~40%之间，因此各部分材料的硬化程度也不一样，为了选择其最佳的中间退火工艺，必须对其加工硬化和退火软化的规律和机理进行深入的研究。不同温度不同拉伸形变量与马氏体含量的关系，室温（25℃）下形变量小于 10% 时，304 不锈钢仅有少量的马氏体相变；当形变量在 10%~40% 之间时，马氏体含量随形变量的增大而增加得较快，马氏体含量由 0.7 增至 6.8。低温下马氏体转变随拉伸形变量增大而变化较大，形变量在 6% 以上时，马氏体含量就开始迅速增加；形变量为 20% 时，马氏体相变量已达到 23%。同一形变量低温时产生的马氏体量要比室温时高得多，可见低温有利于形变诱发马氏体相变，材料经 160℃下拉伸后，其马氏体含量没有变化，说明在这个温度下拉伸 304 不锈钢不会产生形变诱发的马氏体相变。

奥氏体 304 不锈钢在室温或更低的温度下进行不同形式的冷加工形变均会产生马氏体相变；相同的冷加工方式，随着形变量的增大，马氏体相变量增加；形变诱发马氏体相变中存在高密度的位错，得到的马氏体组织以板条马氏体为主。马氏体转变符合一般相变的规律，遵循相变的热力学条件，马氏体相变的驱动力为新相与母相的化学能之差。在塑性形变的过程中，给体系增加的自由能可以克服两相转变间的自由能之差，从而导致材料组织结构的变化，从晶体学角度而言，马氏体相变是一种实际上没有扩散的点阵畸变的组织转变，它的切变分量和最终的形状变化应当使转变过程中动力学及形态受应变能控制，母相与新相之间具有明显的晶体学取向关系。

3. 防止对策

（1）对于奥氏体—马氏体不锈钢，为了安全起见，建议采用热压成型工艺，按照恢复马氏体组织的温度要求进行相应的热处理，以保证质量。

（2）冷加工导致 304 奥氏体不锈钢位错增加，位错密度随冷加工变形量的增加而增大，因此，必须提高轧制工艺水平，制定出比较合理的轧制速度轧制道次、压下率、轧制油、轧辊材质及表面精度参数。

（3）原材料在保证质量的前提下，考虑冷加工后进行热处理，避免马氏体转变后的应力腐蚀问题。

七、一起高压除氧器爆炸事故原因分析评定

某火力发电厂一台 20 万千瓦机组在正常运行时除氧器突然发生爆炸，除氧器水箱被炸成了三段，除氧头破裂倒塌，重重地砸在除氧器所在层楼板，使楼板破裂，坠落到 4.2m 夹层，造成 9 人死亡、5 人受伤的重大事故。事故同时引起发电机母线短路燃烧，励磁机、主变压器套管爆炸，变压器绝缘油泄漏引发火灾，随后发生连锁反应，锅炉安全门启动、汽轮机跳闸、发电机停机，直接经济损失超过千万元。

1. 事故发生经过

事故发生前该机组满负荷正常运行，给除氧器供汽的第二段、第三段抽气电动门都处在关闭位置，事故发生后经检查发现电动门关闭不严，存在漏气问题，经实际检测电动门

泄露的蒸汽量已足够除氧器加热除氧所需要的蒸汽量。经过化学处理的化学除盐水一部分通过补水阀门进入凝汽器，另一部分进入低位水箱，用低位水泵送入除氧器。当时一号水泵运行，二号水泵备用。在0时至8时后夜班期间，另外一台相邻机组大修完成后准备启用，开始大量上水，加上供气量增加，使除氧器水位下降。7时45分交接班时司机发现除氧器水位低于正常水位，马上让化学车间值班人员增大供水量，使供凝汽器的补水量增大。早晨8时是交接班时间，前来接班的司机发现除氧器水位低，不同意接班，交班司机到0m开启了二号水泵，向除氧器增加给水。8时零5分交班司机回到控制室，打开第二段抽气电动门用以调整除氧器压力。8时20分除氧器水箱达到正常水位，压力为0.46MPa，接班司机同意接班，交班司机通知在0m的水泵值班员关闭二号低位水泵，但未关闭二段电动抽气门。此时交班司机已离开，随后接班司机发现除氧器压力升高很快，遂跑出控制室叫回已离开的交班司机，这时除氧器压力表显示压已超过0.59MPa，交班司机刚刚回到值班室除氧器就发生了爆炸，造成了9死5伤的重大事故。

2. 事故原因分析

这次事故的原因主要有两个：一是汽机运行人员的错误操作，二是安全阀排泄量不足。由于后夜班汽机司机值班时未按规定要求使除氧器保持正常的水位，当白班接班司机不同意接班后，交班司机采取了错误的补水方式，即开启另一台备用水泵，并开大了一号泵出口阀门和低位水箱进除盐水的阀门，向除氧器大量补充低温水，并将二段抽气门打开向除氧器供汽，调整除氧器压力；当除氧器水箱水位恢复正常后，接班司机同意接班时，交班司机通知0m的水泵值班员停用一台备用水泵，关小低水位水箱阀门，减小进水量后，却没有关闭二段电动抽气门，过热蒸汽仍源源不断地进入除氧器，使除氧器压力迅速升到0.98MPa以上（事故后根据压力曲线查证），而除氧器配用的微启式双阀座重锤式安全阀排汽能力不足；当压力升到安全阀设定压力后，安全阀起跳泄压，但是安全阀起跳后排出除氧器的蒸汽量远远小于进入除氧器的蒸汽量，使除氧器内的压力仍继续上升，导致除氧器壳体材料承受不了极限压力而发生了爆炸事故。

3. 事故暴露的问题

（1）规章制度执行不严

前该厂对除氧器的运行规定，发电机组带15万千瓦以上负荷时，向除氧器供汽的汽源应切换为第三段抽气，但这次事故时发电机组满负荷运行却用第二段抽气向除氧器供汽。

（2）设备缺陷管理失控

除氧器第二段抽气的电动门操作把手不好用，红灯有时不亮，厂里维修不及时，给运行人员操作和事故处理都造成困难。

向除氧器供汽的二、三段抽气电动门原设计都配有自动保持装置，由于压力调整不能投入使用，事故发生前，开和关的自保装置都拆除了，影响正常运行。

（3）安全阀排汽能力不足

除氧器水箱上配用的两只微启式安全阀，当除氧器内气体超压时，安全阀起跳，但排气量不足，起不到保护的作用。经计算，这两只安全阀按设计要求达到最大开启高度为2mm，它的总排气量为5.5t/h，而事故发生时进入除氧器的汽量达到11t/h，当机组带15万千瓦负荷时，要倒换第三段抽气供汽，且压力调整阀全开时除氧器进汽量高达62.4t/h，显而易见，安全阀的排汽能力严重不足。事故发生后用蒸汽对安全阀进行测试，蒸汽压力在0.54MPa时，安全阀抬起高度仅0.35mm；蒸汽压力达到0.74MPa时，安全阀抬起高度仅1mm。从测试数据看，安全阀排汽能力就更不够了。

（4）压力调整门不起作用

除氧器配备的压力调整门为Pg-16、Dg-300的蝶形门，这种蝶形门调整性能很差，开度在20%~100%，流量变化不大。该调整门的漏气量很大，机组带20万千瓦负荷时，该调整门在关闭位置时的漏气量已足够满足除氧器的需要。设计要求调整门既有减压又有调节流量的双重作用，因此在除氧器配置蝶形门是不适用的，应更换调节性能好、漏气量小的其他形式的调整门。

（5）第二、三段抽气电动门不应做调整门使用

为防止压力调节装置失灵或误动，应装有远方调节手段，作为运行人员处理紧急事故之用。在第二段抽气电动门上应加装闭锁装置，当第三段抽气能满足除氧器需要时，应自动闭锁第二段抽气电动门使之无法开启。

（6）除氧器焊接质量不良

事故后检查破裂的除氧器水箱，发现水箱内部加强圈的角焊缝咬边超标，除氧头内部的水盘、支架焊缝多处存在未焊透的问题，给除氧器的安全运行造成严重威胁。

4. 预防事故的措施

（1）建立严格的生产工艺管理制度及检查和考核工艺制度执行的细则及办法，并认真贯彻执行，加强除氧器运行人员的技术培训和责任心教育，发现问题，及时解决。

（2）加强缺陷设备管理。对有缺陷的设备及时更换和维修，定期对运行的除氧器进行检验，并缩短检验周期，重点检查缺陷部位。对查出的问题及时修复。

（3）为保证除氧器上装的安全阀有足够的排放能力，应全部更换除氧器上原有微启式安全阀，配备全启式安全阀，使安全阀排汽能力与除氧器相匹配，以确保除氧器的安全运行。

（4）加装远程控制手段，在第二段抽气电动门上装闭锁装置，当第三段抽气能满足除氧器需要时，自动闭锁第二段抽气电动门无法开启。

（5）除氧器制造厂应加强质量控制。

1）设计合理的焊接接头，采用对接接头，避免搭接接头，焊缝外形设计应合理，焊缝余高不能过高，焊缝接头截面要圆滑过渡，以减小焊缝拘束度，避免过高的应力集中。

2）工艺方面采用合理的焊接顺序，焊接时先焊收缩量较大的焊缝，后焊收缩量较小的焊缝，使焊缝能够自由收缩，以降低焊接拘束应力。制定合理的焊接规范及输入线能量，控制冷却时间，以改善焊缝及热影响区的组织和性能，提高除氧器制造质量。

除氧器的安全运行是保证发电机组正常运行的重要环节，应提高运行人员的操作水平，经常对其进行考核和令其进行事故演练，定期对除氧器进行全面检验，确保除氧器安全高效运行。

八、不锈钢管式换热器换热管失效原因分析评定

1. 概况

某化工厂用不锈钢换热器，管程介质为水，壳程介质为润滑油，运行温度为 40~65℃，运行约半年，多处换热管发生泄漏，严重影响设备运行。现对该台不锈钢换热器管渗水部位取试样，同时取该厂循环用冷却水水样，进行实验室分析，以确定泄露原因，从而寻找合适可行的预防措施。

2. 试验结果分析

（1）管内壁垢样沉积较严重，内壁红褐色为氧化锈蚀造成，有较多氧化皮、点蚀坑，泄露处经腐蚀呈凹坑状；而横向抛光面上并未发现晶间腐蚀裂纹，经扫描电镜可观察到泄露部位明显的点蚀形貌。因此，管内介质造成内壁点腐蚀，是造成不锈钢换热管泄露的主要原因。

（2）由试验分析结果可见，该不锈钢换热器管泄露主要是由内壁点蚀失效引起的。点蚀一般在静止的介质中容易发生。具有自钝化特性的金属在含有氯离子的介质中经常发生点蚀。点蚀孔通常沿着重力方向或横向方向发展，点蚀一旦形成，具有深挖的动力，即向深处自动加速。含有氯离子的水溶液中，不锈钢表面的氧化膜便产生了溶解，其原因是氯离子能优先有选择地吸附在氧化膜上，把氧原子排掉，然后和氧化膜中的阳离子结合成可溶性氯化物，结果在基底金属上生成孔径为 20~30μm 的小蚀坑，这些小蚀坑便是点蚀核。在外加阳极极化条件下，只要介质中含有一定量的氧离子，便可能使点蚀核发展成点蚀孔。在自然条件下的腐蚀，含氯离子的介质中含有氧或阳离子氧化剂时，均能促使点蚀核长大成点蚀孔。氧化剂能促进阳极极化过程，使金属的腐蚀电位上升至点蚀临界电位以上。蚀孔内的金属表面处于活化状态，电位较负，蚀孔外的金属表面处于钝化状态，电位较正，于是孔内和孔外构成一个活态—钝态微电偶腐蚀电池，电池具有大阴极小阳极面积比结构，阳极电流密度很大，点蚀孔加深很快，孔外金属表面同时受到阴极保护，可继续维持钝化状态。由于阴、阳两极彼此分离，二次腐蚀产物将在孔口形成，没有多大的保护作用。孔内介质相对于孔外介质呈滞流状态，溶解的金属阳离子不易往外扩散，溶解氧也不易扩散进来。

由于孔内金属阳离子浓度增加，氯离子迁入以维持电中性，这样就使孔内形成金属氯化物的浓溶液，这种浓溶液可使孔内金属表面继续维持活化状态。又由于氯化物水解的结果，孔内介质酸度增加，使阳极溶解加快，点蚀孔进一步发展，孔口介质的 pH 值逐渐升高，水中的可溶性盐将转化为沉淀物，结果锈层、垢层一起在孔口沉积形成一个闭塞电池。

闭塞电池形成后，孔内、外物质交换更加困难，使孔内金属氯化物更加浓缩，氯化物水解使介质酸度进一步增加，酸度的增加将使阳极溶解速度进一步加快，蚀孔的高速度深化，可把金属断面蚀穿，这种由闭塞电路引起的孔内酸化从而加速腐蚀的作用称为自催化酸化作用。

影响点蚀的因素很多，金属或合金的性质、表面状态，介质的性质、pH 值、温度等都是影响点蚀的主要因素。大多数的点蚀都是在含有氯离子或氯化物的介质中发生的。具有自钝化特性的金属，点蚀的敏感性较高，钝化能力越强，则敏感性越高。试验表明，在阳极极化条件下，介质中主要含有的氯离子便可以使金属发生点蚀，而且随着氯离子浓度的增加，点蚀电位下降，使点蚀容易发生并加速。处于静止状态的介质比处于流动状态的介质更能使点蚀加快。介质的流速对点蚀的减缓起双重作用，加大流速（仍处于层流状态），一方面有利于溶解氧向金属表面输送，使氧化膜容易形成；另一方面又减少沉淀物在金属表面沉积的机会，从而减少产生点蚀的机会。

该换热器管程介质为冷却水，冷却水水质分析中发现氯离子含量高达 380mg/L，加上管内垢的沉积，在垢层下极易产生浓缩机制，造成氯离子含量的急剧提高，从而达到产生点蚀的氯化物浓度要求；该换热器运行温度最高 65℃，循环水中 pH 值为 6.57，满足点蚀过程中孔内与孔外形成腐蚀电池反应的介质要求；冷却水中溶解氧含量为 9.82mg/L，能够进一步促进点蚀核向点蚀孔发展的趋势，加快点蚀发展的速度，最终造成该容器的点蚀失效。

3. 结论

（1）水质中氯离子含量、pH 值、溶解氧含量及运行温度均达到形成氯离子点蚀的条件，是造成该换热器管点蚀的成因。

（2）根据宏观检查可见，循环用冷却水浊度超标，在金属表面形成沉积物，造成氯离子浓缩，进一步加快腐蚀速度，引起点蚀泄露失效。

（3）预防措施

1）失效主要由点蚀造成穿孔引起，根据该厂水质中氯离子含量水平，建议采用 316L 或双相不锈钢等更耐腐蚀性的材料。

2）使用厂家应加强循环用水管理，充分沉淀，去除水中杂质，避免产生沉积物造成相关腐蚀失效。

3）该换热器壳程介质为润滑油，管程介质为冷却用循环水，根据与其连接管道内腐蚀情况判断，可以考虑选择碳钢代替不锈钢。

九、三甘醇吸收塔塔盘支撑圈角焊缝开裂原因分析

1. 三甘醇吸收塔事故情况描述

在鄂尔多斯市乌审旗苏东第五采气厂运行一年后，在排污口发现有三甘醇泄露现象。

三甘醇吸收塔主要是利用三甘醇净化天然气中的水分。由于三甘醇价格昂贵，因此三甘醇的泄露给使用者和国家会造成重大的经济损失，也引起严重的环境污染。

2. 事故产生原因分析

我所在对第五采气厂提供的苏东 -4 站三甘醇脱水一体化集成装置的检验中发现了三甘醇吸收塔塔盘支撑圈角焊缝有开裂，导致吸收塔下部隔板附近发生三甘醇泄漏。为找到吸收塔塔盘支撑圈角焊缝开裂原因，选取具有代表性的开裂部位进行理化检验，对开裂原因进行了分析。

3. 结果与讨论

（1）腐蚀发生原因及失效机理

将设备切割开后发现，在底部塔盘表面有明显的大面积点状腐蚀痕迹。这可能是水中氯离子含量超标所引起的奥氏体不锈钢的腐蚀。钝化膜的不完整部位（露头位错、表面缺陷）作为孔蚀源，在某一段时间内呈现活性状态，点位变负，与其临近表面之间形成微电池，并且具有大阴极小阳极面积比，小孔内积累了过量的正电荷，引进外部的氯离子迁入以保持电中性，继之孔内氯化物浓度增高。由于氯化物水解使孔内溶液酸化，又进一步加速了孔内阳极的溶解。这种自催化作用的结果，使孔蚀不断地向深处发展。

（2）开裂原因分析

不锈钢的应力腐蚀开裂受多方面因素的影响，主要与应力状态、介质环境、材料的合金成分等有关。除应力因素外，材料方面有金属合金的化学成分、显微组织等因素，溶液方面有浓度、温度及 pH 值等因素。

1）应力因素

应力主要由四部分组成：工作过程中设备受到强烈的震动载荷产生的工作应力；冷轧机械加工、焊接等过程的残余应力；设备周期性加热和冷却引起的热应力；设备在安装和装配过程中引起的结构应力。

此台设备在制造及运行过程中，由于设计及结构的因素，这四种应力都是存在的，在三甘醇吸收塔塔盘支撑圈角焊缝处，应力是比较集中的。

2）环境因素

金属合金的应力腐蚀开裂（SCC）对介质都有一定的选择性，即 SCC 只在特定的合金环境中发生，如奥氏体不锈钢—氯离子溶液，氯离子浓度愈高，愈易发生应力腐蚀开裂，但是氯化物浓度与材料的应力腐蚀敏感性之间不是一个简单的关系。由介质分析可以知道，该装置液体中氯离子含量严重超标。

在决定材料是否发生氯化物 SCC 的环境因素中，温度是影响 SCC 的重要因素之一。对奥氏体不锈钢来讲，在室温下较少有发生氯化物开裂的危险性。从经验上看，大约在 60~70℃以上，长时间暴露在腐蚀环境中的材料易发生氯化物开裂。从设计参数及运行记录来看，该装置长时间暴露于易发生氯化物 SCC 的温度条件下。

对不锈钢而言，pH 值升高会减缓应力腐蚀，溶液整体 pH 值越低，断裂的时间越短，但整体溶液 pH 值过低（pH<2）可能造成全面腐蚀。当 pH 值在 6~7 时，不锈钢对应力腐蚀最敏感。

（3）材料因素

在奥氏体不锈钢中添加少量镍，特别是镍含量在 5%~10% 时，可以增加材料的应力腐蚀敏感性。由能谱分析可以知道，6.54% 也在材料的应力腐蚀敏感区域范围内。

由材料的金相组织可以看到，$O_6CrI_9Ni_{10}$ 奥氏体不锈钢是金相组织奥氏体 + δ 铁素体。由文献资料可知，应力腐蚀裂纹的扩展是由于奥氏体枝晶间的 δ 铁素体被优先溶解而形成的孔洞和裂纹，然后裂纹穿过奥氏体基体，并使大量孔洞和裂纹连接起来，最后导致焊缝完全断裂。奥氏体枝晶间的 δ 铁素体是产生 SCC 预先存在的活性通道。

综上所述，$O_6CrI_9Ni_{10}$ 奥氏体不锈钢是在应力状态敏感介质环境和易发生腐蚀的材料合金成分下，三者协同作用发生的应力腐蚀开裂。

4. 结论和建议

（1）由分析结果可以看出，底部塔盘表面由氯离子含量超标引起奥氏体不锈钢明显的大面积点状腐蚀及应力腐蚀开裂，建议在介质中严格控制氯离子含量。

（2）由于设备在设计、制造及操作过程中存在一些潜在的问题，致使吸收塔底部焊接接头处出现应力腐蚀开裂导致泄漏，建议设计单位重新考虑一些风险因素，进行改进。

（3）根据以上腐蚀及产生裂纹的原因，并结合现场介质中氯离子含量过高导致对奥氏体不锈钢的腐蚀严重相关性，建议制造商通过设计单位更改塔盘材质为碳钢材料。

十、换热器锆管泄漏原因分析评定

压力容器用材应符合压力容器对材料的化学成分、力学性能、耐蚀性能、工艺性能、物理性能等制造和应用要求。因在许多强酸性、强碱性介质中具有良好的耐蚀性，锆材常用作耐蚀压力容器，但因其价格昂贵，一般多用于其他材料不能满足要求的场合。锆材活性强，易表面氧化形成致密的氧化锆膜，在腐蚀性介质中阻滞腐蚀的进行，即起到钝化作用，因此具有耐腐蚀性。其低温性能好，可在不低于 -26℃下使用，但低温经济性比不上奥氏体不锈钢、铝、铜等材料。设计温度上限为 375℃，一般不能用于温度较高的场合。锆的导热率不高，比铜、铝、碳素钢及合金钢要低很多，但其强度高、耐蚀好、污染系数低，可采用较薄的材料，也可用于换热器、换热管。

1. 基本情况

该台设备共有锆换热管 116 根，通过水压试验的方法，确定共有 58 根锆换热管发生了泄漏。对取出的管子进行宏观检查和渗透检测发现，锆管外表面均存在肉眼可见的沿管子长度方向不同程度的纵向裂纹，且大部分为贯穿性开裂。

2. 查找缺陷原因

为了寻找开裂缺陷产生的原因，首先从材料着手，对所使用锆管的材质证书进行了查阅，同时对开裂部位和完好部位分别进行取样，从材料的化学成分、力学性能及宏观相貌、微观组织进行了观察和分析。

3. 几点建议

压力容器使用锆材，考虑其耐蚀性的同时还需考虑其经济性。在设计、制造、使用环节应注意以下几点：

（1）设计时应注意锆材的设计温度上限为 375℃，但该温度仅考虑了锆材的氧化，未考虑其腐蚀性。根据相关规定设计温度最好在 250℃以下为宜，才可保证锆材一定的强度、塑性及耐腐蚀性。

（2）在制造过程中应防止表面产生铁污染，污染物在一些介质中为形成电偶腐蚀创造了条件。在加工和制作过程中应注意与黑色金属分别运输、存放、加工。设计者可根据需要，采用铁污染检查和酸洗钝化处理方式消除铁污染。

（3）严格控制焊接质量。由于锆材较高的活性，锆材的焊接应采用钨极惰性气体保护焊、金属级气体保护焊等离子弧焊和电子束等方法焊接。锆是活性金属，在 400℃以上温度应予以保护，防止大气中氧、氮、氢元素的污染。焊前，应采用化学洗剂清洗焊口及焊丝，因为来自氧化物、水、油渍及赃物的污染会引起脆化。防止焊接时湿度过大、环境温度过低，保持焊接环境的清洁干燥。焊接过程应保证焊接熔池及冷却过程中的高温区处于惰性气体保护之下。焊后，应注意观察焊缝及热影响区的颜色，不同温度下氧化会呈现不同颜色的氧化层，银白色表明基本未氧化或仅有细密的氧化层，表明在较高的温度区焊接接头得到了很好的保护；灰色表面氧化比较严重，形成了疏松的氧化层；蓝色表明保护情况稍差，只能用于非重要场合。

（4）严格按运行工艺执行。使用单位在运行过程中，应严格控制介质的使用条件，防止超温超压及介质参数的变化，保证压力容器安全可靠地运行到检验周期。

第四节　锅炉安全评定

一、一起循环流化床锅炉屏式再热器爆管原因分析评定

某电厂 UC480/13.7-M 型循环流化床锅炉再热器系统由低温再热器和屏式再热器两部分组成。屏式再热器管材质为 12Cr1MoV 钢，规格为 051mm × 5mm，再热蒸汽出口温度为 540℃。该锅炉累计运行约 7000h 后，屏式再热器管发生爆管事故，严重影响了机组的安全可靠运行。经了解，该处管子在发生爆管前，其运行记录显示存在超温运行情况，超温运行温度最高到 620℃，间断性超温时间约 160h 左右。现取该爆管部位试样进行分析，以找出爆管原因并提出预防措施。

1. 试验与结果

（1）宏观检查

爆管部位所截取的部分试样。破口处呈喇叭口状，管子周长增加很大，具有明显的塑性变形。破口处内外壁氧化层大部分脱落。

管子外壁为烟气侧，氧化严重，氧化层厚度约 1.5mm，氧化皮大量脱落，未脱落部位有大量轴向裂纹。

管子内壁为蒸汽侧，有厚度均匀的氧化层，氧化层厚度约 1.5mm。氧化层分为厚度相当的两层。金属侧氧化层表面有大量微裂纹，蒸汽侧氧化层内部组织疏松，肉眼可见有大量气孔，呈海绵状，外表面光滑。

（2）外观尺寸和厚度检查

将该管子打磨去除氧化层后，采用 UM-1 型超声波测厚仪，取声速 5900mm/s 进行厚度测量，另选用 0~100mm 型游标卡尺对管子外径进行测量。检查结果显示，爆管部位厚度减薄严重，外径增大 40% 以上；未爆管部位厚度减薄相对较少，外径略有增大，出现涨粗现象。

（3）硬度及强度检查

将该管子打磨去除氧化层后，采用 HLN-11A 型里氏硬度计测量其外表面硬度，结果显示，该管子外表面硬度约 HB96，外表面不同部位硬度变化不大，硬度值偏低。

2. 爆管原因分析

从运行记录审查结果来看，该屏式再热器管子曾存在超温运行情况，间断性超温时间约 160h，超温运行温度最高到 620℃，而设计温度为 540℃，超温最高达 80℃，情况严重。根据上述检查结果，结合运行数据，分析本次爆管产生的原因。

（1）锅炉受热面的氧化

锅炉受热面管子的氧化分为外表面氧化和内表面氧化，金属的氧化过程都是通过氧离子的扩散来进行的，属于化学腐蚀的范畴。若生成的氧化膜牢固，氧化过程就会减弱，金属就得到了保护。如果生成的氧化膜不牢固，那么生成的氧化膜不断剥落，氧化过程就会继续下去。在高温情况下尤其如此。

（2）内壁蒸汽腐蚀

对于管子内壁，工作蒸汽温度在 450℃以上的受热面管子，铁与水蒸气直接发生化学反应，会生成坚硬致密的 Fe_3O_4 保护膜。

在正常工况下，Fe_3O_4 保护层会阻止蒸汽对管子的进一步腐蚀，从而对管子起到保护作用。但当遇到工况变化异常（如管子被堵塞、受热偏差超温运行等）时，管子内蒸汽流量减少，管子壁温明显升高，加之热应力的作用破坏了原有 Fe_3O_4 保护膜的致密性，使得水蒸气透过原有“保护膜”和管壁金属中的铁继续发生反应，从而导致管子壁厚不断减薄。当蒸汽温度超过 570℃时，反应生成物为 FeO 反应速度更快。但由于 FeO 是一种黑色粉末，且不稳定，若继续加热，就迅速被氧化成 Fe_3O_4。当腐蚀层增厚到一定程度，含 Cr 合金钢管材料生成的这种氧化铁层，如宏观检验所见，会有几乎相等的内外两层，且蒸汽侧氧化铁层组织疏松，而金属侧氧化铁层则致密得多。根据 X 衍射试验证明，靠近蒸汽层是完全的 Fe_3O_4 层，而金属侧除 Fe_3O_4 层，还存在 Fe、Cr、Mo 等元素的尖晶型氧化物，说明铁素体中 Cr、Mo 等元素已随着腐蚀的进行开始向外转移。

（3）外壁高温氧化（烟气腐蚀）

对于锅炉受热面来说，外表面的氧化是金属和烟气中的氧、二氧化碳、水蒸气等氧化剂产生氧化反应的结果。金属的氧化腐蚀速度主要取决于金属外层形成的氧化物能否对金属起保护作用。对于钢材，如果外层形成致密的 Fe_3O_4 氧化层，就会阻止氧化的进一步进行，保护内层金属；如果外层形成结构疏松、多孔且容易分离的 FeO 氧化层，就无法阻止氧化的继续进行，会加大金属的损耗。同时，金属的氧化腐蚀速度还与灰污成分、周围介质的性质有关，含有腐蚀性物质的灰污和周围介质，对金属的损耗比氧化性气氛下高得多。另外，金属的氧化腐蚀速度与受热面温度和烟气温度有关，也与积灰层和金属氧化膜的温度梯度有关。温度梯度大，氧化膜的空隙率增加，减小了氧化膜与金属管子间的连接强度，而且火焰中挥发性矿物质容易向管子表面扩散，氧化反应加快。因此，金属表面保护性氧化膜和燃烧产物中含有的化学元素是影响锅炉管子高温腐蚀速度的决定性因素。

3. 建议

为了防止此类事故再发生，这里提出几点建议供参考。

（1）管子的脱碳主要是因过热运行而产生的，因此一定要控制好运行温度，避免超温过热运行，同时也可控制内外壁氧化层厚度的增加幅度。对于屏式再热器管排，要不断完善热工自动控制系统，再热器温度自动、负荷控制逻辑不断进行改进，减轻系统温度的周期性波动幅度和速度。

（2）管子氧化层的形成不仅与超温运行有很大关系，同时与温度的突然变化也有很大关系，因此，要控制机组启停次数，减缓启停时的升降温速度，以抑制氧化层的脱落。比如在机组滑停过程中，要控制高温过热器和再热器的出口蒸汽温度的变化率不超过 2℃ / min。

（3）控制炉膛温度，避免长时间超温运行，并加大炉膛脱硫力度，减少烟气中的硫含量。

（4）加强定期检验。对于有超温运行记录的管排，每次检修时重点进行以下检查：

外观检查：重点检查再热器弯头（与斜坡管排间距）及直管、吹灰器附近管排穿墙部位、阻流板、防磨板、管卡等处的磨损、腐蚀、损伤、鼓包、变形、氧化及表面裂纹情况。当管子外表面有宏观裂纹时，应予更换。

腐蚀（包括磨损）检查：对以上部位管排进行壁厚测量，检查其腐蚀（磨损）减薄情况。若管子壁厚减薄到小于强度计算理论壁厚，或减薄量大于管子厚度的 30%，或局部腐蚀深度大于管子厚度的 30% 时，应予更换。

涨粗检查：对热负荷高及易产生膨胀鼓包变形部位进行管径涨粗测量，掌握其涨粗情况，判断其变形规律。对合金钢，管子外径尺寸大于 2.5%（对碳素钢为 3.5%）时，应予更换。

割管检查：在有代表性部位割管进行金相、碳化物、硬度、尺寸、氧化腐蚀、内壁垢样分析以及机械性能试验时，分析判断材料损伤的程度趋势。当外壁氧化皮厚度超过 0.6mm 且晶界氧化裂纹深度（需进行金相检验）超过 5 个晶粒时，应予更换。

（5）对于受热面管子的生产厂家，也可通过细化晶粒、喷丸处理高铬合金化和预氧化等方法，来减轻并消除管子内壁氧化层的形成。

二、正平衡法燃油气锅炉热效率测试不确定度评定

全国各省特种设备检验检测机构做了大量的在用工业锅炉热工测试工作，但测试单位出具的测试报告中仅有测试数据和热效率值，并未对测试结果的可信程度和热效率变化区间进行分析说明。由于测试结果受多参数影响，且影响程度不确定，使得测试结果与真值之间存在误差，造成了测试结果的不准确。本文采用不确定度分析方法对燃油气锅炉热效率测试结果进行分析与评价。

1. 不确定度分析原理

不确定度是测量结果不确定的程度，用以表征合理地赋予被测量值的分散性，它能够定量地表征测试结果的质量。不确定性越小，测试结果的质量越高，测试水平越先进。不确定度分析包括不确定度评定、合成标准不确定度和扩展不确定度。

（1）数学模型

测量中，假设被测量 y 由 n 个量 x，2，x，通过函数关系 f 来确定，即 y=f(xy，2，-xn)。数学模型需满足以下要求：包括影响测量结果的全部输入量；不遗漏任何影响测量结果的不确定度分量；不重复任何影响测量结果的不确定度分量。

（2）不确定度分析

不确定度评定方法分为 A 类评定和 B 类评定。通过统计分析观测列的方法，对标准不确定度进行评定所得到的相应的标准不确定度为 A 类评定。采用不同于对观测列进行统计分析的方法来评定标准不确定度为 B 类评定。

（3）评价分析

采用正平衡法测试热水锅炉热效率，根据计算结果可确定影响测试结果不确定度的主要参数是锅炉给水和出水温度，其他参数对热效率影响的数量级小于这两个参数。因此，为提高该锅炉热效率测试值的准确度，主要应提高锅炉给水温度和出水温度测试结果的准确度。

2. 结论

上文采用不确定度分析方法对燃油气锅炉的不确定度影响因素进行分析研究。通过研究获得了影响燃油气热水锅炉热效率测试结果不确定度的因素主要有：锅炉给水温度 t、锅炉出水温度 te。因此，在实际测试过程中要提高测试结果的准确度应主要考虑采用提高测量仪器精度等方法来降低这两个参数的不确定度。

三、工业锅炉能效测试结果评定

1. 能效测试结果分析

（1）燃煤锅炉

对全省燃煤锅炉测试结果进行统计计算，运行平均热效率为 67.179%。燃煤锅炉五项热损失中，平均排烟热损失 q2 为 16.948%，占总热损失的 52.6%；平均气体未完全燃烧热损失 q3 为 0.253%，占总热损失的 0.8%；平均固体未完全燃烧热损失 q4 为 11.070%，占总热损失的 34.3%；平均散热损失 q5 为 3.284%，占总热损失的 10.2%；平均灰渣物理热损失 q6 为 0.676%，占总热损失的 2.1%。其中排烟热损失和固体未完全燃烧热损失之和占总热损失的 85% 以上。

不同蒸发量或热功率下锅炉热效率和各项热损失所占总热损失的比例不同。

（2）燃油气锅炉

燃油气工业锅炉平均热效率为 88.13%，其中蒸汽锅炉平均热效率为 87.03%，热水锅炉平均热效率为 89.24%。燃油气锅炉的热损失中，平均排烟热损失为 7.8%，占总热损失的 66%；平均气体未完全燃烧热损失为 0.2%，占总热损失的 2%；平均散热损失为 3.82%，占总热损失的 32%。其中 q2 排烟热损失和 q4 固体未完全燃烧热损失占总热损失的 98%。

（3）省内外制造单位生产的锅炉测试结果

统计分析，由陕西省省内锅炉制造单位生产的锅炉平均运行热效率为 62.77%，由陕西省外锅炉制造单位生产的锅炉的平均运行热效率为 69.944%。

由对比分析，省外制造的锅炉的平均热效率高于省内制造的锅炉。省内制造锅炉排烟热损失 q2 和固体未完全燃烧热损失 q4 占总热损失的比例远高于省外制造单位。

2. 结果评价

（1）工业锅炉各项热损失占全部热损失的比例大小依次为排烟热损失 q2、固体未完全燃烧热损失 q4、散热损失 q5、灰渣物理热损失 q6、气体未完全燃烧热损失 q3，其中 q2 和 q3 占了全部热损失的 80% 以上。

（2）锅炉的运行热效率值低于《规程》限定值和设计热效率值。

（3）锅炉容量不同，运行效率不同。

（4）由省内制造单位生产的锅炉的平均热效率低于省外制造单位生产的锅炉的平均热效率。

（5）原因分析

1）出力不匹配，“大马拉小车”现象严重。测试过程中发现一部分企业考虑到后续扩大生产的需要选用大容量的锅炉；一部分企业在锅炉运行过程中由于生产的需要，用气量不稳定，时而大时而小。

2）监控仪表配备不齐全，不能实时监控运行情况。绝大部分在用锅炉并未完全按照《锅炉节能技术监督管理规程》配置仪表，致使在运行过程中无法实时监控运行情况。

3）鼓引风机调节方式不合理。在用锅炉大多采用挡风板调节方式，此方式靠司炉工人工调节，调节合适风量困难，致使锅炉运行过程中出现过量空气系数大燃料燃烧不充分等情况。

4）使用燃料与设计燃料存在较大差别。由于煤样化验工作周期长，且煤场和锅炉使用单位无煤样化验条件，致使使用的燃料和设计燃料成分、发热量存在较大差别。

5）设计、制造、安装环节不节能。

设计环节：存在设计热效率、过量空气系数、排烟温度、水质要求、受热面布置、炉墙和炉顶保温结构等不符合《规程》要求。

制造环节：制造单位情况良莠不齐，大的制造单位管理制度严格，而绝大部分小的制造单位管理落后，未严格按照审核过的设计图纸和相关制造标准进行生产。

安装环节：存在仪表安装不齐全，保温材料偷工减料，连接处未采取有效密封致使漏风现象严重等。

6）锅炉使用单位运行管理落后。全省锅炉使用单位参差不齐，大部分小型锅炉使用单位运行管理落后，未设置水处理设备，司炉工未经过锅炉运行节能管理培训，缺乏相关的专业知识；而大型锅炉使用单位监控设备齐全，人员专业水平高，锅炉运行效率高于小型单位。测试结果表明，D>20Vh 的锅炉运行效率达到三级，就是因为其运行热负荷稳定使用单位运行管理先进。

3. 节能建议

（1）对新投入使用锅炉。

1）从设计环节把关。严格对锅炉设计文件进行节能审查，尤其是节能审查要求中的 A 类项目。

2）严把制造关。对制造单位人员进行节能管理培训，严格要求其按照进行过节能审查的设计图纸、文件和有关标准生产锅炉，并进行现场监督。

3）监督安装关。锅炉检验人员在锅炉安装监检过程中，监督和现场指导安装。

4）指导运行关。对锅炉使用司炉工、水处理人员等进行节能知识培训，提高他们的节能操作水平，并鼓励其建立能效考核制度。

（2）对正在运行使用锅炉。

1）锅炉节能改造。指导其使用单位进行节能改造，提高锅炉使用效率。

2）加强水质监测管理。对监测水质不符合要求的单位要求其进行整改，对无水处理设备的单位要求其安装设备。

3）建立能效考核体系。对锅炉使用单位进行定期能效测试，对不达标的锅炉要求整改，整改后仍不达标的淘汰；同时进行测试结果比对，公布比对结果，实行奖惩制度。

结　语

特种设备广泛运用于各行各业中，大到火力发电的电站锅炉、上百吨位的起重机械，小到家用液化石油气钢瓶，均是特种设备范畴。其中承压类特种设备包括：锅炉、压力容器、压力管道三种，锅炉是企业生产的核心工具，压力容器在工业生产中起到储存、换热、反应等作用，压力管道是工业生产的脉络，向生产各个环节输送介质。我国特种设备安全监察体制自建立以来，经过几十年的发展，已经形成具有中国特色的监管模式。但是，随着我国改革开放的深入，经济的飞速发展，科技发展水平的提高，传统的监管方法越来越不适应新形势的需要，各种各样的弊病日益突出，监管方法的变革已成为特种设备安全监管实践中的迫切需要。

由于压力特种设备属于高危险的设备，因此，在进行施工操作以及检测时，应严格遵守操作步骤和注意事项。例如特种设备中的压力管道，运输的物质多数具有腐蚀性、有毒、易爆、可燃等高危险性，对于压力管道的检测工作提出很高的要求。但通过应用无损检测技术，能够很好地解决检测困难的问题。由于无损检测技术具有优势，能够在不破坏承压特种设备的前提下，有效地对承压特种设备的实际质量和运行的情况进行检测。此外，无损检测技术的应用还是一个先进企业技术发展的体现，通过现代技术的运用，能够提升企业的核心竞争力，促进企业稳定、健康、可持续发展，为企业承压特种设备的检测工作以及操作人员的工作创造良好、安全的环境。

承压类特种设备无损检测的技术方法正处于不断发展时期，无损检测技术已贯穿于承压类特种设备的研发、生产、安装、运行及使用的全过程，在技术的使用过程中，需要配备相应的专业技术型人才及相应的管理系统，只有这样，无损检测技术的作用才能得到最大水平的发挥，对承压类特种设备无损检测才能正常进行。

参考文献

[1] 廖迪煜 . 特种设备安全监察作业指导书 [M]. 北京：中国标准出版社，2021.

[2]《铁路货运岗位作业培训教材》编委会 . 特种设备和特种作业 [M]. 北京：中国铁道出版社，2021.

[3] 孙仁山 . 特种设备事故分析与风险警示 2017—2019[M]. 北京：中国劳动社会保障出版社，2021.

[4] 刘莎，梁敏健 . 特种设备检验机构科技成果转化 [M]. 北京：中国计量出版社，2021.

[5] 武大质量院课题组 . 我国承压类特种设备市场准入与检验模式优化研究 [M]. 武汉：武汉大学出版社，2021.

[6] 史龙潭，乔慧芳 . 承压特种设备磁粉检测 [M]. 郑州：黄河水利出版社，2021.

[7] 裴渐强，冷文深，刘涛等 . 特种设备安全技术丛书 承压类特种设备安全与防控管理 [M]. 郑州：黄河水利出版社，2021.

[8] 曹治明，王凯军 . 特种设备安全技术丛书 燃油燃气锅炉运行实用技术 [M]. 郑州：黄河水利出版社，2021.

[9] 宋涛 . 特种设备安全监察与检验检测及使用管理专业基础 [M]. 长沙：湖南科学技术出版社，2021.

[10] 张海营，薛永盛，谢曙光 . 承压类特种设备超声检测新技术与应用 [M]. 郑州：黄河水利出版社，2020.

[11] 龚芳 . 特种设备质量安全精细化管理 [M]. 天津：天津科学技术出版社，2020.

[12] 王长顺 . 特种设备安全技术丛书 气体充装安全技术：第 2 版 [M]. 郑州：黄河水利出版社，2020.

[13] 丁日佳，张亦冰 . 基于监管视角的区域特种设备安全风险要素及预警研究 [M]. 北京：中国标准出版社，2019.

[14] 沈功田，李光海，吴茉 . 特种设备安全与节能技术进展四 2018 特种设备安全与节能学术会议论文集 [M]. 北京：化学工业出版社，2019.

[15] 周存龙 . 特种轧制设备 [M]. 北京：冶金工业出版社，2019.

[16] 王镇，刘大鸿，周拥民 . 特种设备现场安全监督检查工作手册 [M]. 北京：中国标准出版社，2019.

[17] 王兴权 . 赤峰市特种设备检验所志 [M]. 北京：中国标准出版社，2019.

[18] 廖迪煜 . 特种设备安全管理简明手册 [M]. 北京：中国标准出版社，2019.

[19] 廖迪煜 . 基层特种设备安全监察简明手册 [M]. 北京：中国标准出版社，2019.

[20] 钟海见 . 浙江省特种设备无损检测 I 级检测人员培训教材 超声检测 [M]. 杭州：浙江工商大学出版社，2019.

[21] 蒋军成，王志荣 . 工业特种设备安全 [M]. 北京：机械工业出版社，2019.

[22] 史维琴 . 特种设备焊接工艺评定及规程编制：第 2 版 [M]. 北京：化学工业出版社，2019.

[23] 高俊 . 内蒙古自治区特种设备检验院志 [M]. 海拉尔：内蒙古文化出版社，2019.

[24] 孙仁山，李赵 . 承压类特种设备事故案例分析 [M]. 北京：中国劳动社会保障出版社，2019.

[25] 吴丽娜 . 特种设备使用管理和双重预防机制建设实务 [M]. 北京：中国标准出版社，2018.